国防科技图书出版基金

# 黏弹性复合材料结构及其优化设计

# Optimization Design of Viscoelastic Composite Structures

杨加明　著

国防工业出版社

·北京·

**图书在版编目(CIP)数据**

黏弹性复合材料结构及其优化设计/杨加明著.—北京:国防工业出版社,2018.7
ISBN 978-7-118-11622-9

Ⅰ.①黏… Ⅱ.①杨… Ⅲ.①弹性材料–复合材料结构 Ⅳ.①TB33

中国版本图书馆 CIP 数据核字(2018)第 113152 号

※

国防工业出版社出版发行
(北京市海淀区紫竹院南路 23 号 邮政编码 100048)
三河市腾飞印务有限公司印刷
新华书店经售
*
开本 710×1000 1/16 印张 11¾ 字数 216 千字
2018 年 7 月第 1 版第 1 次印刷 印数 1—2000 册 定价 68.00 元

**(本书如有印装错误,我社负责调换)**

国防书店:(010)88540777  发行邮购:(010)88540776
发行传真:(010)88540755  发行业务:(010)88540717

# 致 读 者

本书由中央军委装备发展部**国防科技图书出版基金**资助出版。

为了促进国防科技和武器装备发展,加强社会主义物质文明和精神文明建设,培养优秀科技人才,确保国防科技优秀图书的出版,原国防科工委于 1988 年初决定每年拨出专款,设立国防科技图书出版基金,成立评审委员会,扶持、审定出版国防科技优秀图书。这是一项具有深远意义的创举。

**国防科技图书出版基金**资助的对象是:

1. 在国防科学技术领域中,学术水平高,内容有创见,在学科上居领先地位的基础科学理论图书;在工程技术理论方面有突破的应用科学专著。

2. 学术思想新颖,内容具体、实用,对国防科技和武器装备发展具有较大推动作用的专著;密切结合国防现代化和武器装备现代化需要的高新技术内容的专著。

3. 有重要发展前景和有重大开拓使用价值,密切结合国防现代化和武器装备现代化需要的新工艺、新材料内容的专著。

4. 填补目前我国科技领域空白并具有军事应用前景的薄弱学科和边缘学科的科技图书。

国防科技图书出版基金评审委员会在中央军委装备发展部的领导下开展工作,负责掌握出版基金的使用方向,评审受理的图书选题,决定资助的图书选题和资助金额,以及决定中断或取消资助等。经评审给予资助的图书,由中央军委装备发展部国防工业出版社出版发行。

国防科技和武器装备发展已经取得了举世瞩目的成就,国防科技图书承担着记载和弘扬这些成就,积累和传播科技知识的使命。开展好评审工作,使有限的基金发挥出巨大的效能,需要不断摸索、认真总结和及时改进,更需要国防科技和武器装备建设战线广大科技工作者、专家、教授,以及社会各界朋友的热情支持。

让我们携起手来,为祖国昌盛、科技腾飞、出版繁荣而共同奋斗!

国防科技图书出版基金
评审委员会

# 前　　言

黏弹性阻尼材料是高分子聚合物和各种添加剂的复合体,阻尼性能主要源于聚合物的内耗,用其内耗来实现振动能的耗散。复合材料与一般金属材料相比,具有比强度和比刚度高、性能可设计等诸多优点,在航空航天结构中得到了广泛的应用,已经与铝合金、钛合金、合金钢一起成为航空航天的四大结构材料。

黏弹性阻尼复合材料结构是由复合材料和黏弹性阻尼材料黏合而成。相对于金属材料与阻尼材料复合而成的结构,黏弹性阻尼复合材料结构的固有频率、剪切应力应变和损耗因子的可设计性更强,从而更能充分发挥阻尼材料的潜能,提高减振降噪的效果,同时也符合结构阻尼材料的小型化、轻量化和高阻尼化的发展趋势。

本书在传统遗传算法的基础上,使用了新的自适应遗传算法,即最优保存策略和移民策略的应用及乘幂适应度函数的应用。改进后的自适应遗传算法在搜索精度、搜索效率、改善种群多样性及早熟现象方面具有明显的优越性,可以得到令人满意的最优解,这一算法适用于黏弹性复合阻尼结构的单目标或多目标优化设计。

本书共分为8章。第1章至第8章包括如下内容:各向异性材料的弹性力学基础;层合板与黏弹性阻尼材料的基本理论;黏弹性阻尼材料夹杂单层板的应变能分析;单层板夹杂黏弹性阻尼材料的应变能及阻尼性能分析;层合板夹杂双层黏弹性阻尼材料应变能及阻尼性能的分析;改进的遗传算法;黏弹性复合材料结构的优化设计;黏弹性复合材料结构的动态阻尼性能及优化设计。

作者对国防科技图书出版基金的资助表示感谢;对南昌航空大学科技处的帮助表示感谢。本书在编写过程中参考和引用了大量的国内外文献,在此谨向这些文献的作者表示诚挚的谢意。

鉴于作者水平有限,书中错误和不妥之处在所难免,敬请同行批评指正。

杨加明

2018 年 3 月 8 日

于南昌航空大学

# 目　　录

# Contents

XV

# 第1章 各向异性材料的弹性力学基础

## 1.1 各向异性材料的弹性力学基本理论

在一般空间问题中,包含有 15 个未知函数,即 6 个应力分量,6 个应变分量和 3 个位移分量,它们都是 $x,y,z$ 直角坐标变量的函数。对于空间问题,在弹性体区域内部,要考虑静力学、几何学和物理学三方面条件,分别建立三套方程;并在给定的约束或面力边界上,建立位移边界条件或应力边界条件。然后在边界条件下求解这些方程,得出应力分量、应变分量和位移分量。

对于笛卡儿坐标系 $x$、$y$、$z$,三个正交平面上的应力为[1]

$$\sigma = \begin{bmatrix} \sigma_x & \tau_{xy} & \tau_{xz} \\ \tau_{yx} & \sigma_y & \tau_{yz} \\ \tau_{zx} & \tau_{zy} & \sigma_z \end{bmatrix} \tag{1.1}$$

根据切应力互等定理,$\tau_{yz}=\tau_{zy}$,$\tau_{xz}=\tau_{zx}$,$\tau_{xy}=\tau_{yx}$,因此应力分量共 6 个:$\sigma_x$,$\sigma_y$,$\sigma_z$,$\tau_{yz}$,$\tau_{xz}$,$\tau_{xy}$。

弹性体在载荷作用下发生变形,可用应变张量来表示其变形:

$$\varepsilon = \begin{bmatrix} \varepsilon_x & \varepsilon_{xy} & \varepsilon_{xz} \\ \varepsilon_{yx} & \varepsilon_y & \varepsilon_{yz} \\ \varepsilon_{zx} & \varepsilon_{zy} & \varepsilon_z \end{bmatrix} \tag{1.2}$$

把 $\varepsilon_x$,$\varepsilon_y$,$\varepsilon_z$ 叫线应变;$\varepsilon_{yz}$,$\varepsilon_{xz}$,$\varepsilon_{xy}$ 叫张量切应变,定义

$$\varepsilon_{yz} = \frac{1}{2}\gamma_{yz}; \quad \varepsilon_{xz} = \frac{1}{2}\gamma_{xz}; \quad \varepsilon_{xy} = \frac{1}{2}\gamma_{xy} \tag{1.3}$$

式中　$\gamma_{yz}$,$\gamma_{xz}$,$\gamma_{xy}$——工程切应变,应变分量也是 6 个。

在空间坐标系中,任一点有三个方向的位移 $u,v,w$。

空间问题的 3 个平衡(运动)微分方程[2]为

$$\begin{cases} \dfrac{\partial \sigma_x}{\partial x} + \dfrac{\partial \tau_{xy}}{\partial y} + \dfrac{\partial \tau_{xz}}{\partial z} + f_x = 0 \left( \rho\, \dfrac{\partial^2 u}{\partial t^2} \right) \\[2mm] \dfrac{\partial \tau_{yx}}{\partial x} + \dfrac{\partial \sigma_y}{\partial y} + \dfrac{\partial \tau_{yz}}{\partial z} + f_y = 0 \left( \rho\, \dfrac{\partial^2 v}{\partial t^2} \right) \\[2mm] \dfrac{\partial \tau_{zx}}{\partial x} + \dfrac{\partial \tau_{zy}}{\partial y} + \dfrac{\partial \sigma_z}{\partial z} + f_z = 0 \left( \rho\, \dfrac{\partial^2 w}{\partial t^2} \right) \end{cases} \tag{1.4}$$

式中  $f_x, f_y, f_z$——单位体积的体积力分量;

$\rho$——密度;

$t$——时间。

6 个几何方程为

$$\begin{cases} \varepsilon_x = \dfrac{\partial u}{\partial x},\ \varepsilon_y = \dfrac{\partial v}{\partial y},\ \varepsilon_z = \dfrac{\partial w}{\partial z} \\[2mm] \gamma_{yz} = \dfrac{\partial v}{\partial z} + \dfrac{\partial w}{\partial y},\ \gamma_{xz} = \dfrac{\partial u}{\partial z} + \dfrac{\partial w}{\partial x},\ \gamma_{xy} = \dfrac{\partial u}{\partial y} + \dfrac{\partial v}{\partial x} \end{cases} \tag{1.5}$$

为了使上述以位移分量为未知函数的 6 个几何方程不会相互矛盾,即保证弹性体的变形是连续与协调的,位移分量还必须满足如下的相容方程或称变形协调方程[3]。

$$\begin{cases} \dfrac{\partial^2 \varepsilon_z}{\partial y^2} + \dfrac{\partial^2 \varepsilon_y}{\partial z^2} = \dfrac{\partial^2 \gamma_{yz}}{\partial y \partial z} \\[2mm] \dfrac{\partial^2 \varepsilon_x}{\partial z^2} + \dfrac{\partial^2 \varepsilon_z}{\partial x^2} = \dfrac{\partial^2 \gamma_{xz}}{\partial x \partial z} \\[2mm] \dfrac{\partial^2 \varepsilon_y}{\partial x^2} + \dfrac{\partial^2 \varepsilon_x}{\partial y^2} = \dfrac{\partial^2 \gamma_{xy}}{\partial x \partial y} \\[2mm] \dfrac{\partial}{\partial x}\left( -\dfrac{\partial \gamma_{yz}}{\partial x} + \dfrac{\partial \gamma_{xz}}{\partial y} + \dfrac{\partial \gamma_{xy}}{\partial z} \right) = 2\dfrac{\partial^2 \varepsilon_x}{\partial y \partial z} \\[2mm] \dfrac{\partial}{\partial y}\left( \dfrac{\partial \gamma_{yz}}{\partial x} - \dfrac{\partial \gamma_{xz}}{\partial y} + \dfrac{\partial \gamma_{xy}}{\partial z} \right) = 2\dfrac{\partial^2 \varepsilon_y}{\partial x \partial z} \\[2mm] \dfrac{\partial}{\partial z}\left( \dfrac{\partial \gamma_{yz}}{\partial x} + \dfrac{\partial \gamma_{xz}}{\partial y} - \dfrac{\partial \gamma_{xy}}{\partial z} \right) = 2\dfrac{\partial^2 \varepsilon_z}{\partial x \partial y} \end{cases} \tag{1.6}$$

6 个各向异性体线性本构方程(应力–应变关系)为[4]

$$\begin{Bmatrix} \sigma_x \\ \sigma_y \\ \sigma_z \\ \tau_{yz} \\ \tau_{zx} \\ \tau_{xy} \end{Bmatrix} = \begin{bmatrix} C_{11} & C_{12} & C_{13} & C_{14} & C_{15} & C_{16} \\ C_{21} & C_{22} & C_{23} & C_{24} & C_{25} & C_{26} \\ C_{31} & C_{32} & C_{33} & C_{34} & C_{35} & C_{36} \\ C_{41} & C_{42} & C_{43} & C_{44} & C_{45} & C_{46} \\ C_{51} & C_{52} & C_{53} & C_{54} & C_{55} & C_{56} \\ C_{61} & C_{62} & C_{63} & C_{64} & C_{65} & C_{66} \end{bmatrix} \begin{Bmatrix} \varepsilon_x \\ \varepsilon_y \\ \varepsilon_z \\ \gamma_{yz} \\ \gamma_{zx} \\ \gamma_{xy} \end{Bmatrix} \tag{1.7}$$

式中 $C_{ij}(i,j=1,2,\cdots,6)$——刚度矩阵。

或者反过来表示为

$$\begin{Bmatrix} \varepsilon_x \\ \varepsilon_y \\ \varepsilon_z \\ \gamma_{yz} \\ \gamma_{zx} \\ \gamma_{xy} \end{Bmatrix} = \begin{bmatrix} S_{11} & S_{12} & S_{13} & S_{14} & S_{15} & S_{16} \\ S_{21} & S_{22} & S_{23} & S_{24} & S_{25} & S_{26} \\ S_{31} & S_{32} & S_{33} & S_{34} & S_{35} & S_{36} \\ S_{41} & S_{42} & S_{43} & S_{44} & S_{45} & S_{46} \\ S_{51} & S_{52} & S_{53} & S_{54} & S_{55} & S_{56} \\ S_{61} & S_{62} & S_{63} & S_{64} & S_{65} & S_{66} \end{bmatrix} \begin{Bmatrix} \sigma_x \\ \sigma_y \\ \sigma_z \\ \tau_{yz} \\ \tau_{zx} \\ \tau_{xy} \end{Bmatrix} \tag{1.8}$$

式中 $S_{ij}(i,j=1,2,\cdots,6)$——柔度矩阵,柔度矩阵 $S_{ij}$ 与刚度矩阵 $C_{ij}$ 是互为逆阵的关系。即

$$S = C^{-1} \tag{1.9}$$

$$C = S^{-1} \tag{1.10}$$

式(1.7)中的 $C_{ij}(i,j=1,2,\cdots,6)$ 有时也称为弹性常数,一共有 36 个。如果物体是由非均匀材料组成的,各处就有不同的弹性效应。一般来说,$C_{ij}$ 是坐标 $x$、$y$、$z$ 的函数。如果物体由均匀材料组成,则对物体内各点来说,承受相同的应力,必然产生相同的应变;反之物体内各点有相同的应变,必然承受相同的应力。这一点反映在式(1.7)中,就是 $C_{ij}$ 为常数。对于一般各向异性材料,由于应变能的存在,只有 21 个独立的弹性常数。

此外,在物体的给定约束位移的边界 $S_u$ 上,位移分量还应当满足下列三个位移边界条件:

$$\begin{cases} (u)_s = \overline{u} \\ (v)_s = \overline{v} \quad (\text{在} S_u \text{上}) \\ (w)_s = \overline{w} \end{cases} \tag{1.11}$$

3

若物体受面力作用的边界为 $S_\sigma$，边界上的面力分量分别为 $\overline{X}, \overline{Y}, \overline{Z}$，则应力边界条件为

$$\begin{cases} (l\sigma_x + m\tau_{xy} + n\tau_{xz})_s = \overline{X} \\ (l\tau_{yx} + m\sigma_y + n\tau_{yz})_s = \overline{Y} \quad （在 S_\sigma 上） \\ (l\tau_{zx} + m\tau_{zy} + n\sigma_z)_s = \overline{Z} \end{cases} \quad (1.12)$$

$l, m, n$ 为面力边界的外法线 $n'$ 与 $x, y, z$ 轴的方向余弦，即

$$\begin{cases} \cos(n', x) = l \\ \cos(n', y) = m \\ \cos(n', z) = n \end{cases} \quad (1.13)$$

总结起来，对于各向异性弹性体的空间问题，总共有 15 个未知函数；6 个应力分量 $\sigma_x, \sigma_y, \sigma_z, \tau_{yz} = \tau_{zy}, \tau_{xz} = \tau_{zx}, \tau_{xy} = \tau_{yx}$；6 个应变分量 $\varepsilon_x, \varepsilon_y, \varepsilon_z, \gamma_{yz}, \gamma_{xz}, \gamma_{xy}$；3 个位移分量 $u, v, w$。这 15 个未知函数在弹性体区域内应当满足 15 个基本方程：3 个平衡（运动）微分方程(1.4)；6 个几何方程(1.5)；6 个线性本构方程(1.7)或式(1.8)。此外，在给定约束位移的边界 $S_u$ 上，应当满足位移边界条件式(1.11)；在给定面力的边界 $S_\sigma$ 上，还应当满足应力边界条件式(1.12)。

## 1.2　各向异性材料的应力-应变关系

我们知道，各向异性材料线性应力-应变关系见式(1.7)。$C_{ij}(i, j = 1, 2, \cdots, 6)$ 为刚度系数，共 36 个。

为今后方便表达起见，我们有时用 $1, 2, 3$ 来代替 $x, y, z$ 坐标轴，把应力和应变分量用简写符号表示[5]：

| 应力分量 | 应变分量 |
|---|---|
| $\sigma_x \rightarrow \sigma_1$ | $\varepsilon_x \rightarrow \varepsilon_1$ |
| $\sigma_y \rightarrow \sigma_2$ | $\varepsilon_y \rightarrow \varepsilon_2$ |
| $\sigma_z \rightarrow \sigma_3$ | $\varepsilon_z \rightarrow \varepsilon_3$ |
| $\tau_{yz} \rightarrow \sigma_4$ | $\gamma_{yz} = 2\varepsilon_{yz} \rightarrow \varepsilon_4$ |
| $\tau_{zx} \rightarrow \sigma_5$ | $\gamma_{zx} = 2\varepsilon_{zx} \rightarrow \varepsilon_5$ |
| $\tau_{xy} \rightarrow \sigma_6$ | $\gamma_{xy} = 2\varepsilon_{xy} \rightarrow \varepsilon_6$ |

这样，式(1.7)可以改写成

$$\begin{Bmatrix} \sigma_1 \\ \sigma_2 \\ \sigma_3 \\ \sigma_4 \\ \sigma_5 \\ \sigma_6 \end{Bmatrix} = \begin{bmatrix} C_{11} & C_{12} & C_{13} & C_{14} & C_{15} & C_{16} \\ C_{21} & C_{22} & C_{23} & C_{24} & C_{25} & C_{26} \\ C_{31} & C_{32} & C_{33} & C_{34} & C_{35} & C_{36} \\ C_{41} & C_{42} & C_{43} & C_{44} & C_{45} & C_{46} \\ C_{51} & C_{52} & C_{53} & C_{54} & C_{55} & C_{56} \\ C_{61} & C_{62} & C_{63} & C_{64} & C_{65} & C_{66} \end{bmatrix} \begin{Bmatrix} \varepsilon_1 \\ \varepsilon_2 \\ \varepsilon_3 \\ \varepsilon_4 \\ \varepsilon_5 \\ \varepsilon_6 \end{Bmatrix} \tag{1.14}$$

或写成张量形式

$$\boldsymbol{\sigma}_i = C_{ij}\varepsilon_j \quad (i,j = 1,2,\cdots,6) \tag{1.15}$$

根据张量形式的约定,式(1.15)实际上为

$$\boldsymbol{\sigma}_i = \sum_{j=1}^{6} C_{ij}\varepsilon_j \quad (i = 1,2,\cdots,6) \tag{1.16}$$

式(1.14)也可以用矩阵形式表示。令

$$\{\sigma\} = \{\sigma_1 \quad \sigma_2 \quad \sigma_3 \quad \sigma_4 \quad \sigma_5 \quad \sigma_6\}^{\mathrm{T}} \tag{1.17a}$$

$$\{\varepsilon\} = \{\varepsilon_1 \quad \varepsilon_2 \quad \varepsilon_3 \quad \varepsilon_4 \quad \varepsilon_5 \quad \varepsilon_6\}^{\mathrm{T}} \tag{1.17b}$$

$$[C] = \begin{bmatrix} C_{11} & C_{12} & C_{13} & C_{14} & C_{15} & C_{16} \\ C_{21} & C_{22} & C_{23} & C_{24} & C_{25} & C_{26} \\ C_{31} & C_{32} & C_{33} & C_{34} & C_{35} & C_{36} \\ C_{41} & C_{42} & C_{43} & C_{44} & C_{45} & C_{46} \\ C_{51} & C_{52} & C_{53} & C_{54} & C_{55} & C_{56} \\ C_{61} & C_{62} & C_{63} & C_{64} & C_{65} & C_{66} \end{bmatrix} \tag{1.17c}$$

则有

$$\{\sigma\} = [C]\{\varepsilon\} \tag{1.18}$$

下面推导刚度矩阵或柔度矩阵的对称性[6]。我们知道,在弹性范围内,单位体积存在应变能或称应变能密度 $U$,用矩阵形式可表示为

$$U = \frac{1}{2}\{\sigma\}^{\mathrm{T}}\{\varepsilon\} = \frac{1}{2}\{\varepsilon\}^{\mathrm{T}}\{\sigma\} = \frac{1}{2}\{\sigma\}^{\mathrm{T}}[S]\{\sigma\} = \frac{1}{2}\{\varepsilon\}^{\mathrm{T}}[C]\{\varepsilon\} \tag{1.19}$$

由于应变能密度与变形过程无关,因此

$$\mathrm{d}U = \sigma_1\mathrm{d}\varepsilon_1 + \sigma_2\mathrm{d}\varepsilon_2 + \cdots + \sigma_6\mathrm{d}\varepsilon_6 \tag{1.20}$$

另外

$$\mathrm{d}U = \frac{\partial U}{\partial \varepsilon_1}\mathrm{d}\varepsilon_1 + \frac{\partial U}{\partial \varepsilon_2}\mathrm{d}\varepsilon_2 + \cdots + \frac{\partial U}{\partial \varepsilon_6}\mathrm{d}\varepsilon_6 \tag{1.21}$$

比较式(1.20)和式(1.21),不难看出

$$\begin{cases} \dfrac{\partial U}{\partial \varepsilon_1} = \sigma_1 = C_{11}\varepsilon_1 + C_{12}\varepsilon_2 + \cdots + C_{16}\varepsilon_6 \\[2mm] \dfrac{\partial U}{\partial \varepsilon_2} = \sigma_2 = C_{21}\varepsilon_1 + C_{22}\varepsilon_2 + \cdots + C_{26}\varepsilon_6 \\[2mm] \vdots \\[2mm] \dfrac{\partial U}{\partial \varepsilon_6} = \sigma_6 = C_{61}\varepsilon_1 + C_{62}\varepsilon_2 + \cdots + C_{66}\varepsilon_6 \end{cases} \tag{1.22}$$

由式(1.22)的第一式,可以得到

$$\frac{\partial^2 U}{\partial \varepsilon_1 \partial \varepsilon_2} = C_{12} \tag{1.23}$$

由式(1.22)的第二式,可以得到

$$\frac{\partial^2 U}{\partial \varepsilon_2 \partial \varepsilon_1} = C_{21} \tag{1.24}$$

由于函数求导与次序无关,比较式(1.23)和式(1.24),可以得到 $C_{12} = C_{21}$,同理:

$$C_{ij} = C_{ji}(i,j = 1,2,\cdots,6) \tag{1.25}$$

同样地,可以推导出

$$S_{ij} = S_{ji}(i,j = 1,2,\cdots,6) \tag{1.26}$$

从式(1.25)和式(1.26)可以看出,刚度矩阵和柔度矩阵均为对称矩阵,因此实际独立的刚度系数和柔度系数仅为 21 个。

从式(1.14)中可以知道,正应力不仅会引起线应变,还会引起切应变;切应力不仅会引起切应变,还会引起线应变。另一方面,切应力不仅会引起自身平面的切应变,还会引起另外两个与其垂直平面方向的切应变。这种现象称各向异性材料的**耦合效应**(Coupling effect)。耦合效应是各向异性材料的明显特点之一,工程中常见的各向同性材料是不具备这一特质的。

根据式(1.19),应变能密度还可以用应变分量全部展开为

$$\begin{aligned} U = &\frac{1}{2}C_{11}\varepsilon_1^2 + C_{12}\varepsilon_1\varepsilon_2 + C_{13}\varepsilon_1\varepsilon_3 + C_{14}\varepsilon_1\varepsilon_4 + C_{15}\varepsilon_1\varepsilon_5 + C_{16}\varepsilon_1\varepsilon_6 \\ &+ \frac{1}{2}C_{22}\varepsilon_2^2 + C_{23}\varepsilon_2\varepsilon_3 + C_{24}\varepsilon_2\varepsilon_4 + C_{25}\varepsilon_2\varepsilon_5 + C_{26}\varepsilon_2\varepsilon_6 \\ &+ \frac{1}{2}C_{33}\varepsilon_3^2 + C_{34}\varepsilon_3\varepsilon_4 + C_{35}\varepsilon_3\varepsilon_5 + C_{36}\varepsilon_3\varepsilon_6 \\ &+ \frac{1}{2}C_{44}\varepsilon_4^2 + C_{45}\varepsilon_4\varepsilon_5 + C_{46}\varepsilon_4\varepsilon_6 \\ &+ \frac{1}{2}C_{55}\varepsilon_5^2 + C_{56}\varepsilon_5\varepsilon_6 \\ &+ \frac{1}{2}C_{66}\varepsilon_6^2 \end{aligned} \tag{1.27}$$

也可以用应力分量全部展开为

$$
\left.\begin{aligned}
U = \frac{1}{2}S_{11}\sigma_1^2 &+ S_{12}\sigma_1\sigma_2 + S_{13}\sigma_1\sigma_3 + S_{14}\sigma_1\sigma_4 + S_{15}\sigma_1\sigma_5 + S_{16}\sigma_1\sigma_6 \\
&+ \frac{1}{2}S_{22}\sigma_2^2 + S_{23}\sigma_2\sigma_3 + S_{24}\sigma_2\sigma_4 + S_{25}\sigma_2\sigma_5 + S_{26}\sigma_2\sigma_6 \\
&+ \frac{1}{2}S_{33}\sigma_3^2 + S_{34}\sigma_3\sigma_4 + S_{35}\sigma_3\sigma_5 + S_{36}\sigma_3\sigma_6 \\
&+ \frac{1}{2}S_{44}\sigma_4^2 + S_{45}\sigma_4\sigma_5 + S_{46}\sigma_4\sigma_6 \\
&+ \frac{1}{2}S_{55}\sigma_5^2 + S_{56}\sigma_5\sigma_6 \\
&+ \frac{1}{2}S_{66}\sigma_6^2
\end{aligned}\right\}
\tag{1.28}
$$

## 1.3  具有一个弹性对称平面材料的应力–应变关系

实际上很多工程材料的性能具有某种对称性,如纤维增强复合材料和木材等。如果物体内每一点都有这样一个平面,在这个平面的对称点上弹性性能完全相同,我们就认为这种材料具有一个弹性对称平面(图 1.1)。

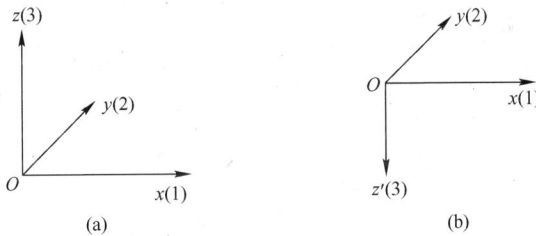

图 1.1  具有一个弹性对称平面的两种坐标系

分别取两个不同的笛卡儿坐标系 $x,y,z$ 和 $x,y,z'$,并假设材料的力学性能对称于 $xOy$ 平面。现在用单位体积的应变能(即应变能密度)$U$ 来讨论力学性能的特点,$U$ 是应变的单值函数,又是标量,其值与坐标系的选择无关。也就是说,$x$、$y$、$z$ 坐标系下的应变能密度 $U(x,y,z)$ 应该等于 $x,y,z'$ 坐标系下的应变能密度 $U(x,y,z')$。

$U(x,y,z)$ 的值见式(1.27)。如果用 $u,v,w$ 表示 $x,y,z$ 坐标系下的位移分量;$u'$,$v'$,$w'$ 表示 $x,y,z'$ 坐标系下的位移分量,则有:$u'=u$;$v'=v$;$w'=-w$;$z'=-z$。设 $x,y,z'$ 坐

标系下的应变分别为 $\varepsilon_1',\varepsilon_2',\varepsilon_3',\varepsilon_4',\varepsilon_5',\varepsilon_6'$,则有

$$
\begin{cases}
\varepsilon_1' = \dfrac{\partial u'}{\partial x} = \dfrac{\partial u}{\partial x} = \varepsilon_1 \\[2mm]
\varepsilon_2' = \dfrac{\partial v'}{\partial y} = \dfrac{\partial v}{\partial y} = \varepsilon_2 \\[2mm]
\varepsilon_3' = \dfrac{\partial w'}{\partial z'} = \dfrac{\partial w}{\partial z} = \varepsilon_3 \\[2mm]
\varepsilon_4' = \dfrac{\partial v'}{\partial z'} + \dfrac{\partial w'}{\partial y} = -\left(\dfrac{\partial v}{\partial z} + \dfrac{\partial w}{\partial y}\right) = -\varepsilon_4 \\[2mm]
\varepsilon_5' = \dfrac{\partial u'}{\partial z'} + \dfrac{\partial w'}{\partial x} = -\left(\dfrac{\partial u}{\partial z} + \dfrac{\partial w}{\partial x}\right) = -\varepsilon_5 \\[2mm]
\varepsilon_6' = \dfrac{\partial u'}{\partial y} + \dfrac{\partial v'}{\partial x} = \dfrac{\partial u}{\partial y} + \dfrac{\partial v}{\partial x} = \varepsilon_6
\end{cases}
\tag{1.29}
$$

把上述关系代入到式(1.27)中,可以得到

$$
\begin{aligned}
U(x,y,z') = {} & \frac{1}{2}C_{11}\varepsilon_1^2 + C_{12}\varepsilon_1\varepsilon_2 + C_{13}\varepsilon_1\varepsilon_3 - C_{14}\varepsilon_1\varepsilon_4 - C_{15}\varepsilon_1\varepsilon_5 + C_{16}\varepsilon_1\varepsilon_6 \\
& + \frac{1}{2}C_{22}\varepsilon_2^2 + C_{23}\varepsilon_2\varepsilon_3 - C_{24}\varepsilon_2\varepsilon_4 - C_{25}\varepsilon_2\varepsilon_5 + C_{26}\varepsilon_2\varepsilon_6 \\
& + \frac{1}{2}C_{33}\varepsilon_3^2 - C_{34}\varepsilon_3\varepsilon_4 - C_{35}\varepsilon_3\varepsilon_5 + C_{36}\varepsilon_3\varepsilon_6 \\
& + \frac{1}{2}C_{44}\varepsilon_4^2 + C_{45}\varepsilon_4\varepsilon_5 - C_{46}\varepsilon_4\varepsilon_6 \\
& + \frac{1}{2}C_{55}\varepsilon_5^2 - C_{56}\varepsilon_5\varepsilon_6 \\
& + \frac{1}{2}C_{66}\varepsilon_6^2
\end{aligned}
\tag{1.30}
$$

比较式(1.27)和式(1.30),不难发现

$$
C_{14} = C_{15} = C_{24} = C_{25} = C_{34} = C_{35} = C_{46} = C_{56} = 0
\tag{1.31}
$$

刚度矩阵由原来的 21 个独立系数变为 13 个独立系数。类似地,柔度系数存在如下关系

$$
S_{14} = S_{15} = S_{24} = S_{25} = S_{34} = S_{35} = S_{46} = S_{56} = 0
\tag{1.32}
$$

因此,具有一个弹性对称面的材料,其应力-应变关系为

$$\begin{Bmatrix} \sigma_1 \\ \sigma_2 \\ \sigma_3 \\ \sigma_4 \\ \sigma_5 \\ \sigma_6 \end{Bmatrix} = \begin{bmatrix} C_{11} & C_{12} & C_{13} & 0 & 0 & C_{16} \\ C_{12} & C_{22} & C_{23} & 0 & 0 & C_{26} \\ C_{13} & C_{23} & C_{33} & 0 & 0 & C_{36} \\ 0 & 0 & 0 & C_{44} & C_{45} & 0 \\ 0 & 0 & 0 & C_{45} & C_{55} & 0 \\ C_{16} & C_{26} & C_{36} & 0 & 0 & C_{66} \end{bmatrix} \begin{Bmatrix} \varepsilon_1 \\ \varepsilon_2 \\ \varepsilon_3 \\ \varepsilon_4 \\ \varepsilon_5 \\ \varepsilon_6 \end{Bmatrix} \tag{1.33}$$

若用应力表示应变,则有

$$\begin{Bmatrix} \varepsilon_1 \\ \varepsilon_2 \\ \varepsilon_3 \\ \varepsilon_4 \\ \varepsilon_5 \\ \varepsilon_6 \end{Bmatrix} = \begin{bmatrix} S_{11} & S_{12} & S_{13} & 0 & 0 & S_{16} \\ S_{12} & S_{22} & S_{23} & 0 & 0 & S_{26} \\ S_{13} & S_{23} & S_{33} & 0 & 0 & S_{36} \\ 0 & 0 & 0 & S_{44} & S_{45} & 0 \\ 0 & 0 & 0 & S_{45} & S_{55} & 0 \\ S_{16} & S_{26} & S_{36} & 0 & 0 & S_{66} \end{bmatrix} \begin{Bmatrix} \sigma_1 \\ \sigma_2 \\ \sigma_3 \\ \sigma_4 \\ \sigma_5 \\ \sigma_6 \end{Bmatrix} \tag{1.34}$$

## 1.4 正交各向异性材料的应力-应变关系

如果材料存在三个性能对称且相互垂直的平面,则称这种材料为**正交各向异性材料**(Orthotropic materials),简称正交异性材料。

在一个弹性对称平面的基础上,类似于图 1.1 的作法,把 $y$ 轴转换成 $y'$ 轴,这时 $xOz$ 平面也是弹性对称平面,则同样可以证明以下的刚度系数为零。

$$C_{14} = C_{16} = C_{24} = C_{26} = C_{34} = C_{36} = C_{45} = C_{56} = 0 \tag{1.35}$$

由于有 4 个系数原来已经为零,只增加了 4 个新的系数为零,这时的刚度矩阵只有 13-4=9 个独立的系数。如果材料有三个相互垂直的弹性对称平面,即正交各向异性材料,则没有新增加的刚度系数为零,因此正交各向异性材料只有 9 个独立的刚度系数。应力-应变关系为

$$\begin{Bmatrix} \sigma_1 \\ \sigma_2 \\ \sigma_3 \\ \sigma_4 \\ \sigma_5 \\ \sigma_6 \end{Bmatrix} = \begin{bmatrix} C_{11} & C_{12} & C_{13} & 0 & 0 & 0 \\ C_{12} & C_{22} & C_{23} & 0 & 0 & 0 \\ C_{13} & C_{23} & C_{33} & 0 & 0 & 0 \\ 0 & 0 & 0 & C_{44} & 0 & 0 \\ 0 & 0 & 0 & 0 & C_{55} & 0 \\ 0 & 0 & 0 & 0 & 0 & C_{66} \end{bmatrix} \begin{Bmatrix} \varepsilon_1 \\ \varepsilon_2 \\ \varepsilon_3 \\ \varepsilon_4 \\ \varepsilon_5 \\ \varepsilon_6 \end{Bmatrix} \tag{1.36}$$

若用应力表示应变,则有

$$
\begin{Bmatrix} \varepsilon_1 \\ \varepsilon_2 \\ \varepsilon_3 \\ \varepsilon_4 \\ \varepsilon_5 \\ \varepsilon_6 \end{Bmatrix} = \begin{bmatrix} S_{11} & S_{12} & S_{13} & 0 & 0 & 0 \\ S_{12} & S_{22} & S_{23} & 0 & 0 & 0 \\ S_{13} & S_{23} & S_{33} & 0 & 0 & 0 \\ 0 & 0 & 0 & S_{44} & 0 & 0 \\ 0 & 0 & 0 & 0 & S_{55} & 0 \\ 0 & 0 & 0 & 0 & 0 & S_{66} \end{bmatrix} \begin{Bmatrix} \sigma_1 \\ \sigma_2 \\ \sigma_3 \\ \sigma_4 \\ \sigma_5 \\ \sigma_6 \end{Bmatrix} \tag{1.37}
$$

把与三个正交对称平面交线相平行的方向称为**材料主方向**(Principle direction of materials)。正交各向异性材料具有三个材料主方向。

从上述两式可以得到正交各向异性材料的一个重要性质:若坐标方向为材料主方向,正应力只引起线应变;切应力只引起切应变。也就是说,不存在耦合效应,正应力不引起切应变;切应力不引起线应变。

## 1.5　横观各向同性材料的应力–应变关系

在正交各向异性材料的三个相互垂直的对称平面中,如果其中有一个对称平面是各向同性平面,也就是说,平行于该平面的材料其各个方向的力学性能相同,把这种材料称为**横观各向同性材料**(Transversely isotropic materials)。

现假设 1,2,3 坐标轴为材料的三个主方向,1,2 坐标面为各向同性面。由于在 1–2 面内沿各个方向的应力–应变关系相同,因此有

$$
C_{11} = C_{22}, C_{13} = C_{23}, C_{44} = C_{55} \tag{1.38}
$$

类似地,

$$
S_{11} = S_{22}, S_{13} = S_{23}, S_{44} = S_{55} \tag{1.39}
$$

现在来讨论 $S_{66}$ 与 $S_{11}$,$S_{12}$ 之间的关系。如图 1.2 所示,设某一点的单元体应力状态为:$\sigma_1 = \sigma, \sigma_2 = -\sigma, \sigma_3 = \sigma_4 = \sigma_5 = \sigma_6 = 0$,根据式(1.28),可以得到该单元体的应变能密度为:$U = \frac{1}{2}S_{11}\sigma^2 - S_{12}\sigma^2 + \frac{1}{2}S_{22}\sigma^2 = (S_{11} - S_{12})\sigma^2$,将坐标 1–2 在面内旋转 45°,根据材料力学的公式,新坐标系 1'–2' 下的应力分量为 $\sigma_{1'} = \sigma_{45°} = 0, \sigma_{2'} = \sigma_{135°} = 0, \sigma_{3'} = \sigma_{4'} = \sigma_{5'} = 0, \sigma_{6'} = \tau_{1'2'} = \sigma$,显然这是一个纯剪切应力状态。同样根据单元体的应变能密度计算式(1.28),可以得到 $U = \frac{1}{2}S_{66}\sigma_{6'}^2 = \frac{1}{2}S_{66}\sigma^2$,上述两种情况下得到的应变能密度应该相等,所以

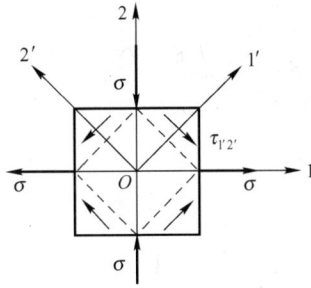

图 1.2  各向同性面的应力转换

$$S_{66} = 2(S_{11} - S_{12}) \tag{1.40}$$

同理可以得到

$$C_{66} = \frac{1}{2}(C_{11} - C_{12}) \tag{1.41}$$

因此横观各向同性材料只有 5 个独立的刚度系数 $C_{11}, C_{12}, C_{13}, C_{33}, C_{44}$;独立的柔度系数也只有 5 个:$S_{11}, S_{12}, S_{13}, S_{33}, S_{44}$,其应力-应变关系为

$$
\begin{Bmatrix} \sigma_1 \\ \sigma_2 \\ \sigma_3 \\ \sigma_4 \\ \sigma_5 \\ \sigma_6 \end{Bmatrix}
=
\begin{bmatrix}
C_{11} & C_{12} & C_{13} & 0 & 0 & 0 \\
C_{12} & C_{11} & C_{13} & 0 & 0 & 0 \\
C_{13} & C_{13} & C_{33} & 0 & 0 & 0 \\
0 & 0 & 0 & C_{44} & 0 & 0 \\
0 & 0 & 0 & 0 & C_{44} & 0 \\
0 & 0 & 0 & 0 & 0 & \frac{1}{2}(C_{11}-C_{12})
\end{bmatrix}
\begin{Bmatrix} \varepsilon_1 \\ \varepsilon_2 \\ \varepsilon_3 \\ \varepsilon_4 \\ \varepsilon_5 \\ \varepsilon_6 \end{Bmatrix}
\tag{1.42}
$$

若用应力表示应变,则有

$$
\begin{Bmatrix} \varepsilon_1 \\ \varepsilon_2 \\ \varepsilon_3 \\ \varepsilon_4 \\ \varepsilon_5 \\ \varepsilon_6 \end{Bmatrix}
=
\begin{bmatrix}
S_{11} & S_{12} & S_{13} & 0 & 0 & 0 \\
S_{12} & S_{11} & S_{13} & 0 & 0 & 0 \\
S_{13} & S_{13} & S_{33} & 0 & 0 & 0 \\
0 & 0 & 0 & S_{44} & 0 & 0 \\
0 & 0 & 0 & 0 & S_{44} & 0 \\
0 & 0 & 0 & 0 & 0 & 2(S_{11}-S_{12})
\end{bmatrix}
\begin{Bmatrix} \sigma_1 \\ \sigma_2 \\ \sigma_3 \\ \sigma_4 \\ \sigma_5 \\ \sigma_6 \end{Bmatrix}
\tag{1.43}
$$

11

## 1.6　各向同性材料的应力-应变关系

在各向同性材料中,任一点处各向方向的力学性能是相同的,即正交各向异性材料的三个对称面均为各向同性面。刚度系数与柔度系数有以下关系

$$\begin{cases} C_{11}=C_{22}=C_{33}, C_{12}=C_{23}=C_{13}, C_{44}=C_{55}=C_{66}=\dfrac{1}{2}(C_{11}-C_{12}) \\ S_{11}=S_{22}=S_{33}, S_{12}=S_{23}=S_{13}, S_{44}=S_{55}=S_{66}=2(S_{11}-S_{12}) \end{cases} \quad (1.44)$$

显然,独立的刚度系数或柔度系数只剩下两个 $C_{11}$,$C_{12}$ 或 $S_{11}$,$S_{12}$,其应力-应变关系为

$$\begin{Bmatrix} \sigma_1 \\ \sigma_2 \\ \sigma_3 \\ \sigma_4 \\ \sigma_5 \\ \sigma_6 \end{Bmatrix} = \begin{bmatrix} C_{11} & C_{12} & C_{12} & 0 & 0 & 0 \\ C_{12} & C_{11} & C_{12} & 0 & 0 & 0 \\ C_{12} & C_{12} & C_{11} & 0 & 0 & 0 \\ 0 & 0 & 0 & \dfrac{1}{2}(C_{11}-C_{12}) & 0 & 0 \\ 0 & 0 & 0 & 0 & \dfrac{1}{2}(C_{11}-C_{12}) & 0 \\ 0 & 0 & 0 & 0 & 0 & \dfrac{1}{2}(C_{11}-C_{12}) \end{bmatrix} \begin{Bmatrix} \varepsilon_1 \\ \varepsilon_2 \\ \varepsilon_3 \\ \varepsilon_4 \\ \varepsilon_5 \\ \varepsilon_6 \end{Bmatrix} \quad (1.45)$$

若用应力表示应变,则有

$$\begin{Bmatrix} \varepsilon_1 \\ \varepsilon_2 \\ \varepsilon_3 \\ \varepsilon_4 \\ \varepsilon_5 \\ \varepsilon_6 \end{Bmatrix} = \begin{bmatrix} S_{11} & S_{12} & S_{12} & 0 & 0 & 0 \\ S_{12} & S_{11} & S_{12} & 0 & 0 & 0 \\ S_{12} & S_{12} & S_{11} & 0 & 0 & 0 \\ 0 & 0 & 0 & 2(S_{11}-S_{12}) & 0 & 0 \\ 0 & 0 & 0 & 0 & 2(S_{11}-S_{12}) & 0 \\ 0 & 0 & 0 & 0 & 0 & 2(S_{11}-S_{12}) \end{bmatrix} \begin{Bmatrix} \sigma_1 \\ \sigma_2 \\ \sigma_3 \\ \sigma_4 \\ \sigma_5 \\ \sigma_6 \end{Bmatrix} \quad (1.46)$$

综上所述,一般各向异性材料独立的弹性系数为 21 个;具有一个弹性对称面的材料弹性系数为 13 个;正交各向异性材料的弹性系数为 9 个;横观各向同性材料的弹性系数为 5 个;各向同性材料的弹性系数为 2 个。

# 参 考 文 献

[1] 沈观林,胡更开. 复合材料力学. 北京:清华大学出版社,2006.
[2] 徐芝纶. 弹性力学简明教程. 北京:高等教育出版社,2002.
[3] 吴家龙. 弹性力学. 北京:高等教育出版社,2001.
[4] 蔡四维. 复合材料结构力学. 北京:人民交通出版社,1987.
[5] 张少实,庄茁. 复合材料与粘弹性力学. 北京:机械工业出版社,2005.
[6] 陈烈民,杨宝宁. 复合材料的力学分析. 北京:中国科学技术出版社,2006.

# 第 2 章 层合板与黏弹性阻尼材料的基本理论

## 2.1 概　　述

### 2.1.1 研究黏弹性复合材料结构的科学依据及意义

由于现代工业技术的发展,工业设备越来越趋向于高速化和自动化,随之而来的振动和噪声以及因振动产生的疲劳断裂等问题也越来越突出。振动和噪声已成为限制设备性能提高的重要因素。在国防工业中的导弹、运载火箭和飞机在飞行时,由于发动机工作和气动噪声等原因,会引起严重的宽频带随机振动和噪声环境,还会激发结构和电子控制仪器系统众多的共振峰,使结构出现疲劳失效和动态失稳,导致电子控制仪器精度降低以至发生故障。因此,减振降噪技术是现代工业技术中的一个重要环节。

阻尼减振降噪技术的开发工作虽然已经有近 50 年的历史,但是直到最近十几年在理论上才形成新的学科,在实践上才形成新的技术。早期的高阻尼材料的研究主要以金属基材料为主,金属基阻尼材料在常温下的阻尼效果符合质量定律,即需要通过增加质量才能更有效地降低振动与噪声[1]。

黏弹性材料因其密度较小,阻尼高,并且适用于宽频多峰的共振控制,特别适用于随机和宽带领域中动力环境下的减振问题。黏弹性材料已成为目前应用较为广泛的一种阻尼材料,其产品已广泛应用于航空、航天、军工、机械和建筑等领域。但是黏弹性阻尼材料因为模量较低,一般在工程中不能作为结构材料应用,而是将它粘附在要作减振降噪处理的机械结构或工程结构的构件上。

复合材料与一般金属材料相比,具有比强度和比刚度高、性能可设计等诸多优点,在航空航天结构中获得了广泛的应用,并且已经与铝合金、钛合金、合金钢一起成为航空航天的四大结构材料。复合材料在飞机结构上的应用,可比常规的金属结构减重 25%~30%,并可明显改善飞机气动弹性特性,提高飞行性能[2]。

多层黏弹性阻尼复合材料结构是由复合材料和黏弹性阻尼材料层合而成。从各向异性复合材料结构力学角度分析,相对于各向同性材料复合阻尼结构来说,这种结构的固有频率、剪切应力应变和损耗因子的可设计性更强,从而更能充分发挥阻尼材料的潜能,提高阻尼减振效果,并且可以使复合结构超薄化和轻量化,符合结构阻尼材料的小型化、轻量化和高阻尼化的发展趋势。

复合结构的强度和刚度理论分析具有相当复杂的影响机理,层合板中拉伸-弯曲耦合效应和扭转-弯曲耦合效应一般会增加层合板的挠度,降低振动频率[3]。黏弹性阻尼材料作为各向同性材料处理,并不存在耦合效应。而且两种材料模量相差较大,对复合结构的各层在弯曲变形中的应变能分布影响较大,使得复合结构的阻尼性能也随之变化。

因此,对于整个结构的阻尼性能研究是非常有必要的。

### 2.1.2 国内外研究历史追溯

1927 年 Kimban 和 Lovell 提出了聚合物阻尼材料的吸振是由于材料的内摩擦造成的[4]。1947 年由 Reissner[5] 假定面板承受膜应力,忽略芯层的面内应力,推导了各向同性夹层板的控制方程,之后出现了很多夹层板理论,这些理论成为计算分析约束阻尼的理论基础。

国外针对各向同性材料阻尼复合结构的理论研究从 50 年代初期就开始了,美国 NASA 的科研机构[6,7]对约束阻尼复合结构设计做了大量的理论研究和应用开发工作。Oberast 和 Lienard. P 首先从理论上分析了自由阻尼梁的阻尼损耗因子,给出了相应的计算公式,提出了复刚度法。1965 年,Taranto 为考虑约束阻尼层梁的剪切效应,提出了约束阻尼梁六阶微分方程理论。1969 年,Mead 和 Marku S 根据约束阻尼结构的横向位移推导出六阶微分方程[8]。

Adams 和 Bacon[9,10]制作了首台用于测量复合材料阻尼的装置,建立了一套理论模型,并把它用于分析纤维铺设角度和层板的几何尺寸对材料动态特性的影响[11]。G. Parthasarathy 等[12]较详细地研究了局部敷设的自由阻尼层板结构,讨论了阻尼材料的优化布置,并进行了试验研究。1984 年,约束阻尼技术首次用于波音-747 飞机舱室的减振降噪。此后 Mead 和 Marku,Rao 等又做了进一步的研究与应用工作[13]。

Sefrani[14]对单向纤维复合材料进行了减振试验分析;Yim[15] 等对 0°铺设的层合悬臂梁夹杂黏弹性层的复合结构的阻尼进行了研究分析;Plagianak[16] 等用有限元法对复合夹层梁的高阶层间应力进行动态分析。Ritz[17,18] 法也用于振动分析;Berthelot[19,20]利用 Ritz 方法和多种模型对单层夹杂黏弹性材料进行阻尼分析,通过阐述梁的弯曲振动方程,来求解多种边界条件下的复合材料层板问题。

国内的研究比国外晚,但对各向同性阻尼材料的理论研究和应用方面已接近国际水平。上海交通大学、西安交通大学和南京航空航天大学等单位在该方面进行了许多研发工作。戴德沛[21,22]和刘棣华[23]在其著作中总结了阻尼减振降噪技术的成果,师俊平等[24]和王旌生等[25]运用有限元法对三层各向异性层合阻尼结构进行了研究,李明俊等[26,27]对七层的各向异性层合阻尼结构进行了实验研究。

## 2.2　层合板与黏弹性阻尼材料的基本理论

目前,国内外已发展了大量的复合材料层合板理论,其中较为典型的并且在工程中实际运用的有经典层合板理论[28],一阶剪切变形理论[29-34],高阶剪切变形理论[35-39]以及新发展的锯齿理论[40-42]。事实上,目前复合材料层合结构设计大多数仍然采用经典层合板理论。

### 2.2.1　基本假设

(1) 层合板中每一单层板是正交各向异性的,其材料主方向不一定与层合板坐标轴一致;材料是线弹性体,沿材料主方向服从广义胡克定律。

(2) 层合板的层与层之间理想粘接,无缝隙,粘接层的厚度可以忽略不计。因此,层与层之间没有相互错动,变形沿厚度是连续的。

(3) 符合 Kirchhoff 直法线假设,即层合板在变形前垂直于中面的一直线段,变形后仍是直线段且垂直于变形后的中曲面,中面法线长度保持不变。

(4) 各单层板处于平面应力状态,平行中面的正应力 $\sigma_z$ 与其他应力相比很小,可以忽略不计。

在上述假定基础上建立的层合板理论成为经典层合板理论[43]。这个理论对薄的层合平板、层合曲板或层合壳均适用。

### 2.2.2　层合板的应力–应变关系

#### 1. 层合板第 $k$ 层的本构关系

层合板第 $k$ 层的本构关系为[44]

$$\begin{Bmatrix} \sigma_x^{(k)} \\ \sigma_y^{(k)} \\ \tau_{xy}^{(k)} \end{Bmatrix} = \begin{bmatrix} \overline{Q}_{11}^{(k)} & \overline{Q}_{12}^{(k)} & \overline{Q}_{16}^{(k)} \\ \overline{Q}_{12}^{(k)} & \overline{Q}_{22}^{(k)} & \overline{Q}_{26}^{(k)} \\ \overline{Q}_{16}^{(k)} & \overline{Q}_{26}^{(k)} & \overline{Q}_{66}^{(k)} \end{bmatrix} \begin{Bmatrix} \varepsilon_x \\ \varepsilon_y \\ \gamma_{xy} \end{Bmatrix} \tag{2.1}$$

其中$\overline{Q}_{ij}^{(k)}$为第 $k$ 层的折算刚度,具体定义为

$$\begin{cases} \overline{Q}_{11}^{(k)}=Q_{11}\cos^4\theta_k+2(Q_{12}+2Q_{66})\cos^2\theta_k\sin^2\theta_k+Q_{22}\sin^4\theta_k \\ \overline{Q}_{12}^{(k)}=Q_{12}\cos^4\theta_k+(Q_{11}+Q_{22}-4Q_{66})\cos^2\theta_k\sin^2\theta_k+Q_{12}\sin^4\theta_k \\ \overline{Q}_{16}^{(k)}=(Q_{11}-Q_{12}-2Q_{66})\cos^3\theta_k\sin\theta_k+(Q_{12}-Q_{22}+2Q_{66})\cos\theta_k\sin^3\theta_k \\ \overline{Q}_{22}^{(k)}=Q_{22}\cos^4\theta_k+2(Q_{12}+2Q_{66})\cos^2\theta_k\sin^2\theta_k+Q_{11}\sin^4\theta_k \\ \overline{Q}_{26}^{(k)}=(Q_{12}-Q_{22}+2Q_{66})\cos^3\theta_k\sin\theta_k+(Q_{11}-Q_{12}-2Q_{66})\cos\theta_k\sin^3\theta_k \\ \overline{Q}_{66}^{(k)}=(Q_{11}+Q_{22}-2Q_{12}-2Q_{66})\cos^2\theta_k\sin^2\theta_k+Q_{66}(\cos^4\theta_k+\sin^4\theta_k) \end{cases} \quad (2.2)$$

其中

$$Q_{11}=\frac{E_1}{1-\mu_{12}\mu_{21}};Q_{12}=\frac{\mu_{12}E_2}{1-\mu_{12}\mu_{21}}=\frac{\mu_{21}E_1}{1-\mu_{12}\mu_{21}};Q_{22}=\frac{E_2}{1-\mu_{12}\mu_{21}};Q_{44}=G_{23};$$

$$Q_{55}=G_{13};Q_{66}=G_{12} \quad (2.3)$$

$\theta_k$ 为第 $k$ 层的材料主轴与 $x$ 坐标轴的夹角。

**2. 层合板的位移场[45]**

$$\begin{cases} u(x,y,z)=u_0(x,y)-z\dfrac{\partial w_0}{\partial x} \\ v(x,y,z)=v_0(x,y)-z\dfrac{\partial w_0}{\partial y} \\ w(x,y,z)=w_0(x,y) \end{cases} \quad (2.4)$$

$u_1$、$v_0$、$w_0$ 分别代表中面内某一点沿 3 个方向的位移,即 $z=0$ 时 $u$、$v$、$w$ 的值。

**3. 层合板的中面应变场**

考虑对称层合板,中面位移 $u_0=0$,$v_0=0$,代入式(2.4),根据弹性力学中的几何方程[46],用中面位移表示的小挠度应变场为

$$\begin{cases} \varepsilon_x=\dfrac{\partial u}{\partial x}=-z\dfrac{\partial^2 w_0}{\partial x^2} \\ \varepsilon_y=\dfrac{\partial v}{\partial y}=-z\dfrac{\partial^2 w_0}{\partial y^2} \\ \varepsilon_z=\dfrac{\partial w}{\partial z}=0 \\ \gamma_{xy}=\dfrac{\partial u}{\partial x}+\dfrac{\partial v}{\partial y}=-2z\dfrac{\partial^2 w_0}{\partial x\partial y} \end{cases} \quad (2.5)$$

将式(2.5)代入式(2.1)中,即可得到第 $k$ 层的面内应力分量

$$\begin{cases} \sigma_x^{(k)} = -z\left(\overline{Q}_{11}^{(k)}\dfrac{\partial^2 w_0}{\partial x^2} + \overline{Q}_{12}^{(k)}\dfrac{\partial^2 w_0}{\partial y^2} + 2\overline{Q}_{16}^{(k)}\dfrac{\partial^2 w_0}{\partial x \partial y}\right) \\[2mm] \sigma_y^{(k)} = -z\left(\overline{Q}_{12}^{(k)}\dfrac{\partial^2 w_0}{\partial x^2} + \overline{Q}_{22}^{(k)}\dfrac{\partial^2 w_0}{\partial y^2} + 2\overline{Q}_{26}^{(k)}\dfrac{\partial^2 w_0}{\partial x \partial y}\right) \\[2mm] \tau_{xy}^{(k)} = -z\left(\overline{Q}_{16}^{(k)}\dfrac{\partial^2 w_0}{\partial x^2} + \overline{Q}_{26}^{(k)}\dfrac{\partial^2 w_0}{\partial y^2} + 2\overline{Q}_{66}^{(k)}\dfrac{\partial^2 w_0}{\partial x \partial y}\right) \end{cases} \qquad (2.6)$$

### 2.2.3 黏弹性阻尼材料

黏弹性阻尼材料是一种兼有某些黏性液体和弹性固体特性的材料[47]。其产生阻尼的基本原理是[48]:材料在交变应力(如振动)作用下发生高弹形变时,分子链间的运动在适当的温度和频率条件下具有显著的形变滞后于应力变化的特点,这种滞后的形变运动要克服很大的阻力而做功,所做的功转化为热能而耗散于周围环境中。高分子材料、复合材料、地质材料、高温下的金属都属于这种类型的材料。

黏弹性阻尼材料的模量比较小,不能直接作为结构材料,只能铺设在需要减振的构件上。主要铺设形式有以下几种[22]:

(1)自由阻尼层铺设(图2.1(a))。将黏弹性阻尼材料直接粘贴或喷涂在需要减振的构件表面上。

(2)约束阻尼层铺设(图2.1(b))。在阻尼层外再加一层约束层(弹性层),使得黏弹性材料即可发生拉伸变形,也可发生剪切变形。

(3)插入阻尼铺设(图2.1(c))。与约束阻尼层铺设不同的是阻尼层没有与弹性层粘贴在一起。

(4)多阻尼层铺设(图2.1(d))。在结构中有多层阻尼层。

(5)不连续阻尼(局部阻尼)铺设:铺设的阻尼层可以是不连续的。

黏弹性材料性能受到多种因素影响,其中受温度、频率和应变幅值的影响更为明显[49]。

(1)随着温度由低温向高温变化,黏弹性材料性能也从玻璃态区向高弹态区(橡胶态区)变化。在玻璃态区,材料显示很高的刚性,模量也较高,损耗因子较小;在高弹态区,材料的模量值较小,损耗因子中等;而在玻璃态与高弹态间的转变区,模量与损耗因子的变化都比较大。

(2)黏弹性材料的储能剪切模量总随着频率的增加而增加。材料的损耗因子在玻璃态区随着频率的增加而减小,在高弹态区随着频率的增加而增加,在转变区变化

情况并不明显。

（3）有关试验表明[50]，当黏弹性材料在剪应变为100%~150%时为线性性质，当剪应变大于300%时，材料会发生剪切破坏而失去作用。

黏弹性阻尼材料在交变应力作用下，应变滞后于应力相位角 $\alpha$，其应力-应变曲线为一椭圆形滞回曲线，如图2.2所示。

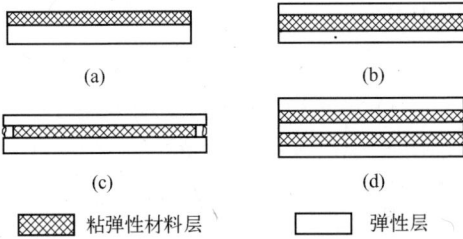

图2.1　阻尼层的结构形式　　　　图2.2　黏弹性阻尼材料的应力-应变曲线

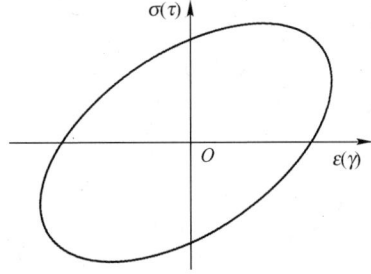

拉压应力和应变的关系式为[51]

$$\sigma = \sigma_0 e^{i\omega t} \tag{2.7}$$

$$\varepsilon = \varepsilon_0 e^{i(\omega t - \alpha)} \tag{2.8}$$

根据模量定义：

$$E^* = \frac{\sigma}{\varepsilon} = \frac{\sigma_0}{\varepsilon_0} e^{i\alpha} = E(\cos\alpha + i\sin\alpha) = E' + iE'' = E'(1 + i\eta) \tag{2.9}$$

$$\eta = \tan\alpha \tag{2.10}$$

式中　$E^*$——复拉伸模量（复杨氏模量）；

$E'$——复拉伸模量的实部，也称为储能拉伸模量；

$E''$——复拉伸模量的虚部，决定了黏弹性阻尼材料受到拉压变形时转变为热能的能量损耗，又称为耗能拉伸模量；

$\eta$——黏弹性阻尼材料的损耗因子（又称为损耗正切或阻尼系数），它是衡量阻尼材料耗散振动能量的主要指标之一。

同理，黏弹性阻尼材料的复剪切模量为

$$G^* = \frac{\tau}{\gamma} = \frac{\tau_0}{\gamma_0} e^{i\alpha} = G(\cos\alpha + i\sin\alpha) = G' + iG'' = G'(1 + i\eta) \tag{2.11}$$

式中　$G^*$——复剪切模量；

$G'$——复剪切模量的实部，也称为储能剪切模量；

$G''$——复剪切模量的虚部,决定了黏弹性阻尼材料受到剪切变形时转变为热能的能量损耗,又称为耗能剪切模量。

工程设计中,拉伸模量与剪切模量之间的关系[46]为

$$E = 2G(1+\mu) \tag{2.12}$$

式中 $\mu$——黏弹性阻尼材料的泊松比。

## 2.3 Ritz 法

弹性力学中有这样一种解法,这种解法先设定位移分量的表达式,使其满足位移边界条件,但其中包含若干个特定系数,然后利用位移变分方程确定这些系数,以得到完整的位移分量表达式,再结合几何方程、物理方程以进一步得到各应力分量的表达式。

试取位移分量的表达式如下:

$$u = u_{I0} + \sum_m A_m u_m, \quad v = v_{I0} + \sum_m B_m v_m, \quad w = w_{I0} + \sum_m C_m w_m \tag{2.13}$$

式中 $A_m, B_m, C_m$——互不依赖的 $3m$ 个系数;

$u_{I0}, v_{I0}, w_{I0}$——设定的函数,在给定的位移边界上,它们等于边界上的已知位移;

$u_m, v_m, w_m$——在边界上等于零的设定函数,很明显,$w, v, u$ 总能满足位移边界条件。

应用变分原理,可以得到如下结果

$$\begin{cases} \dfrac{\partial U_\varepsilon}{\partial A_m} = \iiint f_x u_m \mathrm{d}x\mathrm{d}y\mathrm{d}z + \iint \bar{f}_x u_m \mathrm{d}s \\[2mm] \dfrac{\partial U_\varepsilon}{\partial B_m} = \iiint f_y v_m \mathrm{d}x\mathrm{d}y\mathrm{d}z + \iint \bar{f}_y v_m \mathrm{d}s \\[2mm] \dfrac{\partial U_\varepsilon}{\partial C_m} = \iiint f_z w_m \mathrm{d}x\mathrm{d}y\mathrm{d}z + \iint \bar{f}_z w_m \mathrm{d}s \end{cases} \tag{2.14}$$

由于形变势能 $U_\varepsilon$ 是系数 $A_m, B_m, C_m$ 的二次函数,因而方程(2.14)将是各个系数的一次方程。而且方程中各个系数是互不依赖的,所以可以由这些方程解出各个系数,从而得到完整的位移分量表达式,很多文献上把这个方法称为 Ritz 法。

设黏弹性复合材料板长为 $a$,宽为 $b$,则黏弹性复合材料板挠度函数 $w(x,y)$ 用双重级数表示如下

$$w(x,y) = \sum_{m=1}^{M} \sum_{n=1}^{N} A_{mn} X_m(x) Y_n(y) \tag{2.15}$$

式中  $A_{mn}$——待定系数;

$X_m$ 和 $Y_n$——梁的振型函数。

当边界条件为四边固支时,梁振型函数定义为[52]

$$X_m(x) = \sin(\lambda_m \xi) - \sinh(\lambda_m \xi) - \alpha_m \cos(\lambda_m \xi) + \alpha_m \cosh(\lambda_m \xi) \tag{2.16}$$

$$Y_n(y) = \sin(\lambda_n \varsigma) - \sinh(\lambda_n \varsigma) - \alpha_n \cos(\lambda_n \varsigma) + \alpha_n \cosh(\lambda_n \varsigma) \tag{2.17}$$

其中,$\xi = x/a, \varsigma = y/b$,系数 $\lambda_i$ 和 $\alpha_i$ 由下面两个方程确定[53]:

$$1 - \cos(\lambda_i) \cosh(\lambda_i) = 0 \tag{2.18}$$

$$\alpha_i = \frac{\sin(\lambda_i) - \sinh(\lambda_i)}{\cos(\lambda_i) - \cosh(\lambda_i)} \tag{2.19}$$

系数 $\lambda_i$ 和 $\alpha_i$ 的前八次具体取值见表 2.1。由式(2.15)~式(2.19)可写出含有待定系数 $A_{mn}$ 的挠度函数表达式。

表 2.1  系数 $\lambda_i$ 和 $\alpha_i$ 值

| $i$ | 1 | 2 | 3 | 4 | 5 | 6 | 7 | 8 |
|---|---|---|---|---|---|---|---|---|
| $\lambda_i$ | 4.7300 | 7.8532 | 10.9956 | 14.1372 | 17.2788 | 20.4204 | 23.5619 | 26.7035 |
| $\alpha_i$ | 1.0178 | 0.9992 | 1.0000 | 1.0000 | 1.0000 | 1.0000 | 1.0000 | 1.0000 |

求黏弹性复合结构的应变能时会出现诸如 $\int_0^a \int_0^b \frac{\partial^3 w}{\partial x^p \partial y^q} \cdot \frac{\partial^3 w}{\partial x^r \partial y^s} \mathrm{d}x \mathrm{d}y$ 形式的积分式,对于此类积分式,本书采用如下计算表示方式:

$$\int_0^a \int_0^b \frac{\partial^3 w}{\partial x^p \partial y^q} \cdot \frac{\partial^3 w}{\partial x^r \partial y^s} \mathrm{d}x \mathrm{d}y = \int_0^a \int_0^b \sum_{m=1}^{M} \sum_{n=1}^{N} A_{mn} \frac{d^p X_m}{dx^p} \frac{d^q Y_n}{dy^q} \sum_{i=1}^{M} \sum_{j=1}^{N} A_{ij} \frac{d^r X_i}{dx^r} \frac{d^s Y_j}{dy^s} \mathrm{d}x \mathrm{d}y$$

$$= \sum_{m=1}^{M} \sum_{n=1}^{N} \sum_{i=1}^{M} \sum_{j=1}^{N} A_{mn} A_{ij} \int_0^a \frac{d^p X_m}{dx^p} \frac{d^r X_i}{dx^r} \mathrm{d}x \int_0^b \frac{d^q Y_n}{dy^q} \frac{d^s Y_j}{dy^s} \mathrm{d}y$$

$$\tag{2.20}$$

设:$\xi = x/a, \varsigma = y/b$,则

$$\int_0^a \frac{d^p X_m}{dx^p} \frac{d^r X_i}{dx^r} \mathrm{d}x = \frac{1}{a^{p+r-1}} \int_0^1 \frac{d^p X_m}{d\xi^p} \frac{d^r X_i}{d\xi^r} \mathrm{d}\xi \tag{2.21}$$

$$\int_0^b \frac{d^q Y_n}{dy^q} \frac{d^s Y_j}{dy^s} \mathrm{d}y = \frac{1}{b^{q+s-1}} \int_0^1 \frac{d^q Y_n}{d\varsigma^q} \frac{d^s Y_j}{d\varsigma^s} \mathrm{d}\varsigma \tag{2.22}$$

令:

$$I_{mi}^{pr} = \int_0^1 \frac{d^p X_m}{d\xi^p} \frac{d^r X_i}{d\xi^r} \mathrm{d}\xi \quad \begin{array}{l} m, i = 1, 2, \cdots, M \\ p, r = 0, 1, 2, 3 \end{array} \tag{2.23}$$

$$J_{nj}^{qs} = \int_0^1 \frac{d^q Y_n}{d\varsigma^q} \frac{d^s Y_j}{d\varsigma^s} d\varsigma \qquad \begin{array}{l} n,j = 1,2,\cdots,N \\ q,s = 0,1,2,3 \end{array} \qquad (2.24)$$

定义：
$$\lambda = a/b, \quad C_{minj}^{prqs} = I_{mi}^{pr} J_{nj}^{qs} \qquad (2.25)$$

将式(2.21)~式(2.25)代入式(2.20)中,可以得到:

$$\int_0^a \int_0^b \frac{\partial^3 w}{\partial x^p \partial y^q} \cdot \frac{\partial^3 w}{\partial x^r \partial y^s} dx dy = \frac{\lambda^{q+s-1}}{a^{p+r+q+s-2}} \sum_{m=1}^M \sum_{n=1}^N \sum_{i=1}^M \sum_{j=1}^N A_{mn} A_{ij} C_{minj}^{prqs} \qquad (2.26)$$

# 参 考 文 献

[ 1 ]    Zhang Jin-min, Robert J P, Catherine R W. Effects of Secondary Phases on the Damping Behavior of Metal, Alloys and Metal Matrix Compo sites[J]. Material Science and Engineering, 1994, 13(8): 324-389.

[ 2 ]    赵美英,陶梅贞. 复合材料结构力学与结构设计[M]. 西安:西安工业大学出版社,2007, 78-90.

[ 3 ]    沈观林,胡更开. 复合材料力学[M]. 北京:清华大学出版社,2006,86-130,144-164.

[ 4 ]    陈前. 弹性-粘弹性复合结构动力学研究[D]. 南京:南京航空学院,1987.

[ 5 ]    Reissner E. On Bending of Elastic Plates[J]. Appl. Math., 1947(5):54-69.

[ 6 ]    Derby T F, Ruzicka J E. Loss factor and Resonant Frequency of Viscoelastic Shear-damped Structural Composites. NASA CR-1269, 1969.

[ 7 ]    Ruzicka J E, Derby T E, Schubertand D W et al. Damping of Structural Composites with Viscoelastic Shear-damping Mechanisms, NASA CR-1269, 1969.

[ 8 ]    王轲. 弹性阻尼梁结构动力学分析[D]. 南京:南京航空航天大学,1997.

[ 9 ]    Adams R D. The dynamic Properties of Unidirectional Carbon and Glass Fiber-reinforced Plastics in Torsion and Flexure[J]. Journal of Composite Materials, 1969, 3:594-603.

[10]    Adams R D, Bacon D G C. Measurement of the Flexural Damping Capacity and Dynamic Young's Modulus of Metals and Reinforced Plastics[J]. Appl. Phys., 1973, 6:27-41.

[11]    Adams R D, Bacon D G C. Effect of Fiber-orientation and Laminate Geometry on the Dynamic Properties of CFRP[J]. Journal of Composite Materials, 1973, 7:402-408.

[12]    Parthasarathy G, Reddy C V R, Ganesan N. Partial Coverage of Rectangular Plates by Unconstrained Layer Damping Treatments[J]. Journal of Sound and Vibration, 1985, 102(2):203-216.

[13]    王慧彩. 约束阻尼夹层板动态特性研究[D]. 大连:大连理工大学,2003.

[14]    Y. Sefrani. Analyse de L'amortissement de Matériaux Composites à Fibres Unidirectio- nnelles [D]. Université du Maine, Le Mans, France, 2002.

[15]    Yim J H, Cho S Y, Seo Y J et al. A study on Material Damping of 0° Laminated Composite Sand-

wich Cantilever Beams with a Viscoelastic Layer[J]. Composite Structures,2003,60:367-374.

[16]    Plagianak T S,Saravanos D A. High-order Layer-wise Mechanics and Finite Element for the Damped Dynamic Characteristics of Sandwich Composite beams[J]. International Journal of Solids and Structures,2004,41:6853-6871.

[17]    Young D. Vibration of Rectangular Plates by the Ritz method[J]. J Appl. Mech. ,1950,17: 448-453.

[18]    Berthelot J M. Composite Materials:Mechanical Behavior and Structural Analysis[M]. New York: Springer,1999.

[19]    Berthelot J M,Sefrani Y. Damping Analysis of Unidirectional Glass and Kevlar Fibre Composites [J]. Composites Science and Technology,2004,64:1261-1278.

[20]    Berthelot J M. Damping Analysis of Laminated Beams and Plates Using the Ritz Method. Composite Structures,2006,74:186-201.

[21]    戴德沛. 阻尼减振降噪技术[M]. 西安:西安交通大学出版社,1986.

[22]    戴德沛. 阻尼技术的工程应用[M]. 北京:清华大学出版社,1991.

[23]    刘棣华. 粘弹阻尼减振降噪应用技术[M]. 北京:宇航出版社,1990.

[24]    师俊平,刘协会,赵巨才,等. 复合材料夹层板的振动及阻尼分析[J]. 应用力学学报,1996, 13(2):132-136.

[25]    王旌生,吴有生. 考虑芯层横向变形的粘弹性复合材料夹层板结构的声振特性分析[J]. 振动与冲击,2006,25(5):6-9.

[26]    李明俊,刘桂武,徐泳文,等. 各向异性参数对层合阻尼薄板损耗因子的影响分析[J]. 机械工程材料,2005,29(2):10-13.

[27]    李明俊,刘桂武,徐泳文,等. 交替层合阻尼结构主控各向异性层参数对结构阻尼的影响 [J]. 复合材料学报,2006,23(1):180-184.

[28]    Timoshenko S,Woinowsky-Krieger S. Theory of Plates and Shells. New York,McGraw-Hill,1959.

[29]    Whitney J M,Pagano N J. Shear Deformation in Heterogeneous Anisotropic Plates[J]. J Appl. Mech. ,1970,37:1031-1036.

[30]    Whitney J M. The Effect of Transverse Shear Deformation on the Bending of Laminated Plates[J]. J Compos Mater,1969,3:534-547.

[31]    Sun C T,Whitney J M. Theories for the Dynamic Response of Laminated Plates[J]. AIAA J,1973, 11:178-183.

[32]    Liew K M,Peng L X,Kitipornchai S. Buckling of Folded Plate Structures Subjected to Partial In-plane Edge Loads by the FSDT Meshfree Galerkin Method[J]. Int. J Numer. Methods Eng, 2006,65:1494-1526.

[33]    Hu X X,Sakiyama T,Lim C W,et al. Vibration of Angle-ply Laminated Plates with Twist by Rayleigh-Ritz procedure[J]. Comput. Meth Appl Mech Eng,2004,193:804-823.

[34] Bert C W, Chen T L C. Effect of Shear Deformation on Vibration of Antisymmetric Angleply Laminated Rectangular Plates[J]. Int J Solids Struct, 1978, 14:64-473.

[35] Reddy J N. A Simple Higher-order Theory for Laminated Composite Plates[J]. J Appl Mech, 1984, 51(12):744-752.

[36] Matsunaga H. Interlaminar Stress Analysis of Laminated Composite and Sandwich Circular Arches Subjected to Thermal/mechanical Loading[J]. Compos Struct, 2003, 60:344-358.

[37] Matsunaga H. Inter-laminar Stress Analysis of Laminated Composite Beams According to Global higher-order Deformation Theories[J]. Compos Struct., 2002, 55:104-114.

[38] Matsunaga H. Assessment of a Global Higher-order Deformation Theory for Laminated Composite and Sandwich Plates[J]. Compos Struct, 2002, 56:279-291.

[39] Matsunaga H. A Comparison Between 2-D Single-layer and 3-D Layerwised Theories for Computing Interlaminar Stresses of Laminated Composite and Sandwich Plates Subjected to Thermal Loadings[J]. Compos Struct, 2004, 64:161-177.

[40] Carrera E. Historical Review of Zig-Zag Theories for Multilayered Plates and Shells[J]. Appl Mech Rev, 2003, 56(3):287-308.

[41] 何陵辉,刘人怀. 一种考虑层间位移和横向剪应力连续条件的层合板理论[J]. 固体力学学报, 1994, 15(4):319-325.

[42] Li X Y, Liu D. Zigzag Theory for Composite Laminates[J]. AIAA J, 1995, 33(6):1163-1165.

[43] 陈建桥. 复合材料力学概论[M]. 北京:科学出版社, 2006.

[44] 蔡四维. 复合材料结构力学[M]. 北京:人民交通出版社, 1989.

[45] 张少实,庄茁. 复合材料与粘弹性力学[M]. 北京:机械工业出版社, 2005.

[46] 徐芝纶. 弹性力学简明教程[M]. 北京:高等教育出版社, 1980.

[47] 曾海泉,罗跃刚,杨元凤,等. 高分子阻尼材料及阻尼结构[J]. 特种橡胶制品, 2001, 22(5): 17-20.

[48] 林孔勇. 橡胶工业手册[M]. 第六分册工业橡胶制品. 北京:化学工业出版社, 1995.

[49] 周云著. 粘弹性阻尼减震结构设计[M]. 湖北:武汉理工大学出版社, 2006.

[50] Aiken L D, Kelly J M. Earthquake Simulator Testing and Analytical Studies of two Energy-absorbing Systems for Multi-storey Structures[R]. Report UCB/EERC—90/03, University California at Berkeley, 1990.

[51] 常冠军. 粘弹性阻尼材料[M]. 北京:国防工业出版社, 2012.

[52] 符拉索夫. 壳体的一般理论[M]. 薛振东,朱世靖,译. 北京:人民教育出版社, 1960.

[53] 杨加明. 复合材料板的非线性弯曲[M]. 北京:国防工业出版社, 2006.

# 第3章 黏弹性阻尼材料夹杂单层板的应变能分析

## 3.1 黏弹性阻尼材料夹杂单层板的面内应变能

20世纪50年代,黏弹性阻尼材料多应用于类似航空器的振动控制中,60年代在大型土木工程结构中大量运用弹性阻尼器。目前开发的各种阻尼器主要是由黏弹性材料和钢板粘结而成,更新的则是由黏弹性材料和层合板粘结而成[1]。因此研究黏弹性阻尼材料夹杂复合材料的力学行为具有一定的理论价值和现实意义。

在进行力学分析时,黏弹性材料可作为各向同性材料来处理。由于夹杂后的混合体既有各向异性层又有黏弹性各向同性层,传统的层合板理论显然是不适合的。我们用Ritz[2,3]法来研究各应力分量的应变能和总应变能,这样为后续的材料阻尼分析和静力变形及应力分析打下基础。

为了进行更精确的应变能分析,我们既要考虑面内应变能,又要考虑横向剪应力的影响。

### 3.1.1 基础理论

考虑一厚度为$e$的广义正交各向异性单层板,夹在二片厚度为$e_0$的黏弹性各向同性阻尼层之间,如图3.1所示。广义正交各向异性单层板,指一般的正交各向异性单层板,其材料主方向与板的坐标$x,y$不重合。显然这一混合结构对称于中面。由图可知

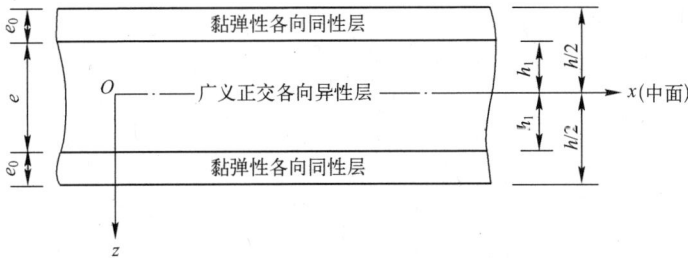

图3.1 黏弹性阻尼材料夹杂单层板

$$h_1 = e/2; \quad h = e + 2e_0 \qquad (3.1)$$

整个板的位移场采用 Kirchhoff 经典板理论[4]：

$$\begin{cases} u(x,y,z,t) = u_0(x,y,t) - z\dfrac{\partial w_0}{\partial x} \\[2mm] v(x,y,z,t) = v_0(x,y,t) - z\dfrac{\partial w_0}{\partial y} \\[2mm] w(x,y,z,t) = w_0(x,y,t) \end{cases} \qquad (3.2)$$

$u_0, v_0, w_0$ 代表中面内某一点的位移，即 $z=0$ 时 $u, v, w$ 的值。该理论指出，变形前垂直于中面的法线，变形后仍然是直线，并垂直于中面。

#### 3.1.1.1 层合板理论

在 Kirchhoff 的假设条件下，对于一般层合板，第 $k$ 层的本构关系为[5,6]

$$\begin{Bmatrix} \sigma_x^{(k)} \\ \sigma_y^{(k)} \\ \tau_{xy}^{(k)} \end{Bmatrix} = \begin{bmatrix} \overline{Q}_{11}^{(k)} & \overline{Q}_{12}^{(k)} & \overline{Q}_{16}^{(k)} \\ \overline{Q}_{12}^{(k)} & \overline{Q}_{22}^{(k)} & \overline{Q}_{26}^{(k)} \\ \overline{Q}_{16}^{(k)} & \overline{Q}_{26}^{(k)} & \overline{Q}_{66}^{(k)} \end{bmatrix} \begin{Bmatrix} \varepsilon_x \\ \varepsilon_y \\ \gamma_{xy} \end{Bmatrix} \qquad (3.3a)$$

$$\begin{Bmatrix} \tau_{yz}^{(k)} \\ \tau_{xz}^{(k)} \end{Bmatrix} = \begin{bmatrix} \overline{Q}_{44}^{(k)} & \overline{Q}_{45}^{(k)} \\ \overline{Q}_{45}^{(k)} & \overline{Q}_{55}^{(k)} \end{bmatrix} \begin{Bmatrix} \gamma_{yz} \\ \gamma_{xz} \end{Bmatrix} \qquad (3.3b)$$

式 (3.3b) 也可改写成：

$$\begin{Bmatrix} \gamma_{yz} \\ \gamma_{xz} \end{Bmatrix} = \begin{bmatrix} S_{44}^{(k)} & S_{45}^{(k)} \\ S_{45}^{(k)} & S_{55}^{(k)} \end{bmatrix} \begin{Bmatrix} \tau_{yz}^{(k)} \\ \tau_{xz}^{(k)} \end{Bmatrix} \qquad (3.3c)$$

$\overline{Q}_{ij}^{(k)}$ 为第 $k$ 层的折算刚度，$S_{ij}^{(k)}$ 为柔度分量，具体定义为

$$\begin{cases} \overline{Q}_{11}^{(k)} = Q_{11}\cos^4\theta_k + 2(Q_{12} + 2Q_{66})\cos^2\theta_k\,\sin^2\theta_k + Q_{22}\sin^4\theta_k \\[1mm] \overline{Q}_{12}^{(k)} = Q_{12}\cos^4\theta_k + (Q_{11} + Q_{22} - 4Q_{66})\cos^2\theta_k\,\sin^2\theta_k + Q_{12}\sin^4\theta_k \\[1mm] \overline{Q}_{16}^{(k)} = (Q_{11} - Q_{12} - 2Q_{66})\cos^3\theta_k\sin\theta_k + (Q_{12} - Q_{22} + 2Q_{66})\cos\theta_k\,\sin^3\theta_k \\[1mm] \overline{Q}_{22}^{(k)} = Q_{22}\cos^4\theta_k + 2(Q_{12} + 2Q_{66})\cos^2\theta_k\,\sin^2\theta_k + Q_{11}\sin^4\theta_k \\[1mm] \overline{Q}_{26}^{(k)} = (Q_{12} - Q_{22} + 2Q_{66})\cos^3\theta_k\sin\theta_k + (Q_{11} - Q_{12} - 2Q_{66})\cos\theta_k\,\sin^3\theta_k \\[1mm] \overline{Q}_{44}^{(k)} = Q_{44}\cos^2\theta_k + Q_{55}\sin^2\theta_k \\[1mm] \overline{Q}_{45}^{(k)} = (Q_{55} - Q_{44})\cos\theta_k\sin\theta_k \end{cases}$$

$$\begin{cases} \overline{Q}_{55}^{(k)} = Q_{55}\cos^2\theta_k + Q_{44}\sin^2\theta_k \\ \overline{Q}_{66}^{(k)} = (Q_{11}+Q_{22}-2Q_{12}-2Q_{66})\cos^2\theta_k\sin^2\theta_k + Q_{66}(\cos^4\theta_k+\sin^4\theta_k) \\ S_{44}^{(k)} = \dfrac{\cos^2\theta_k}{Q_{44}} + \dfrac{\sin^2\theta_k}{Q_{55}}; \; S_{45}^{(k)} = \left(\dfrac{1}{Q_{44}}-\dfrac{1}{Q_{55}}\right)\cos\theta_k\sin\theta_k; \; S_{55}^{(k)} = \dfrac{\sin^2\theta_k}{Q_{44}}+\dfrac{\cos^2\theta_k}{Q_{55}} \end{cases} \tag{3.4}$$

其中

$$Q_{11}=\frac{E_1}{1-\mu_{12}\mu_{21}}; \quad Q_{12}=\frac{\mu_{12}E_2}{1-\mu_{12}\mu_{21}}=\frac{\mu_{21}E_1}{1-\mu_{12}\mu_{21}}; \quad Q_{22}=\frac{E_2}{1-\mu_{12}\mu_{21}} \tag{3.5}$$

$$Q_{44}=G_{23}; \quad Q_{55}=G_{13}; \quad Q_{66}=G_{12}$$

对于 Kirchhoff 假设条件下的对称层合板,中面位移 $u_0=0$,$v_0=0$,用中面位移表示的小挠度应变场为[7]

$$\begin{cases} \varepsilon_x = \dfrac{\partial u}{\partial x} = -z\dfrac{\partial^2 w_0}{\partial x^2}; \; \varepsilon_y = \dfrac{\partial v}{\partial y} = -z\dfrac{\partial^2 w_0}{\partial y^2}; \; \varepsilon_z = \dfrac{\partial w}{\partial z} = 0; \; \gamma_{xy} = \dfrac{\partial u}{\partial y} + \dfrac{\partial v}{\partial x} = -2z\dfrac{\partial^2 w_0}{\partial x \partial y} \\ \gamma_{yz} = \dfrac{\partial w}{\partial y} + \dfrac{\partial v}{\partial z} = \dfrac{\partial w_0}{\partial y} - \dfrac{\partial w_0}{\partial y} = 0; \; \gamma_{xz} = \dfrac{\partial w}{\partial x} + \dfrac{\partial u}{\partial z} = \dfrac{\partial w_0}{\partial x} - \dfrac{\partial w_0}{\partial x} = 0 \end{cases} \tag{3.6}$$

式(3.6)代入式(3.3a)中得到面内应力分量:

$$\begin{cases} \sigma_x^{(k)} = -z\left(\overline{Q}_{11}^{(k)}\dfrac{\partial^2 w_0}{\partial x^2} + \overline{Q}_{12}^{(k)}\dfrac{\partial^2 w_0}{\partial y^2} + 2\overline{Q}_{16}^{(k)}\dfrac{\partial^2 w_0}{\partial x \partial y}\right) \\ \sigma_y^{(k)} = -z\left(\overline{Q}_{12}^{(k)}\dfrac{\partial^2 w_0}{\partial x^2} + \overline{Q}_{22}^{(k)}\dfrac{\partial^2 w_0}{\partial y^2} + 2\overline{Q}_{26}^{(k)}\dfrac{\partial^2 w_0}{\partial x \partial y}\right) \\ \tau_{xy}^{(k)} = -z\left(\overline{Q}_{16}^{(k)}\dfrac{\partial^2 w_0}{\partial x^2} + \overline{Q}_{26}^{(k)}\dfrac{\partial^2 w_0}{\partial y^2} + 2\overline{Q}_{66}^{(k)}\dfrac{\partial^2 w_0}{\partial x \partial y}\right) \end{cases} \tag{3.7}$$

### 3.1.1.2　黏弹性层理论

由于黏弹性阻尼层此处近似理解为各向同性材料,其本构关系[8]变得简单多了。

$$\begin{Bmatrix} \sigma_x^v \\ \sigma_y^v \\ \tau_{xy}^v \end{Bmatrix} = \begin{bmatrix} Q_{11}^v & Q_{12}^v & 0 \\ Q_{12}^v & Q_{22}^v & 0 \\ 0 & 0 & Q_{66}^v \end{bmatrix} \begin{Bmatrix} \varepsilon_x \\ \varepsilon_y \\ \gamma_{xy} \end{Bmatrix} \tag{3.8}$$

其中

$$Q_{11}^v=\frac{E}{1-\mu^2}; \quad Q_{12}^v=\frac{\mu E}{1-\mu^2}; \quad Q_{22}^v=\frac{E}{1-\mu^2}=Q_{11}^v; \quad Q_{66}^v=\frac{E}{2(1+\mu)} \tag{3.9}$$

式中　$E$,$\mu$——黏弹性阻尼材料的弹性模量和泊松比;

上标 $v$——黏弹性材料。

将应变方程(3.6)代入式(3.7)中,得到对称层合板情况下黏弹性层的应力同横向挠度 $w_0$ 的关系:

$$
\begin{cases}
\sigma_x^v = -z\left(Q_{11}^v \dfrac{\partial^2 w_0}{\partial x^2} + Q_{12}^v \dfrac{\partial^2 w_0}{\partial y^2}\right) \\[2mm]
\sigma_y^v = -z\left(Q_{12}^v \dfrac{\partial^2 w_0}{\partial x^2} + Q_{22}^v \dfrac{\partial^2 w_0}{\partial y^2}\right) \\[2mm]
\tau_{xy}^v = -2zQ_{66}^v \dfrac{\partial^2 w_0}{\partial x \partial y}
\end{cases}
\tag{3.10}
$$

### 3.1.2 利用平衡方程求横向切应力

在小挠度情况下,应力分量 $\tau_{xz}$ 和 $\tau_{yz}$ 远小于其余三个应力分量 $\sigma_x$, $\sigma_y$, $\tau_{xy}$,因而是次要的,它们所引起的应变可以忽略不计。但这两个次要应力分量本身是维系平衡所必需的,因此必须考虑进去[9]。为了求出 $\tau_{xz}$ 和 $\tau_{yz}$,可以应用空间平衡微分方程的前两式。由于这里不考虑 $x$ 轴和 $y$ 轴方向的面内载荷,同时不妨设体力分量 $f_x = 0$, $f_y = 0$,由此得到

$$
\frac{\partial \sigma_x^i}{\partial x} + \frac{\partial \tau_{xy}^i}{\partial y} + \frac{\partial \tau_{xz}^i}{\partial z} = 0 \quad i = uni, v
\tag{3.11}
$$

$$
\frac{\partial \tau_{xy}^i}{\partial x} + \frac{\partial \sigma_y^i}{\partial y} + \frac{\partial \tau_{yz}^i}{\partial z} = 0 \quad i = uni, v
\tag{3.12}
$$

这里的 $uni$ 表示广义正交各向异性层,$v$ 表示黏弹性材料。

#### 3.1.2.1 $xz$ 方向的切应力

根据式(3.11):

$$
\frac{\partial \tau_{xz}^i}{\partial z} = -\frac{\partial \sigma_x^i}{\partial x} - \frac{\partial \tau_{xy}^i}{\partial y} \quad i = uni, v
\tag{3.13}
$$

对于对称各向异性层,把式(3.7)代入式(3.13)中得到

$$
\frac{\partial \tau_{xz}^{(k)}}{\partial z} = A_{xz}^{(k)}(x, y) \cdot z
\tag{3.14}
$$

其中

$$
A_{xz}^{(k)}(x, y) = \overline{Q}_{11}^{(k)} \frac{\partial^3 w_0}{\partial x^3} + (\overline{Q}_{12}^{(k)} + 2\overline{Q}_{66}^{(k)}) \frac{\partial^3 w_0}{\partial x \partial y^2} + 3\overline{Q}_{16}^{(k)} \frac{\partial^3 w_0}{\partial x^2 \partial y} + \overline{Q}_{26}^{(k)} \frac{\partial^3 w_0}{\partial y^3}
\tag{3.15}
$$

28

对式(3.14)进行积分,可以求出横向切应力的大小:

$$\tau_{xz}^{(k)} = \frac{1}{2}A_{xz}^{(k)}(x,y) \cdot z^2 + C^{(k)} \qquad (3.16)$$

对于黏弹性层,用同样的方法可以得到:

$$\tau_{xz}^{v} = \frac{1}{2}A_{xz}^{v}(x,y) \cdot z^2 + C^{v} \qquad (3.17)$$

这里的 $C^{(k)}$ 和 $C^{v}$ 为积分常数,其中

$$A_{xz}^{v}(x,y) = Q_{11}^{v}\frac{\partial^3 w_0}{\partial x^3} + (Q_{12}^{v} + 2Q_{66}^{v})\frac{\partial^3 w_0}{\partial x \partial y^2} \qquad (3.18)$$

为了求出这两个常系数,可以利用应力连续条件和应力边界条件。在各向异性层和黏弹性层之间,横向切应力应相等;上下表面的切应力为零。注意到各向异性层的层数 $k=1$,有

$$\tau_{xz}^{v}\big|_{z=\pm h/2} = 0 \qquad (3.19)$$

$$\tau_{xz}^{(1)}\big|_{z=\pm h_1} = \tau_{xz}^{v}\big|_{z=\pm h_1} \qquad (3.20)$$

把式(3.16)和式(3.17)代入上两式,可以求到:

$$C^{v} = -\frac{1}{2}A_{xz}^{v}(x,y) \cdot \frac{h^2}{4} \qquad (3.21)$$

$$C^{(1)} = \frac{1}{2}A_{xz}^{v}(x,y)\left(h_1^2 - \frac{h^2}{4}\right) - \frac{1}{2}A_{xz}^{(1)}(x,y)h_1^2 \qquad (3.22)$$

把这两个系数回代到式(3.16)和式(3.17)中,可以得到切应力的大小:

$$\tau_{xz}^{(1)} = \frac{1}{2}A_{xz}^{(1)}(x,y)(z^2 - h_1^2) + \frac{1}{2}A_{xz}^{v}(x,y)\left(h_1^2 - \frac{h^2}{4}\right) \quad |z| \leqslant h_1 \qquad (3.23)$$

$$\tau_{xz}^{v} = \frac{1}{2}A_{xz}^{v}(x,y)\left(z^2 - \frac{h^2}{4}\right) \quad h_1 \leqslant |z| \leqslant \frac{h}{2} \qquad (3.24)$$

### 3.1.2.2　yz 方向的切应力

根据平衡方程式(3.12),可以得到

$$\frac{\partial \tau_{yz}^{i}}{\partial z} = -\frac{\partial \sigma_{y}^{i}}{\partial y} - \frac{\partial \tau_{xy}^{i}}{\partial x} \quad i = uni, v \qquad (3.25)$$

上式中,$uni$ 指单层任意铺设,$v$ 指黏弹性体。推导过程同 $xz$ 方向的切应力相类似,把坐标 $x \rightarrow y, y \rightarrow x$,把折算刚度的下标 $1 \rightarrow 2, 2 \rightarrow 1$,可以得到

$$\tau_{yz}^{(1)} = \frac{1}{2}A_{yz}^{(1)}(x,y)(z^2 - h_1^2) + \frac{1}{2}A_{yz}^{v}(x,y)\left(h_1^2 - \frac{h^2}{4}\right) \quad |z| \leqslant h_1 \qquad (3.26)$$

$$\tau_{yz}^{v} = \frac{1}{2} A_{yz}^{v}(x,y) \left( z^2 - \frac{h^2}{4} \right) \quad h_1 \leqslant |z| \leqslant \frac{h}{2} \tag{3.27}$$

其中：

$$A_{yz}^{(k)}(x,y) = \overline{Q}_{16}^{(k)} \frac{\partial^3 w_0}{\partial x^3} + 3\overline{Q}_{26}^{(k)} \frac{\partial^3 w_0}{\partial x \partial y^2} + (\overline{Q}_{12}^{(k)} + 2\overline{Q}_{66}^{(k)}) \frac{\partial^3 w_0}{\partial x^2 \partial y} + \overline{Q}_{22}^{(k)} \frac{\partial^3 w_0}{\partial y^3} \tag{3.28}$$

$$A_{yz}^{v}(x,y) = (Q_{12}^{v} + 2Q_{66}^{v}) \frac{\partial^3 w_0}{\partial x^2 \partial y} + Q_{22}^{v} \frac{\partial^3 w_0}{\partial y^3} \tag{3.29}$$

### 3.1.3 面内应变能

对于线弹性体，由于 $\varepsilon_z = 0$，其总的应变能[3]为

$$U = \iiint\limits_{V} \left[ \frac{1}{2} (\sigma_x \varepsilon_x + \sigma_y \varepsilon_y + \tau_{xy} \gamma_{xy} + \tau_{yz} \gamma_{yz} + \tau_{xz} \gamma_{xz}) \right] \mathrm{d}x \mathrm{d}y \mathrm{d}z \tag{3.30}$$

面内应变能指的是式(3.30)中的前三项。面内应变能本身又分两部分：第一部分为广义正交各向异性层的面内应变能，材料主方向与板边方向有一个 $\theta_k$ 夹角；第二部分为黏弹性各向同性层的面内应变能。如果仅考虑板的弯曲问题，面内应变能占据主要部分。

#### 3.1.3.1 广义正交各向异性层的面内应变能 $U_p^{uni}$

如果考虑一矩形混杂板，长为 $a$，宽为 $b$，根据面内应变能的定义：

$$U_p^{uni} = 2\int_{z=0}^{z=h_1} \int_{y=0}^{b} \int_{x=0}^{a} \left[ \frac{1}{2} (\sigma_x^{(1)} \varepsilon_x + \sigma_y^{(1)} \varepsilon_y + \tau_{xy}^{(1)} \gamma_{xy}) \right] \mathrm{d}x \mathrm{d}y \mathrm{d}z$$

$$= \int_{z=0}^{z=h_1} \int_{y=0}^{b} \int_{x=0}^{a} (\sigma_x^{(1)} \varepsilon_x + \sigma_y^{(1)} \varepsilon_y + \tau_{xy}^{(1)} \gamma_{xy}) \mathrm{d}x \mathrm{d}y \mathrm{d}z \tag{3.31}$$

由于应力和应变均可用横向挠度 $w_0(x,y)$ 表示，详见式(3.6)和式(3.7)，把它们代入到上式中，可以得到

$$U_p^{uni} = \frac{h_1^3}{3} \int_{y=0}^{b} \int_{x=0}^{a} \left[ \overline{Q}_{11}^{(1)} \left( \frac{\partial^2 w_0}{\partial x^2} \right)^2 + 2\overline{Q}_{12}^{(1)} \frac{\partial^2 w_0}{\partial x^2} \frac{\partial^2 w_0}{\partial y^2} \right.$$

$$\left. + 4\overline{Q}_{16}^{(1)} \frac{\partial^2 w_0}{\partial x^2} \frac{\partial^2 w_0}{\partial x \partial y} + 4\overline{Q}_{26}^{(1)} \frac{\partial^2 w_0}{\partial x \partial y} \frac{\partial^2 w_0}{\partial y^2} + 4\overline{Q}_{66}^{(1)} \left( \frac{\partial^2 w_0}{\partial x \partial y} \right)^2 + \overline{Q}_{22}^{(1)} \left( \frac{\partial^2 w_0}{\partial y^2} \right)^2 \right] \mathrm{d}x \mathrm{d}y \tag{3.32}$$

应用 Ritz 法，挠度函数 $w_0(x,y)$ 用双重级数来表示[10]：

$$w_0(x,y) = \sum_{m=1}^{\infty} \sum_{n=1}^{\infty} A_{mn} X_m(x) Y_n(y) \tag{3.33}$$

利用第 2 章中的式(2.20)~式(2.26)，并定义：$\lambda = a/b$，式(3.32)可以进一步改

写为

$$U_p^{uni} = \frac{h_1^3}{3\lambda a^2} \sum_{m=1}^{\infty} \sum_{n=1}^{\infty} \sum_{i=1}^{\infty} \sum_{j=1}^{\infty} A_{mn} A_{ij} F_p^{uni} \tag{3.34}$$

其中：

$$F_p^{uni} = \overline{Q}_{11}^{(1)} C_{minj}^{2200} + 4\lambda \overline{Q}_{16}^{(1)} C_{minj}^{2101} + 2\lambda^2 \overline{Q}_{12}^{(1)} C_{minj}^{2002}$$
$$+ 4\lambda^3 \overline{Q}_{26}^{'(1)} C_{minj}^{1012} + 4\lambda^2 \overline{Q}_{66}^{'(1)} C_{minj}^{1111} + \lambda^4 \overline{Q}_{22}^{'(1)} C_{minj}^{0022} \tag{3.35}$$

### 3.1.3.2 黏弹性各向同性阻尼层的面内应变能 $U_p^v$

类似于广义正交各向异性层的推导过程,定义黏弹性层的面内应变能：

$$U_p^v = 2 \int_{z=h_1}^{z=h/2} \int_{y=0}^{b} \int_{x=0}^{a} \left[ \frac{1}{2} (\sigma_x^v \varepsilon_x + \sigma_y^v \varepsilon_y + \tau_{xy}^v \gamma_{xy}) \right] \mathrm{d}x\mathrm{d}y\mathrm{d}z$$
$$= \int_{z=h_1}^{z=h/2} \int_{y=0}^{b} \int_{x=0}^{a} (\sigma_x^v \varepsilon_x + \sigma_y^v \varepsilon_y + \tau_{xy}^v \gamma_{xy}) \mathrm{d}x\mathrm{d}y\mathrm{d}z \tag{3.36}$$

把式(3.6)和式(3.10)分别代入上式中,得到：

$$U_p^v = \frac{1}{24}(h^3 - 8h_1^3) \int_{y=0}^{b} \int_{x=0}^{a} \left[ Q_{11}^v \left( \frac{\partial^2 w_0}{\partial x^2} \right)^2 + 2Q_{12}^v \frac{\partial^2 w_0}{\partial x^2} \frac{\partial^2 w_0}{\partial y^2} \right.$$
$$\left. + 4Q_{66}^v \left( \frac{\partial^2 w_0}{\partial x \partial y} \right)^2 + Q_{22}^v \left( \frac{\partial^2 w_0}{\partial y^2} \right)^2 \right] \mathrm{d}x\mathrm{d}y \tag{3.37}$$

无论是广义正交各向异性层,还是黏弹性各向同性层,其挠度函数是相同的。类似地,把挠度函数代入式(3.37),得到

$$U_p^v = \frac{1}{24\lambda a^2}(h^3 - 8h_1^3) \sum_{m=1}^{M} \sum_{n=1}^{N} \sum_{i=1}^{M} \sum_{j=1}^{N} A_{mn} A_{ij} F_p^v \tag{3.38}$$

其中：

$$F_p^v = Q_{11}^v C_{minj}^{2200} + 2\lambda^2 Q_{12}^v C_{minj}^{2002} + 4\lambda^2 Q_{66}^v C_{minj}^{1111} + \lambda^4 Q_{22}^v C_{minj}^{0022} \tag{3.39}$$

由于该层为各向同性层,式(3.38)中的 $F_p^v$ 与 $\theta$ 角没有关系。

## 3.2 黏弹性阻尼材料夹杂单层板的剪切应变能

上一节分析了黏弹性阻尼材料夹杂单层板的面内应变能,本节用同样的方法分析广义正交各向异性层在 $xz$ 方向和 $yz$ 方向的切应力应变能以及黏弹性层在 $xz$ 方向和 $yz$ 方向的切应力应变能。

### 3.2.1 广义正交各向异性层在 $xz$ 方向的切应力应变能

对于线弹性体,由于 $\varepsilon_z = 0$,其总的应变能为[7]

$$U = \iiint_V \left[ \frac{1}{2} (\sigma_x \varepsilon_x + \sigma_y \varepsilon_y + \tau_{xy} \gamma_{xy} + \tau_{yz} \gamma_{yz} + \tau_{xz} \gamma_{xz}) \right] \mathrm{d}x \mathrm{d}y \mathrm{d}z \qquad (3.40)$$

上一节中,已经讨论了式(3.40)中前 3 项,即面内应变能,本节讨论后两项的横向切应力应变能。定义 $xz$ 方向的切应力应变能密度为

$$u_{xz}^{uni} = \tau_{xz}^{(1)} \gamma_{xz}/2 \qquad (3.41)$$

由于中间为单层板,此处取 $k=1$。虽然 Kirchhoff 假设切应变 $\gamma_{xz}=0$,但与这些切应变相对应的应力分量 $\tau_{xz}^{(k)}$,$\tau_{yz}^{(k)}$ 是维持平衡所必要的,不能不计,称之为次要的应力分量。因此可以根据平衡方程求出 $\tau_{xz}^{(k)}$,代入本构关系式(3.3c)中,求出 $\gamma_{xz}$,再代入式(3.40)中,即可求出广义正交异性层的应变能密度。根据式(3.3c)

$$\gamma_{xz} = S_{45}^{(1)} \tau_{yz}^{(1)} + S_{55}^{(1)} \tau_{xz}^{(1)} \qquad (3.42)$$

把式(3.42)代入式(3.41)中,可以得到

$$u_{xz}^{uni} = \frac{1}{2} \tau_{xz}^{(1)} (S_{45}^{(1)} \tau_{yz}^{(1)} + S_{55}^{(1)} \tau_{xz}^{(1)}) = \frac{S_{55}^{(1)}}{2} (\tau_{xz}^{(1)})^2 + \frac{S_{45}^{(1)}}{2} \tau_{xz}^{(1)} \tau_{yz}^{(1)} \qquad (3.43)$$

因此,单层在 $xz$ 方向的切应力引起的总应变能为

$$U_{xz}^{uni} = 2 \int_{z=0}^{h_1} \int_{y=0}^{b} \int_{x=0}^{a} u_{xz}^{uni} \mathrm{d}x \mathrm{d}y \mathrm{d}z = \int_{z=0}^{h_1} \int_{y=0}^{b} \int_{x=0}^{a} \left[ S_{55}^{(1)} (\tau_{xz}^{(1)})^2 + S_{45}^{(1)} \tau_{xz}^{(1)} \tau_{yz}^{(1)} \right] \mathrm{d}x \mathrm{d}y \mathrm{d}z$$

$$= U_{xz1}^{uni} + U_{xz2}^{uni} \qquad (3.44)$$

其中

$$U_{xz1}^{uni} = \int_{z=0}^{h_1} \int_{y=0}^{b} \int_{x=0}^{a} S_{55}^{(1)} (\tau_{xz}^{(1)})^2 \mathrm{d}x \mathrm{d}y \mathrm{d}z \qquad (3.45)$$

$$U_{xz2}^{uni} = \int_{z=0}^{h_1} \int_{y=0}^{b} \int_{x=0}^{a} S_{45}^{(1)} \tau_{xz}^{(1)} \tau_{yz}^{(1)} \mathrm{d}x \mathrm{d}y \mathrm{d}z \qquad (3.46)$$

#### 3.2.1.1 广义正交各向异性层在 $xz$ 方向的第一部分切应力应变能 $U_{xz1}^{uni}$

根据式(3.23)

$$(\tau_{xz}^{(1)})^2 = \frac{1}{4} [A_{xz}^{(1)}(x,y)]^2 (z^4 - 2h_1^2 z^2 + h_1^4) + \frac{1}{4} [A_{xz}^{v}(x,y)]^2 \left( h_1^2 - \frac{h^2}{4} \right)^2$$

$$+ \frac{1}{2} A_{xz}^{(1)}(x,y) A_{xz}^{v}(x,y) (z^2 - h_1^2) \left( h_1^2 - \frac{h^2}{4} \right) \qquad (3.47)$$

根据式(3.15)和式(3.18),可以得到

$$\left[ A_{xz}^{(1)}(x,y) \right]^2 = (\overline{Q}_{11}^{(1)})^2 \left( \frac{\partial^3 w_0}{\partial x^3} \right)^2 + (\overline{Q}_{12}^{(1)} + 2\overline{Q}_{66}^{(1)})^2 \left( \frac{\partial^3 w_0}{\partial x \partial y^2} \right)^2 + 9 \,(\overline{Q}_{16}^{(1)})^2 \left( \frac{\partial^3 w_0}{\partial x^2 \partial y} \right)^2$$

$$+ (\overline{Q}_{26}^{(1)})^2 \left( \frac{\partial^3 w_0}{\partial y^3} \right)^2 + 2\overline{Q}_{11}^{(1)}(\overline{Q}_{12}^{(1)} + 2\overline{Q}_{66}^{(1)}) \frac{\partial^3 w_0}{\partial x^3} \frac{\partial^3 w_0}{\partial x \partial y^2} + 6\overline{Q}_{11}^{(1)} \overline{Q}_{16}^{(1)} \frac{\partial^3 w_0}{\partial x^3} \frac{\partial^3 w_0}{\partial x^2 \partial y}$$

$$+ 2\overline{Q}_{11}^{(1)} \overline{Q}_{26}^{(1)} \frac{\partial^3 w_0}{\partial x^3} \frac{\partial^3 w_0}{\partial y^3} + 6\overline{Q}_{16}^{(1)}(\overline{Q}_{12}^{(1)} + 2\overline{Q}_{66}^{(1)}) \frac{\partial^3 w_0}{\partial x \partial y^2} \frac{\partial^3 w_0}{\partial x^2 \partial y}$$

$$+ 2\overline{Q}_{26}^{(1)}(\overline{Q}_{12}^{(1)} + 2\overline{Q}_{66}^{(1)}) \frac{\partial^3 w_0}{\partial x \partial y^2} \frac{\partial^3 w_0}{\partial y^3} + 6\overline{Q}_{16}^{(1)} \overline{Q}_{26}^{(1)} \frac{\partial^3 w_0}{\partial x^2 \partial y} \frac{\partial^3 w_0}{\partial y^3} \qquad (3.48)$$

$$\left[ A_{xz}^{v}(x,y) \right]^2 = (Q_{11}^{v})^2 \left( \frac{\partial^3 w_0}{\partial x^3} \right)^2 + (Q_{12}^{v} + 2Q_{66}^{v})^2 \left( \frac{\partial^3 w_0}{\partial x \partial y^2} \right)^2$$

$$+ 2Q_{11}^{v}(Q_{12}^{v} + 2Q_{66}^{v}) \frac{\partial^3 w_0}{\partial x^3} \frac{\partial^3 w_0}{\partial x \partial y^2} \qquad (3.49)$$

$$A_{xz}^{(1)}(x,y) A_{xz}^{v}(x,y) =$$

$$\overline{Q}_{11}^{(1)} Q_{11}^{v} \left( \frac{\partial^3 w_0}{\partial x^3} \right)^2 + \left[ Q_{11}^{v}(\overline{Q}_{12}^{(1)} + 2\overline{Q}_{66}^{(1)}) + (Q_{12}^{v} + 2Q_{66}^{v})\overline{Q}_{11}^{(1)} \right] \frac{\partial^3 w_0}{\partial x^3} \frac{\partial^3 w_0}{\partial x \partial y^2}$$

$$+ 3Q_{11}^{v} \overline{Q}_{16}^{(1)} \frac{\partial^3 w_0}{\partial x^3} \frac{\partial^3 w_0}{\partial x^2 \partial y} + Q_{11}^{v} \overline{Q}_{26}^{(1)} \frac{\partial^3 w_0}{\partial x^3} \frac{\partial^3 w_0}{\partial y^3}$$

$$+ (Q_{12}^{v} + 2Q_{66}^{v})(\overline{Q}_{12}^{(1)} + 2\overline{Q}_{66}^{(1)}) \left( \frac{\partial^3 w_0}{\partial x \partial y^2} \right)^2$$

$$+ 3\overline{Q}_{16}^{(1)}(Q_{12}^{v} + 2Q_{66}^{v}) \frac{\partial^3 w_0}{\partial x \partial y^2} \frac{\partial^3 w_0}{\partial x^2 \partial y} + (Q_{12}^{v} + 2Q_{66}^{v})\overline{Q}_{26}^{(1)} \frac{\partial^3 w_0}{\partial x \partial y^2} \frac{\partial^3 w_0}{\partial y^3}$$

$$(3.50)$$

把式(3.48)、式(3.49)、式(3.50)代入式(3.47),然后代入式(3.45)中,得到

$$U_{xz1}^{uni} = \int_{z=0}^{h_1} \int_{y=0}^{b} \int_{x=0}^{a} S_{55}^{(1)} (\tau_{xz}^{(1)})^2 \mathrm{d}x\mathrm{d}y\mathrm{d}z = U_{xz11}^{uni} + U_{xz12}^{uni} + U_{xz13}^{uni} \qquad (3.51)$$

上式中

$$U_{xz11}^{uni} = \frac{S_{55}^{(1)}}{4} \int_{z=0}^{h_1} \int_{y=0}^{b} \int_{x=0}^{a} \left[ A_{xz}^{(1)}(x,y) \right]^2 (z^4 - 2h_1^2 z^2 + h_1^4) \mathrm{d}x\mathrm{d}y\mathrm{d}z$$

$$= \frac{2S_{55}^{(1)} h_1^5}{15} \int_{y=0}^{b} \int_{x=0}^{a} \left[ A_{xz}^{(1)}(x,y) \right]^2 \mathrm{d}x\mathrm{d}y$$

$$= \frac{2S_{55}^{(1)} h_1^5}{15\lambda a^4} \sum_{m=1}^{\infty} \sum_{n=1}^{\infty} \sum_{i=1}^{\infty} \sum_{j=1}^{\infty} A_{mn} A_{ij} F_{xz11}^{uni} \qquad (3.52)$$

33

$$U_{xz12}^{uni} = \frac{S_{55}^{(1)}}{4} \int_{z=0}^{h_1} \int_{y=0}^{b} \int_{x=0}^{a} [A_{xz}^{v}(x,y)]^2 \left(h_1^2 - \frac{h^2}{4}\right)^2 \mathrm{d}x\mathrm{d}y\mathrm{d}z$$

$$= \frac{S_{55}^{(1)} h_1}{4} \left(h_1^2 - \frac{h^2}{4}\right)^2 \int_{y=0}^{b} \int_{x=0}^{a} [A_{xz}^{v}(x,y)]^2 \mathrm{d}x\mathrm{d}y$$

$$= \frac{S_{55}^{(1)} h_1}{4\lambda a^4} \left(h_1^2 - \frac{h^2}{4}\right)^2 \sum_{m=1}^{\infty} \sum_{n=1}^{\infty} \sum_{i=1}^{\infty} \sum_{j=1}^{\infty} A_{mn} A_{ij} F_{xz12}^{uni} \tag{3.53}$$

$$U_{xz13}^{uni} = \frac{S_{55}^{(1)}}{2} \int_{z=0}^{h_1} \int_{y=0}^{b} \int_{x=0}^{a} A_{xz}^{(1)}(x,y) A_{xz}^{v}(x,y)(z^2 - h_1^2)\left(h_1^2 - \frac{h^2}{4}\right) \mathrm{d}x\mathrm{d}y\mathrm{d}z$$

$$= -\frac{S_{55}^{(1)} h_1^3}{3}\left(h_1^2 - \frac{h^2}{4}\right) \int_{y=0}^{b} \int_{x=0}^{a} A_{xz}^{(1)}(x,y) A_{xz}^{v}(x,y) \mathrm{d}x\mathrm{d}y$$

$$= -\frac{S_{55}^{(1)} h_1^3}{3\lambda a^4}\left(h_1^2 - \frac{h^2}{4}\right) \sum_{m=1}^{\infty} \sum_{n=1}^{\infty} \sum_{i=1}^{\infty} \sum_{j=1}^{\infty} A_{mn} A_{ij} F_{xz13}^{uni} \tag{3.54}$$

其中

$$F_{xz11}^{uni} = (\overline{Q}_{11}^{(1)})^2 C_{minj}^{3300} + \lambda^4 (\overline{Q}_{12}^{(1)} + 2Q_{66}^{(1)})^2 C_{minj}^{1122} + 9\lambda^2 (\overline{Q}_{16}^{(1)})^2 C_{minj}^{2211}$$

$$+ \lambda^6 (\overline{Q}_{26}^{(1)})^2 C_{minj}^{0033} + 2\lambda^2 \overline{Q}_{11}^{(1)}(\overline{Q}_{12}^{(1)} + 2\overline{Q}_{66}^{(1)}) C_{minj}^{3102} + 6\lambda \overline{Q}_{11}^{(1)} \overline{Q}_{16}^{(1)} C_{minj}^{3201}$$

$$+ 2\lambda^3 \overline{Q}_{11}^{(1)} \overline{Q}_{26}^{(1)} C_{minj}^{3003} + 6\lambda^3 \overline{Q}_{16}^{(1)}(\overline{Q}_{12}^{(1)} + 2\overline{Q}_{66}^{(1)}) C_{minj}^{1221}$$

$$+ 2\lambda^5 \overline{Q}_{26}^{(1)}(\overline{Q}_{12}^{(1)} + 2\overline{Q}_{66}^{(1)}) C_{minj}^{1023} + 6\lambda^4 \overline{Q}_{16}^{(1)} \overline{Q}_{26}^{(1)} C_{minj}^{2013} \tag{3.55}$$

$$F_{xz12}^{uni} = (Q_{11}^{v})^2 C_{minj}^{3300} + \lambda^4 (Q_{12}^{v} + 2Q_{66}^{v})^2 C_{minj}^{1122} + 2\lambda^2 Q_{11}^{v}(Q_{12}^{v} + 2Q_{66}^{v}) C_{minj}^{3102} \tag{3.56}$$

$$F_{xz13}^{uni} = \overline{Q}_{11}^{(1)} Q_{11}^{v} C_{minj}^{3300} + \lambda^2 [Q_{11}^{v}(\overline{Q}_{12}^{(1)} + 2\overline{Q}_{66}^{(1)}) + (Q_{12}^{v} + 2Q_{66}^{v})\overline{Q}_{11}^{(1)}] C_{minj}^{3102}$$

$$+ 3\lambda Q_{11}^{v} \overline{Q}_{16}^{(1)} C_{minj}^{3201} + \lambda^3 Q_{11}^{v} \overline{Q}_{26}^{(1)} C_{minj}^{3003} + \lambda^4 (Q_{12}^{v} + 2Q_{66}^{v})(\overline{Q}_{12}^{(1)} + 2\overline{Q}_{66}^{(1)}) C_{minj}^{1122}$$

$$+ 3\lambda^3 \overline{Q}_{16}^{(1)}(Q_{12}^{v} + 2Q_{66}^{v}) C_{minj}^{1221} + \lambda^5 (Q_{12}^{v} + 2Q_{66}^{v})\overline{Q}_{26}^{(1)} C_{minj}^{1023} \tag{3.57}$$

系数 $C_{minj}$ 的定义详见式(2.25)。

为了方便式(3.51)的求和,不妨设

$$k_{xz11}^{uni} = \frac{2S_{55}^{(1)} h_1^5}{15\lambda a^4}; \quad k_{xz12}^{uni} = \frac{S_{55}^{(1)} h_1}{4\lambda a^4}\left(h_1^2 - \frac{h^2}{4}\right)^2; \quad k_{xz13}^{uni} = -\frac{S_{55}^{(1)} h_1^3}{3\lambda a^4}\left(h_1^2 - \frac{h^2}{4}\right) \tag{3.58}$$

式(3.51)最后变为

$$U_{xz1}^{uni} = \sum_{m=1}^{\infty} \sum_{n=1}^{\infty} \sum_{i=1}^{\infty} \sum_{j=1}^{\infty} A_{mn} A_{ij} F_{xz1}^{uni} \tag{3.59}$$

其中

$$F_{xz1}^{uni} = k_{xz11}^{uni} F_{xz11}^{uni} + k_{xz12}^{uni} F_{xz12}^{uni} + k_{xz13}^{uni} F_{xz13}^{uni} \tag{3.60}$$

34

### 3.2.1.2 广义正交各向异性层在 $xz$ 方向的第二部分切应力应变能 $U_{xz2}^{uni}$

求广义正交异性层在 $xz$ 方向的第二部分切应力应变能 $U_{xz2}^{uni}$,同求第一部分的切应力应变能相类似。根据第二部分切应力应变能 $U_{xz2}^{uni}$ 的定义式(3.46),由式(3.23)和式(3.26)

$$\tau_{xz}^{(1)}\tau_{yz}^{(1)} = \frac{1}{4}A_{xz}^{(1)}(x,y)A_{yz}^{(1)}(x,y)(z^4-2h_1^2z^2+h_1^4)+\frac{1}{4}A_{xz}^v(x,y)A_{yz}^v(x,y)\left(h_1^2-\frac{h^2}{4}\right)^2$$

$$+\frac{1}{4}A_{xz}^{(1)}(x,y)A_{yz}^v(x,y)(z^2-h_1^2)\left(h_1^2-\frac{h^2}{4}\right)$$

$$+\frac{1}{4}A_{yz}^{(1)}(x,y)A_{xz}^v(x,y)(z^2-h_1^2)\left(h_1^2-\frac{h^2}{4}\right) \tag{3.61}$$

根据式(3.15)、式(3.18)、式(3.28)和式(3.29),可以得到
$A_{xz}^{(1)}(x,y)A_{yz}^{(1)}(x,y)$

$$=\overline{Q}_{11}^{(1)}\overline{Q}_{16}^{(1)}\left(\frac{\partial^3 w_0}{\partial x^3}\right)^2+3\overline{Q}_{26}^{(1)}(\overline{Q}_{12}^{(1)}+2\overline{Q}_{66}^{(1)})\left(\frac{\partial^3 w_0}{\partial x\partial y^2}\right)^2+3\overline{Q}_{16}^{(1)}(\overline{Q}_{12}^{(1)}+2\overline{Q}_{66}^{(1)})\left(\frac{\partial^3 w_0}{\partial x^2\partial y}\right)^2$$

$$+\overline{Q}_{22}^{(1)}\overline{Q}_{26}^{(1)}\left(\frac{\partial^3 w_0}{\partial y^3}\right)^2+[3\overline{Q}_{11}^{(1)}\overline{Q}_{26}^{(1)}+\overline{Q}_{16}^{(1)}(\overline{Q}_{12}^{(1)}+2\overline{Q}_{66}^{(1)})]\frac{\partial^3 w_0}{\partial x^3}\frac{\partial^3 w_0}{\partial x\partial y^2}$$

$$+[\overline{Q}_{11}^{(1)}(\overline{Q}_{12}^{(1)}+2\overline{Q}_{66}^{(1)})+3(\overline{Q}_{16}^{(1)})^2]\frac{\partial^3 w_0}{\partial x^3}\frac{\partial^3 w_0}{\partial x^2\partial y}+(\overline{Q}_{22}^{(1)}\overline{Q}_{11}^{(1)}+\overline{Q}_{16}^{(1)}\overline{Q}_{26}^{(1)})\frac{\partial^3 w_0}{\partial x^3}\frac{\partial^3 w_0}{\partial y^3}$$

$$+[9\overline{Q}_{16}^{(1)}\overline{Q}_{26}^{(1)}+(\overline{Q}_{12}^{(1)}+2\overline{Q}_{66}^{(1)})^2]\frac{\partial^3 w_0}{\partial x\partial y^2}\frac{\partial^3 w_0}{\partial x^2\partial y}$$

$$+[\overline{Q}_{22}^{(1)}(\overline{Q}_{12}^{(1)}+2\overline{Q}_{66}^{(1)})+3(\overline{Q}_{26}^{(1)})^2]\frac{\partial^3 w_0}{\partial x\partial y^2}\frac{\partial^3 w_0}{\partial y^3}$$

$$+[3\overline{Q}_{22}^{(1)}\overline{Q}_{16}^{(1)}+\overline{Q}_{26}^{(1)}(\overline{Q}_{12}^{(1)}+2\overline{Q}_{66}^{(1)})]\frac{\partial^3 w_0}{\partial x^2\partial y}\frac{\partial^3 w_0}{\partial y^3} \tag{3.62}$$

$$A_{xz}^v(x,y)A_{yz}^v(x,y)=Q_{11}^v(Q_{12}^v+2Q_{66}^v)\frac{\partial^3 w_0}{\partial x^3}\frac{\partial^3 w_0}{\partial x^2\partial y}+Q_{11}^vQ_{22}^v\frac{\partial^3 w_0}{\partial x^3}\frac{\partial^3 w_0}{\partial y^3}$$

$$+(Q_{12}^v+2Q_{66}^v)^2\frac{\partial^3 w_0}{\partial x\partial y^2}\frac{\partial^3 w_0}{\partial x^2\partial y}+(Q_{12}^v+2Q_{66}^v)Q_{22}^v\frac{\partial^3 w_0}{\partial x\partial y^2}\frac{\partial^3 w_0}{\partial y^3} \tag{3.63}$$

$A_{xz}^{(1)}(x,y)A_{yz}^v(x,y)$

$$=(Q_{12}^v+2Q_{66}^v)\overline{Q}_{11}^{(1)}\frac{\partial^3 w_0}{\partial x^3}\frac{\partial^3 w_0}{\partial x^2\partial y}+(Q_{12}^v+2Q_{66}^v)(\overline{Q}_{12}^{(1)}+2\overline{Q}_{66}^{(1)})\frac{\partial^3 w_0}{\partial x^2\partial y}\frac{\partial^3 w_0}{\partial x\partial y^2}$$

35

$$+3\left(Q_{12}^{v}+2Q_{66}^{v}\right)\overline{Q}_{16}^{(1)}\left(\frac{\partial^{3}w_{0}}{\partial x^{2}\partial y}\right)^{2}+\left[3Q_{22}^{v}\overline{Q}_{16}^{(1)}+\left(Q_{12}^{v}+2Q_{66}^{v}\right)\overline{Q}_{26}^{(1)}\right]\frac{\partial^{3}w_{0}}{\partial x^{2}\partial y}\frac{\partial^{3}w_{0}}{\partial y^{3}}$$

$$+Q_{22}^{v}\overline{Q}_{11}^{(1)}\frac{\partial^{3}w_{0}}{\partial x^{3}}\frac{\partial^{3}w_{0}}{\partial y^{3}}+Q_{22}^{v}\left(\overline{Q}_{12}^{(1)}+2\overline{Q}_{66}^{(1)}\right)\frac{\partial^{3}w_{0}}{\partial x\partial y^{2}}\frac{\partial^{3}w_{0}}{\partial y^{3}}+Q_{22}^{v}\overline{Q}_{26}^{(1)}\left(\frac{\partial^{3}w_{0}}{\partial y^{3}}\right)^{2} \qquad (3.64)$$

$$A_{yz}^{(1)}(x,y)A_{xz}^{v}(x,y)$$

$$=Q_{11}^{v}\overline{Q}_{16}^{(1)}\left(\frac{\partial^{3}w_{0}}{\partial x^{3}}\right)^{2}+\left[3Q_{11}^{v}\overline{Q}_{26}^{(1)}+\left(Q_{12}^{v}+2Q_{66}^{v}\right)\overline{Q}_{16}^{(1)}\right]\frac{\partial^{3}w_{0}}{\partial x^{3}}\frac{\partial^{3}w_{0}}{\partial x\partial y^{2}}$$

$$+Q_{11}^{v}\left(\overline{Q}_{12}^{(1)}+2\overline{Q}_{66}^{(1)}\right)\frac{\partial^{3}w_{0}}{\partial x^{3}}\frac{\partial^{3}w_{0}}{\partial x^{2}\partial y}+Q_{11}^{v}\overline{Q}_{22}^{(1)}\frac{\partial^{3}w_{0}}{\partial x^{3}}\frac{\partial^{3}w_{0}}{\partial y^{3}}+3\left(Q_{12}^{v}+2Q_{66}^{v}\right)\overline{Q}_{26}^{(1)}\left(\frac{\partial^{3}w_{0}}{\partial x\partial y^{2}}\right)^{2}$$

$$+\left(Q_{12}^{v}+2Q_{66}^{v}\right)\left(\overline{Q}_{12}^{(1)}+2\overline{Q}_{66}^{(1)}\right)\frac{\partial^{3}w_{0}}{\partial x\partial y^{2}}\frac{\partial^{3}w_{0}}{\partial x^{2}\partial y}+\left(Q_{12}^{v}+2Q_{66}^{v}\right)\overline{Q}_{22}^{(1)}\frac{\partial^{3}w_{0}}{\partial x\partial y^{2}}\frac{\partial^{3}w_{0}}{\partial y^{3}} \qquad (3.65)$$

把式(3.62)~式(3.65)代入式(3.61),然后代入式(3.46)中,得到广义正交各向异性层在 $xz$ 方向的第二部分切应力应变能

$$U_{xz2}^{uni}=\int_{z=0}^{h_{1}}\int_{y=0}^{b}\int_{x=0}^{a}\left(S_{45}^{(1)}\tau_{xz}^{(1)}\tau_{yz}^{(1)}\right)\mathrm{d}x\mathrm{d}y\mathrm{d}z=U_{xz21}^{uni}+U_{xz22}^{uni}+U_{xz23}^{uni}+U_{xz24}^{uni} \qquad (3.66)$$

上式中,$U_{xz2j}^{uni}(j=1\sim4)$ 分别为

$$U_{xz21}^{uni}=\frac{S_{45}^{(1)}}{4}\int_{z=0}^{h_{1}}\int_{y=0}^{b}\int_{x=0}^{a}A_{xz}^{(1)}(x,y)A_{yz}^{(1)}(x,y)\left(z^{4}-2h_{1}^{2}z^{2}+h_{1}^{4}\right)\mathrm{d}x\mathrm{d}y\mathrm{d}z$$

$$=\frac{2S_{45}^{(1)}h_{1}^{5}}{15}\int_{y=0}^{b}\int_{x=0}^{a}A_{xz}^{(1)}(x,y)A_{yz}^{(1)}(x,y)\mathrm{d}x\mathrm{d}y$$

$$=\frac{2S_{45}^{(1)}h_{1}^{5}}{15\lambda a^{4}}\sum_{m=1}^{\infty}\sum_{n=1}^{\infty}\sum_{i=1}^{\infty}\sum_{j=1}^{\infty}A_{mn}A_{ij}F_{xz21}^{uni} \qquad (3.67)$$

$$U_{xz22}^{uni}=\frac{S_{45}^{(1)}}{4}\int_{z=0}^{h_{1}}\int_{y=0}^{b}\int_{x=0}^{a}A_{xz}^{v}(x,y)A_{yz}^{v}(x,y)\left(h_{1}^{2}-\frac{h^{2}}{4}\right)^{2}\mathrm{d}x\mathrm{d}y\mathrm{d}z$$

$$=\frac{S_{45}^{(1)}h_{1}}{4}\left(h_{1}^{2}-\frac{h^{2}}{4}\right)^{2}\int_{y=0}^{b}\int_{x=0}^{a}A_{xz}^{v}(x,y)A_{yz}^{v}(x,y)\mathrm{d}x\mathrm{d}y$$

$$=\frac{S_{45}^{(1)}h_{1}}{4\lambda a^{4}}\left(h_{1}^{2}-\frac{h^{2}}{4}\right)^{2}\sum_{m=1}^{\infty}\sum_{n=1}^{\infty}\sum_{i=1}^{\infty}\sum_{j=1}^{\infty}A_{mn}A_{ij}F_{xz22}^{uni} \qquad (3.68)$$

$$U_{xz23}^{uni}=\frac{S_{45}^{(1)}}{4}\int_{z=0}^{h_{1}}\int_{y=0}^{b}\int_{x=0}^{a}A_{xz}^{(1)}(x,y)A_{yz}^{v}(x,y)\left(z^{2}-h_{1}^{2}\right)\left(h_{1}^{2}-\frac{h^{2}}{4}\right)\mathrm{d}x\mathrm{d}y\mathrm{d}z$$

$$=-\frac{S_{45}^{(1)}h_{1}^{3}}{6}\left(h_{1}^{2}-\frac{h^{2}}{4}\right)\int_{y=0}^{b}\int_{x=0}^{a}A_{xz}^{(1)}(x,y)A_{yz}^{v}(x,y)\mathrm{d}x\mathrm{d}y$$

36

$$= -\frac{S_{45}^{(1)} h_1^3}{6\lambda a^4}\left(h_1^2 - \frac{h^2}{4}\right)\sum_{m=1}^{\infty}\sum_{n=1}^{\infty}\sum_{i=1}^{\infty}\sum_{j=1}^{\infty} A_{mn}A_{ij}F_{xz23}^{uni} \qquad (3.69)$$

$$U_{xz24}^{uni} = \frac{S_{45}^{(1)}}{4}\int_{z=0}^{h_1}\int_{y=0}^{b}\int_{x=0}^{a} A_{yz}^{(1)}(x,y)A_{xz}^{v}(x,y)(z^2 - h_1^2)\left(h_1^2 - \frac{h^2}{4}\right)\mathrm{d}x\mathrm{d}y\mathrm{d}z$$

$$= -\frac{S_{45}^{(1)} h_1^3}{6}\left(h_1^2 - \frac{h^2}{4}\right)\int_{y=0}^{b}\int_{x=0}^{a} A_{yz}^{(1)}(x,y)A_{xz}^{v}(x,y)\mathrm{d}x\mathrm{d}y$$

$$= -\frac{S_{45}^{(1)} h_1^3}{6\lambda a^4}\left(h_1^2 - \frac{h^2}{4}\right)\sum_{m=1}^{\infty}\sum_{n=1}^{\infty}\sum_{i=1}^{\infty}\sum_{j=1}^{\infty} A_{mn}A_{ij}F_{xz24}^{uni} \qquad (3.70)$$

其中

$$F_{xz21}^{uni} = \overline{Q}_{11}^{(1)}\overline{Q}_{16}^{(1)}C_{minj}^{3300} + 3\lambda^4\overline{Q}_{26}^{(1)}(\overline{Q}_{12}^{(1)}+2\overline{Q}_{66}^{(1)})C_{minj}^{1122} + 3\lambda^2\overline{Q}_{16}^{(1)}(\overline{Q}_{12}^{(1)}+2\overline{Q}_{66}^{(1)})C_{minj}^{2211}$$

$$+\lambda^6\overline{Q}_{22}^{(1)}\overline{Q}_{26}^{(1)}C_{minj}^{0033} + \lambda^2[3\overline{Q}_{11}^{(1)}\overline{Q}_{26}^{(1)}+\overline{Q}_{16}^{(1)}(\overline{Q}_{12}^{(1)}+2\overline{Q}_{66}^{(1)})]C_{minj}^{3102}$$

$$+\lambda[\overline{Q}_{11}^{(1)}(\overline{Q}_{12}^{(1)}+2\overline{Q}_{66}^{(1)})+3(\overline{Q}_{16}^{(1)})^2]C_{minj}^{3201} + \lambda^3(\overline{Q}_{22}^{(1)}\overline{Q}_{11}^{(1)}+\overline{Q}_{16}^{(1)}\overline{Q}_{26}^{(1)})C_{minj}^{3003}$$

$$+\lambda^3[9\overline{Q}_{16}^{(1)}\overline{Q}_{26}^{(1)}+(\overline{Q}_{12}^{(1)}+2\overline{Q}_{66}^{(1)})^2]C_{minj}^{1221} + \lambda^5[\overline{Q}_{22}^{(1)}(\overline{Q}_{12}^{(1)}+2\overline{Q}_{66}^{(1)})+3(\overline{Q}_{26}^{(1)})^2]C_{minj}^{1023}$$

$$+\lambda^4[3\overline{Q}_{22}^{(1)}\overline{Q}_{16}^{(1)}+\overline{Q}_{26}^{(1)}(\overline{Q}_{12}^{(1)}+2\overline{Q}_{66}^{(1)})]C_{minj}^{2013} \qquad (3.71)$$

$$F_{xz22}^{uni} = \lambda Q_{11}^{v}(Q_{12}^{v}+2Q_{66}^{v})C_{minj}^{3201} + \lambda^3 Q_{11}^{v}Q_{22}^{v}C_{minj}^{3003}$$

$$+\lambda^3(Q_{12}^{v}+2Q_{66}^{v})^2 C_{minj}^{1221} + \lambda^5(Q_{12}^{v}+2Q_{66}^{v})Q_{22}^{v}C_{minj}^{1023} \qquad (3.72)$$

$$F_{xz23}^{uni} = \lambda(Q_{12}^{v}+2Q_{66}^{v})\overline{Q}_{11}^{(1)}C_{minj}^{3201} + \lambda^3(Q_{12}^{v}+2Q_{66}^{v})(\overline{Q}_{12}^{(1)}+2\overline{Q}_{66}^{(1)})C_{minj}^{2112}$$

$$+3\lambda^2(Q_{12}^{v}+2Q_{66}^{v})\overline{Q}_{16}^{(1)}C_{minj}^{2211} + \lambda^4[3Q_{22}^{v}\overline{Q}_{16}^{(1)}+(Q_{12}^{v}+2Q_{66}^{v})\overline{Q}_{26}^{(1)}]C_{minj}^{2013}$$

$$+\lambda^3 Q_{22}^{v}\overline{Q}_{11}^{(1)}C_{minj}^{3003} + \lambda^5 Q_{22}^{v}(\overline{Q}_{12}^{(1)}+2\overline{Q}_{66}^{(1)})C_{minj}^{1023} + \lambda^6 Q_{22}^{v}\overline{Q}_{26}^{(1)}C_{minj}^{0033} \qquad (3.73)$$

$$F_{xz24}^{uni} = Q_{11}^{v}\overline{Q}_{16}^{(1)}C_{minj}^{3300} + \lambda^2[3Q_{11}^{v}\overline{Q}_{26}^{(1)}+(Q_{12}^{v}+2Q_{66}^{v})\overline{Q}_{16}^{(1)}]C_{minj}^{3102}$$

$$+\lambda Q_{11}^{v}(\overline{Q}_{12}^{(1)}+2\overline{Q}_{66}^{(1)})C_{minj}^{3201} + \lambda^3 Q_{11}^{v}\overline{Q}_{22}^{(1)}C_{minj}^{3003} + 3\lambda^4(Q_{12}^{v}+2Q_{66}^{v})\overline{Q}_{26}^{(1)}C_{minj}^{1122}$$

$$+\lambda^3(Q_{12}^{v}+2Q_{66}^{v})(\overline{Q}_{12}^{(1)}+2\overline{Q}_{66}^{(1)})C_{minj}^{1221} + \lambda^5(Q_{12}^{v}+2Q_{66}^{v})\overline{Q}_{22}^{(1)}C_{minj}^{1023} \qquad (3.74)$$

为了方便式(3.66)的求和,设

$$k_{xz21}^{uni} = \frac{2S_{45}^{(1)} h_1^5}{15\lambda a^4}; \quad k_{xz22}^{uni} = \frac{S_{45}^{(1)} h_1}{4\lambda a^4}\left(h_1^2 - \frac{h^2}{4}\right)^2; \quad k_{xz23}^{uni} = k_{xz24}^{uni} = -\frac{S_{45}^{(1)} h_1^3}{6\lambda a^4}\left(h_1^2 - \frac{h^2}{4}\right) \qquad (3.75)$$

式(3.66)最后变为

$$U_{xz2}^{uni} = \sum_{m=1}^{\infty}\sum_{n=1}^{\infty}\sum_{i=1}^{\infty}\sum_{j=1}^{\infty} A_{mn}A_{ij}F_{xz2}^{uni} \qquad (3.76)$$

其中

37

$$F_{xz2}^{uni} = k_{xz21}^{uni} F_{xz21}^{uni} + k_{xz22}^{uni} F_{xz22}^{uni} + k_{xz23}^{uni} F_{xz23}^{uni} + k_{xz24}^{uni} F_{xz24}^{uni} \tag{3.77}$$

### 3.2.1.3　广义正交异性层在 $xz$ 方向总的切应力应变能 $U_{xz}^{uni}$

通过以上的公式推导,我们已经求出了广义正交异性层在 $xz$ 方向第一部分切应力应变能 $U_{xz1}^{uni}$(见式(3.59))和第二部分切应力应变能 $U_{xz2}^{uni}$(见式(3.76)),把此二式代入到式(3.44)中,即可得到广义正交异性层在 $xz$ 方向总的切应力应变能:

$$U_{xz}^{uni} = U_{xz1}^{uni} + U_{xz2}^{uni} = \sum_{m=1}^{\infty} \sum_{n=1}^{\infty} \sum_{i=1}^{\infty} \sum_{j=1}^{\infty} A_{mn} A_{ij} F_{xz}^{uni} \tag{3.78}$$

其中

$$F_{xz}^{uni} = F_{xz1}^{uni} + F_{xz2}^{uni} \tag{3.79}$$

### 3.2.2　广义正交各向异性层在 $yz$ 方向的切应力应变能

同求 $xz$ 方向的切应力应变能相类似,根据式(3.3c)

$$\gamma_{yz} = S_{44}^{(1)} \tau_{yz}^{(1)} + S_{45}^{(1)} \tau_{xz}^{(1)} \tag{3.80}$$

由应变能密度的定义,可以得到

$$u_{yz}^{uni} = \frac{1}{2} \tau_{yz}^{(1)} \gamma_{yz} = \frac{1}{2} \tau_{yz}^{(1)} (S_{44}^{(1)} \tau_{yz}^{(1)} + S_{45}^{(1)} \tau_{xz}^{(1)}) = \frac{1}{2} S_{44}^{(1)} (\tau_{yz}^{(1)})^2 + \frac{1}{2} S_{45}^{(1)} \tau_{xz}^{(1)} \tau_{yz}^{(1)} \tag{3.81}$$

因此,单层在 $yz$ 方向的切应力引起的总应变能为

$$U_{yz}^{uni} = 2 \int_{z=0}^{h_1} \int_{y=0}^{b} \int_{x=0}^{a} u_{yz}^{uni} \mathrm{d}x\mathrm{d}y\mathrm{d}z = \int_{z=0}^{h_1} \int_{y=0}^{b} \int_{x=0}^{a} [S_{44}^{(1)} (\tau_{yz}^{(1)})^2 + S_{45}^{(1)} \tau_{xz}^{(1)} \tau_{yz}^{(1)}] \mathrm{d}x\mathrm{d}y\mathrm{d}z$$
$$= U_{yz1}^{uni} + U_{yz2}^{uni} \tag{3.82}$$

其中

$$U_{yz1}^{uni} = \int_{z=0}^{h_1} \int_{y=0}^{b} \int_{x=0}^{a} S_{44}^{(1)} (\tau_{yz}^{(1)})^2 \mathrm{d}x\mathrm{d}y\mathrm{d}z \tag{3.83}$$

$$U_{yz2}^{uni} = \int_{z=0}^{h_1} \int_{y=0}^{b} \int_{x=0}^{a} S_{45}^{(1)} \tau_{xz}^{(1)} \tau_{yz}^{(1)} \mathrm{d}x\mathrm{d}y\mathrm{d}z = U_{xz2}^{uni} \tag{3.84}$$

### 3.2.2.1　广义正交各向异性层在 $yz$ 方向的第一部分切应力应变能 $U_{yz1}^{uni}$

根据式(3.26)

$$(\tau_{yz}^{(1)})^2 = \frac{1}{4} [A_{yz}^{(1)}(x,y)]^2 (z^4 - 2h_1^2 z^2 + h_1^4) + \frac{1}{4} [A_{yz}^{v}(x,y)]^2 \left(h_1^2 - \frac{h^2}{4}\right)^2$$
$$+ \frac{1}{2} A_{yz}^{(1)}(x,y) A_{yz}^{v}(x,y) (z^2 - h_1^2) \left(h_1^2 - \frac{h^2}{4}\right) \tag{3.85}$$

又根据式(3.28)式(3.29),可以得到

38

$$[A_{yz}^{(1)}(x,y)]^2 = (\overline{Q}_{16}^{(1)})^2\left(\frac{\partial^3 w_0}{\partial x^3}\right)^2 + 9(\overline{Q}_{26}^{(1)})^2\left(\frac{\partial^3 w_0}{\partial x\partial y^2}\right)^2 + (\overline{Q}_{12}^{(1)}+2\overline{Q}_{66}^{(1)})^2\left(\frac{\partial^3 w_0}{\partial x^2\partial y}\right)^2$$

$$+ (\overline{Q}_{22}^{(1)})^2\left(\frac{\partial^3 w_0}{\partial y^3}\right)^2 + 6\overline{Q}_{16}^{(1)}\overline{Q}_{26}^{(1)}\frac{\partial^3 w_0}{\partial x^3}\frac{\partial^3 w_0}{\partial x\partial y^2} + 2\overline{Q}_{16}^{(1)}(\overline{Q}_{12}^{(1)}+2\overline{Q}_{66}^{(1)})\frac{\partial^3 w_0}{\partial x^3}\frac{\partial^3 w_0}{\partial x^2\partial y}$$

$$+ 2\overline{Q}_{22}^{(1)}\overline{Q}_{16}^{(1)}\frac{\partial^3 w_0}{\partial x^3}\frac{\partial^3 w_0}{\partial y^3} + 6\overline{Q}_{26}^{(1)}(\overline{Q}_{12}^{(1)}+2\overline{Q}_{66}^{(1)})\frac{\partial^3 w_0}{\partial x\partial y^2}\frac{\partial^3 w_0}{\partial x^2\partial y}$$

$$+ 6\overline{Q}_{22}^{(1)}\overline{Q}_{26}^{(1)}\frac{\partial^3 w_0}{\partial x\partial y^2}\frac{\partial^3 w_0}{\partial y^3} + 2\overline{Q}_{22}^{(1)}(\overline{Q}_{12}^{(1)}+2\overline{Q}_{66}^{(1)})\frac{\partial^3 w_0}{\partial x^2\partial y}\frac{\partial^3 w_0}{\partial y^3} \qquad (3.86)$$

$$[A_{yz}^{v}(x,y)]^2 = (Q_{12}^{v}+2Q_{66}^{v})^2\left(\frac{\partial^3 w_0}{\partial x^2\partial y}\right)^2$$

$$+ 2Q_{22}^{v}(Q_{12}^{v}+2Q_{66}^{v})\frac{\partial^3 w_0}{\partial x^2\partial y}\frac{\partial^3 w_0}{\partial y^3} + (Q_{22}^{v})^2\left(\frac{\partial^3 w_0}{\partial y^3}\right)^2 \qquad (3.87)$$

$$A_{yz}^{(1)}(x,y)A_{yz}^{v}(x,y) = (Q_{12}^{v}+2Q_{66}^{v})\overline{Q}_{16}^{(1)}\frac{\partial^3 w_0}{\partial x^3}\frac{\partial^3 w_0}{\partial x^2\partial y} + 3(Q_{12}^{v}+2Q_{66}^{v})\overline{Q}_{26}^{(1)}\frac{\partial^3 w_0}{\partial x\partial y^2}\frac{\partial^3 w_0}{\partial x^2\partial y}$$

$$+ (Q_{12}^{v}+2Q_{66}^{v})(\overline{Q}_{12}^{(1)}+2\overline{Q}_{66}^{(1)})\left(\frac{\partial^3 w_0}{\partial x^2\partial y}\right)^2$$

$$+ [(Q_{12}^{v}+2Q_{66}^{v})\overline{Q}_{22}^{(1)}+Q_{22}^{v}(\overline{Q}_{12}^{(1)}+2\overline{Q}_{66}^{(1)})]\frac{\partial^3 w_0}{\partial x^2\partial y}\frac{\partial^3 w_0}{\partial y^3}$$

$$+ Q_{22}^{v}\overline{Q}_{16}^{(1)}\frac{\partial^3 w_0}{\partial x^3}\frac{\partial^3 w_0}{\partial y^3} + 3Q_{22}^{v}\overline{Q}_{26}^{(1)}\frac{\partial^3 w_0}{\partial x\partial y^2}\frac{\partial^3 w_0}{\partial y^3} + Q_{22}^{v}\overline{Q}_{22}^{(1)}\left(\frac{\partial^3 w_0}{\partial y^3}\right)^2 \qquad (3.88)$$

把式(3.47)~式(3.49)代入式(3.46),然后代入式(3.44)中,得到

$$U_{yz1}^{uni} = \int_{z=0}^{h_1}\int_{y=0}^{b}\int_{x=0}^{a} S_{44}^{(1)}(\tau_{yz}^{(1)})^2 \mathrm{d}x\mathrm{d}y\mathrm{d}z = U_{yz11}^{uni} + U_{yz12}^{uni} + U_{yz13}^{uni} \qquad (3.89)$$

式(3.89)中

$$U_{yz11}^{uni} = \frac{S_{44}^{(1)}}{4}\int_{z=0}^{h_1}\int_{y=0}^{b}\int_{x=0}^{a}[A_{yz}^{(1)}(x,y)]^2(z^4 - 2h_1^2 z^2 + h_1^4)\mathrm{d}x\mathrm{d}y\mathrm{d}z$$

$$= \frac{2S_{44}^{(1)}h_1^5}{15}\int_{y=0}^{b}\int_{x=0}^{a}[A_{yz}^{(1)}(x,y)]^2\mathrm{d}x\mathrm{d}y$$

$$= \frac{2S_{44}^{(1)}h_1^5}{15\lambda a^4}\sum_{m=1}^{\infty}\sum_{n=1}^{\infty}\sum_{i=1}^{\infty}\sum_{j=1}^{\infty} A_{mn}A_{ij}F_{yz11}^{uni} \qquad (3.90)$$

$$U_{yz12}^{uni} = \frac{S_{44}^{(1)}}{4}\int_{z=0}^{h_1}\int_{y=0}^{b}\int_{x=0}^{a}[A_{yz}^{v}(x,y)]^2\left(h_1^2 - \frac{h^2}{4}\right)^2\mathrm{d}x\mathrm{d}y\mathrm{d}z$$

$$= \frac{S_{44}^{(1)} h_1}{4} \left( h_1^2 - \frac{h^2}{4} \right)^2 \int_{y=0}^{b} \int_{x=0}^{a} \left[ A_{yz}^v(x,y) \right]^2 \mathrm{d}x\mathrm{d}y$$

$$= \frac{S_{44}^{(1)} h_1}{4\lambda a^4} \left( h_1^2 - \frac{h^2}{4} \right)^2 \sum_{m=1}^{\infty} \sum_{n=1}^{\infty} \sum_{i=1}^{\infty} \sum_{j=1}^{\infty} A_{mn} A_{ij} F_{yz12}^{uni} \tag{3.91}$$

$$U_{yz13}^{uni} = \frac{S_{44}^{(1)}}{2} \int_{z=0}^{h_1} \int_{y=0}^{b} \int_{x=0}^{a} A_{yz}^{(1)}(x,y) A_{yz}^v(x,y)(z^2 - h_1^2)\left( h_1^2 - \frac{h^2}{4} \right) \mathrm{d}x\mathrm{d}y\mathrm{d}z$$

$$= -\frac{S_{44}^{(1)} h_1^3}{3} \left( h_1^2 - \frac{h^2}{4} \right) \int_{y=0}^{b} \int_{x=0}^{a} A_{yz}^{(1)}(x,y) A_{yz}^v(x,y) \mathrm{d}x\mathrm{d}y$$

$$= -\frac{S_{44}^{(1)} h_1^3}{3\lambda a^4} \left( h_1^2 - \frac{h^2}{4} \right) \sum_{m=1}^{\infty} \sum_{n=1}^{\infty} \sum_{i=1}^{\infty} \sum_{j=1}^{\infty} A_{mn} A_{ij} F_{yz13}^{uni} \tag{3.92}$$

其中

$$F_{yz11}^{uni} = (\overline{Q}_{16}^{(1)})^2 C_{minj}^{3300} + 9\lambda^4 (\overline{Q}_{26}^{(1)})^2 C_{minj}^{1122} + \lambda^2 (\overline{Q}_{12}^{(1)} + 2\overline{Q}_{66}^{(1)})^2 C_{minj}^{2211}$$

$$+ \lambda^6 (\overline{Q}_{22}^{(1)})^2 C_{minj}^{0033} + 6\lambda^2 \overline{Q}_{16}^{(1)} \overline{Q}_{26}^{(1)} C_{minj}^{3102} + 2\lambda \overline{Q}_{16}^{(1)} (\overline{Q}_{12}^{(1)} + 2\overline{Q}_{66}^{(1)}) C_{minj}^{3201}$$

$$+ 2\lambda^3 \overline{Q}_{22}^{(1)} \overline{Q}_{16}^{(1)} C_{minj}^{3003} + 6\lambda^3 \overline{Q}_{26}^{(1)} (\overline{Q}_{12}^{(1)} + 2\overline{Q}_{66}^{(1)}) C_{minj}^{1221}$$

$$+ 6\lambda^5 \overline{Q}_{22}^{(1)} \overline{Q}_{26}^{(1)} C_{minj}^{1023} + 2\lambda^4 \overline{Q}_{22}^{(1)} (\overline{Q}_{12}^{(1)} + 2\overline{Q}_{66}^{(1)}) C_{minj}^{2013} \tag{3.93}$$

$$F_{yz12}^{uni} = \lambda^2 (Q_{12}^v + 2Q_{66}^v)^2 C_{minj}^{2211} + 2\lambda^4 Q_{22}^v (Q_{12}^v + 2Q_{66}^v) C_{minj}^{2013} + \lambda^6 (Q_{22}^v)^2 C_{minj}^{0033} \tag{3.94}$$

$$F_{yz13}^{uni} = \lambda (Q_{12}^v + 2Q_{66}^v) \overline{Q}_{16}^{(1)} C_{minj}^{3201} + 3\lambda^3 (Q_{12}^v + 2Q_{66}^v) \overline{Q}_{26}^{(1)} C_{minj}^{1221}$$

$$+ \lambda^2 (Q_{12}^v + 2Q_{66}^v)(\overline{Q}_{12}^{(1)} + 2\overline{Q}_{66}^{(1)}) C_{minj}^{2211}$$

$$+ \lambda^4 \left[ (Q_{12}^v + 2Q_{66}^v) \overline{Q}_{22}^{(1)} + Q_{22}^v (\overline{Q}_{12}^{(1)} + 2\overline{Q}_{66}^{(1)}) \right] C_{minj}^{2013}$$

$$+ \lambda^3 Q_{22}^v \overline{Q}_{16}^{(1)} C_{minj}^{3003} + 3\lambda^5 Q_{22}^v \overline{Q}_{26}^{(1)} C_{minj}^{1023} + \lambda^6 Q_{22}^v \overline{Q}_{22}^{(1)} C_{minj}^{0033} \tag{3.95}$$

为了方便式(3.89)的求和,可以设

$$k_{yz11}^{uni} = \frac{2S_{44}^{(1)} h_1^5}{15\lambda a^4}; \quad k_{yz12}^{uni} = \frac{S_{44}^{(1)} h_1}{4\lambda a^4} \left( h_1^2 - \frac{h^2}{4} \right)^2; \quad k_{yz13}^{uni} = -\frac{S_{44}^{(1)} h_1^3}{3\lambda a^4} \left( h_1^2 - \frac{h^2}{4} \right) \tag{3.96}$$

式(3.89)最后变为

$$U_{yz1}^{uni} = \sum_{m=1}^{\infty} \sum_{n=1}^{\infty} \sum_{i=1}^{\infty} \sum_{j=1}^{\infty} A_{mn} A_{ij} F_{yz1}^{uni} \tag{3.97}$$

其中

$$F_{yz1}^{uni} = k_{yz11}^{uni} F_{yz11}^{uni} + k_{yz12}^{uni} F_{yz12}^{uni} + k_{yz13}^{uni} F_{yz13}^{uni} \tag{3.98}$$

### 3.2.2.2 广义正交各向异性层在 $yz$ 方向的第二部分切应力应变能 $U_{yz2}^{uni}$

从式(3.84)中可以知道,广义正交异性层在 $yz$ 方向的第二部分切应力应变能

40

$U_{yz2}^{uni}$同广义正交异性层在 $xz$ 方向的第二部分切应力应变能 $U_{xz2}^{uni}$ 是相等的,根据式(3.84),可以得到

$$U_{yz2}^{uni} = U_{xz2}^{uni} = \sum_{m=1}^{\infty} \sum_{n=1}^{\infty} \sum_{i=1}^{\infty} \sum_{j=1}^{\infty} A_{mn} A_{ij} F_{xz2}^{uni} \qquad (3.99)$$

其中的 $F_{xz2}^{uni}$ 详见式(3.77)。

### 3.2.2.3 广义正交异性层在 $yz$ 方向总的切应力应变能 $U_{yz}^{uni}$

我们已经求出了广义正交异性层在 $yz$ 方向第一部分切应力应变能 $U_{yz1}^{uni}$(见式(3.97))和第二部分切应力应变能 $U_{yz2}^{uni} = U_{xz2}^{uni}$(见式(3.84)),把此二式代入到式(3.82)中,即可得到广义正交异性层在 $yz$ 方向总的切应力应变能。

$$U_{yz}^{uni} = U_{yz1}^{uni} + U_{yz2}^{uni} = U_{yz1}^{uni} + U_{xz2}^{uni} = \sum_{m=1}^{\infty} \sum_{n=1}^{\infty} \sum_{i=1}^{\infty} \sum_{j=1}^{\infty} A_{mn} A_{ij} F_{yz}^{uni} \qquad (3.100)$$

其中

$$F_{yz}^{uni} = F_{yz1}^{uni} + F_{xz2}^{uni} \qquad (3.101)$$

$F_{yz1}^{uni}$ 和 $F_{xz2}^{uni}$ 分别由式(3.98)和式(3.77)定义。

## 3.2.3 黏弹性阻尼层在 $xz$ 方向的切应力应变能

由于黏弹性层近似理解为各向同性材料,根据式(3.41)中的定义可以知道,黏弹性层在 $xz$ 方向的切应力应变能密度为

$$u_{xz}^{v} = (\tau_{xz}^{v})^2 / 2G \qquad (3.102)$$

式中　$G$——黏弹性层(各向同性层)的剪切弹性模量;

　　　$\mu$——泊松比。

$$G = Q_{66}^{v} = \frac{E}{2(1+\mu)} \qquad (3.103)$$

把式(3.24)代入式(3.102),可以得到 $xz$ 方向的切应力应变能密度为

$$u_{xz}^{v} = \frac{1}{8G} [A_{xz}^{v}(x,y)]^2 \left(z^2 - \frac{h^2}{4}\right)^2 \qquad (3.104)$$

显然,黏弹性层中 $xz$ 方向的总应变能为

$$U_{xz}^{v} = 2 \int_{z=h_1}^{h/2} \int_{y=0}^{b} \int_{x=0}^{a} u_{xz}^{v} \mathrm{d}x\mathrm{d}y\mathrm{d}z \qquad (3.105)$$

把式(3.104)代入到式(3.105)中,可以得到

$$U_{xz}^{v} = \frac{1}{4G} \left(\frac{h^5}{60} - \frac{h_1^5}{5} + \frac{h^2 h_1^3}{6} - \frac{h^4 h_1}{16}\right) \int_{y=0}^{b} \int_{x=0}^{a} [A_{xz}^{v}(x,y)]^2 \mathrm{d}x\mathrm{d}y \qquad (3.106)$$

由式(3.18)可知

$$[A_{xz}^v(x,y)]^2 = (Q_{11}^v)^2\left(\frac{\partial^3 w_0}{\partial x^3}\right)^2 + 2Q_{11}^v(Q_{12}^v + 2Q_{66}^v)\frac{\partial^3 w_0}{\partial x^3}\frac{\partial^3 w_0}{\partial x\partial y^2} + (Q_{12}^v + 2Q_{66}^v)^2\left(\frac{\partial^3 w_0}{\partial x\partial y^2}\right)^2$$

(3.107)

把式(3.107)代入到式(3.106)中,并利用第 2 章的式(2.25)和式(2.26)的定义,可以得到

$$U_{xz}^v = \frac{1}{4G\lambda a^4}\left(\frac{h^5}{60} - \frac{h_1^5}{5} + \frac{h^2 h_1^3}{6} - \frac{h^4 h_1}{16}\right)\sum_{m=1}^M \sum_{n=1}^N \sum_{i=1}^M \sum_{j=1}^N A_{mn}A_{ij}F_{xz}^v \qquad (3.108)$$

其中

$$F_{xz}^v = (Q_{11}^v)^2 C_{minj}^{3300} + 2\lambda^2 Q_{11}^v(Q_{12}^v + 2Q_{66}^v)C_{minj}^{3102} + \lambda^4(Q_{12}^v + 2Q_{66}^v)^2 C_{minj}^{1122} \qquad (3.109)$$

### 3.2.4　黏弹性阻尼层在 $yz$ 方向的切应力应变能

类似于 $xz$ 方向的切应力应变能,定义黏弹性层在 $yz$ 方向的切应力应变能量密度为

$$u_{yz}^v = (\tau_{yz}^v)^2/2G \qquad (3.110)$$

把式(3.27)代入式(3.110)可以得到

$$u_{yz}^v = \frac{1}{8G}[A_{yz}^v(x,y)]^2\left(z^2 - \frac{h^2}{4}\right)^2 \qquad (3.111)$$

黏弹性层中 $yz$ 方向的总应变能为

$$U_{yz}^v = 2\int_{z=h_1}^{h/2}\int_{y=0}^b \int_{x=0}^a u_{yz}^v \mathrm{d}x\mathrm{d}y\mathrm{d}z \qquad (3.112)$$

把式(3.111)代入到式(3.112)中,可以得到

$$U_{yz}^v = \frac{1}{4G}\left(\frac{h^5}{60} - \frac{h_1^5}{5} + \frac{h^2 h_1^3}{6} - \frac{h^4 h_1}{16}\right)\int_{y=0}^b \int_{x=0}^a [A_{yz}^v(x,y)]^2 \mathrm{d}x\mathrm{d}y \qquad (3.113)$$

由式(3.29)

$$[A_{yz}^v(x,y)]^2 = (Q_{12}^v + 2Q_{66}^v)^2\left(\frac{\partial^3 w_0}{\partial x^2\partial y}\right)^2 + 2Q_{22}^v(Q_{12}^v + 2Q_{66}^v)\frac{\partial^3 w_0}{\partial x^2\partial y}\frac{\partial^3 w_0}{\partial y^3} + (Q_{22}^v)^2\left(\frac{\partial^3 w_0}{\partial y^3}\right)^2$$

(3.114)

把式(3.114)代入到式(3.113)中:

$$U_{yz}^v = \frac{1}{4G\lambda a^4}\left(\frac{h^5}{60} - \frac{h_1^5}{5} + \frac{h^2 h_1^3}{6} - \frac{h^4 h_1}{16}\right)\sum_{m=1}^M \sum_{n=1}^N \sum_{i=1}^M \sum_{j=1}^N A_{mn}A_{ij}F_{yz}^v \qquad (3.115)$$

其中

42

$$F_{yz}^v = \lambda^2 \; (Q_{12}^v + 2Q_{66}^v)^2 \, C_{minj}^{2211} + 2\lambda^4 Q_{22}^v (Q_{12}^v + 2Q_{66}^v) \, C_{minj}^{2013} + \lambda^6 \; (Q_{22}^v)^2 \, C_{minj}^{0033} \quad (3.116)$$

## 3.3　整个板的总应变能

把广义正交各向异性层和黏弹性各向同性阻尼层的面内应变能和剪切应变能全部累加起来,就得到整个板的总应变能。由式(3.33)、式(3.37)、式(3.78)、式(3.100)、式(3.108)和式(3.115),可以得到总应变能为

$$U = U_p^{uni} + U_p^v + U_{xz}^{uni} + U_{yz}^{uni} + U_{xz}^v + U_{yz}^v = \sum_{m=1}^{M} \sum_{n=1}^{N} \sum_{i=1}^{M} \sum_{j=1}^{N} A_{mn} A_{ij} K_{minj} \quad (3.117)$$

其中

$$K_{minj} = k_1 F_p^{uni} + k_2 F_p^v + F_{xz}^{uni} + F_{yz}^{uni} + k_3 F_{xz}^v + k_3 F_{yz}^v \quad (3.118)$$

这里

$$k_1 = \frac{h_1^3}{3\lambda a^2}; k_2 = \frac{1}{24\lambda a^2}(h^3 - 8h_1^3); k_3 = \frac{1}{4G\lambda a^4}\left(\frac{h^5}{60} - \frac{h_1^5}{5} + \frac{h^2 h_1^3}{6} - \frac{h^4 h_1}{16}\right) \quad (3.119)$$

$F_p^{uni}$ 和 $F_p^v$ 分别由式(3.35)和式(3.39)给出;$F_{xz}^{uni}$ 和 $F_{yz}^{uni}$ 分别由式(3.79)和式(3.101)给出;$F_{xz}^v$ 和 $F_{yz}^v$ 分别由式(3.109)和式(3.116)给出。

## 3.4　结　　论

根据层合板和各向同性材料的本构方程,分别求出了黏弹性阻尼层和广义正交各向异性层的面内应变能和在 $xz$ 方向、$yz$ 方向的剪切应变能。利用 Ritz 法,横向挠度函数用双重傅里叶级数和梁振型函数表达,它们能精确地满足各自的边界条件。面内应变能和剪切应变能用含系数的级数表示,实际应用时截断级数的前几项。最后求出了整个板的总应变能。

## 参 考 文 献

[1]　周云. 黏弹性阻尼减震结构设计[M]. 武汉:武汉理工大学出版社,2006.

[2]　Berthelot J M. Composite materials. Mechanical behavior and structural analysis [M]. New York: Springer, 1999.

[3]　Young D. Vibration of rectangular plates by the Ritz method [J]. J Appl. Mech., 1950, 17: 448–453.

[4]　Whitney J M. Structural analysis of laminated anisotropic plates [M]. Lancaster: Technomic, 1987.

［5］　Reddy J N. Mechanics of laminated composite plates［M］. New York：CRC-Press，1997.

［6］　杨加明. 复合材料板的非线性弯曲［M］. 北京：国防工业出版社，2006.

［7］　张少实,等. 复合材料与黏弹性力学［M］. 北京：机械工业出版社，2005.

［8］　徐芝纶. 弹性力学简明教程［M］. 3 版. 北京：高等教育出版社，2002.

［9］　Yim J H，Gillespie Jr J W. Damping characteristics of 0 and 90° AS4/3501-6 unidirectional laminates including the transverse shear effect［J］. Comp. Struct. ，2000，50：217-225.

［10］　Berthelot J M,Youssef Sefrani. Damping analysis of unidirectional glass and Kevlar fibre composites［J］. Composites Science and Technology，2004，64：1261-1278.

# 第4章 单层板夹杂黏弹性阻尼材料的应变能及阻尼性能分析

早期的夹芯板是由上下两块强度较大的薄板(各向同性材料)和填充在两层之间软而轻的中间层(夹心)组成的。Reissner[1,2]提出的夹芯板理论认为:①基板和约束层中的应力沿厚度方向均匀分布,即处于薄膜应力状态;②阻尼层较软,可以不计面内模量,忽略阻尼层中平行于 $xy$ 平面的应力 $\sigma_x, \sigma_y, \tau_{xy}$;③阻尼层、基板和约束层的 $z$ 方向的应变 $\varepsilon_z$ 很小,可以忽略;④由于阻尼层、基板和约束层中,应力分量 $\sigma_z$ 很小,可以忽略。

本章讨论的结构是复合材料面板中间夹杂黏弹性阻尼材料,并且关于中面对称。在分析的过程中,考虑面板的剪切应力和芯层的面内应力。

## 4.1 基 本 假 设

考虑厚度为 $e_0$ 的黏弹性各向同性阻尼材料,夹在厚度为 $e$ 的广义正交各向异性材料(复合材料)的中间[3],如图4.1所示。令

$$h = e_0 + e \tag{4.1}$$

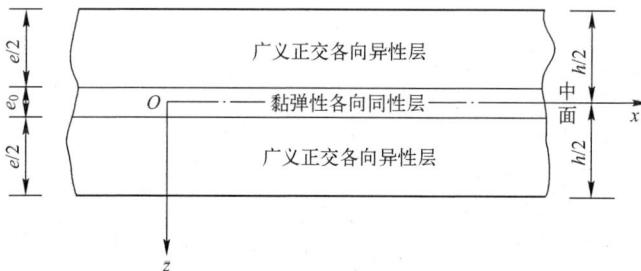

图4.1 复合材料夹杂黏弹性阻尼材料

对结构进行分析时,沿用薄板理论中的假设,即小变形、线弹性、法向位移不沿厚度变化和直法线假设,并进一步假设:

（1）假设黏弹性阻尼材料的应力应变关系为线性的,不考虑模量随温度和频率变化的特性;

（2）各层之间粘接非常牢固,并且粘接层厚度忽略不计,在弯曲过程中各层之间不会产生错位滑动;

（3）夹层板中变形前垂直于中面的直线段,变形后仍保持直线且垂直于中曲面,该线段长度不变。

## 4.2　面内应力及应变能

对于线弹性体,由于 $\varepsilon_z = 0$,其总的应变能为[4]

$$U = \iiint_V \left[ \frac{1}{2} (\sigma_x \varepsilon_x + \sigma_y \varepsilon_y + \tau_{xy} \gamma_{xy} + \tau_{yz} \gamma_{yz} + \tau_{xz} \gamma_{xz}) \right] \mathrm{d}x\mathrm{d}y\mathrm{d}z \qquad (4.2)$$

其中前三项为面内应变能,后两项为切应力应变能。

### 4.2.1　广义正交各向异性层的面内应力及应变能

假设夹层板为长为 $a$、宽为 $b$ 的矩形,广义正交各向异性层的面内应力见式(2.6),面内应变能 $U_p^{uni}$ 为

$$U_p^{uni} = 2\int_{z=e_0/2}^{z=(e+e_0)/2} \int_{y=0}^{b} \int_{x=0}^{a} \left[ \frac{1}{2} (\sigma_x^{(k)} \varepsilon_x + \sigma_y^{(k)} \varepsilon_y + \tau_{xy}^{(k)} \gamma_{xy}) \right] \mathrm{d}x\mathrm{d}y\mathrm{d}z$$

$$= \int_{z=e_0/2}^{z=(e+e_0)/2} \int_{y=0}^{b} \int_{x=0}^{a} (\sigma_x^{(k)} \varepsilon_x + \sigma_y^{(k)} \varepsilon_y + \tau_{xy}^{(k)} \gamma_{xy}) \mathrm{d}x\mathrm{d}y\mathrm{d}z \qquad (4.3)$$

其中,上标 $uni$ 表示复合材料层,即广义正交各向异性层。

将式(2.5)和式(2.6)代入上式得

$$U_p^{uni} = \frac{e^3}{24} \left[ \left(1 + \frac{e_0}{e}\right)^3 - \left(\frac{e_0}{e}\right)^3 \right] \int_{y=0}^{b} \int_{x=0}^{a} \left[ \overline{Q}_{11}^{(k)} \left(\frac{\partial^2 w_0}{\partial x^2}\right)^2 + 2\overline{Q}_{12}^{(k)} \frac{\partial^2 w_0}{\partial x^2} \frac{\partial^2 w_0}{\partial y^2} \right.$$

$$\left. + 4\overline{Q}_{16}^{(k)} \frac{\partial^2 w_0}{\partial x^2} \frac{\partial^2 w_0}{\partial x \partial y} + 4\overline{Q}_{26}^{(k)} \frac{\partial^2 w_0}{\partial x \partial y} \frac{\partial^2 w_0}{\partial y^2} + 4\overline{Q}_{66}^{(k)} \left(\frac{\partial^2 w_0}{\partial x \partial y}\right)^2 + \overline{Q}_{22}^{(k)} \left(\frac{\partial^2 w_0}{\partial y^2}\right)^2 \right] \mathrm{d}x\mathrm{d}y$$

$$(4.4)$$

根据第 2 章中的 Ritz 法,应用式(2.20)~式(2.26),式(4.4)可以进一步改写成:

$$U_p^{uni} = k_p^{uni} \sum_{m=1}^{M} \sum_{n=1}^{N} \sum_{i=1}^{M} \sum_{j=1}^{N} A_{mn} A_{ij} F_p^{uni}(\theta) \qquad (4.5)$$

其中:

$$k_p^{uni} = \frac{e^3}{24\lambda a^2} \left[ \left(1 + \frac{e_0}{e}\right)^3 - \left(\frac{e_0}{e}\right)^3 \right] \qquad (4.6)$$

$$F_p^{uni}(\theta) = \overline{Q}_{11}^{(k)} C_{minj}^{2200} + 4\lambda \overline{Q}_{16}^{(k)} C_{minj}^{2101} + 2\lambda^2 \overline{Q}_{12}^{(k)} C_{minj}^{2002}$$

$$+ 4\lambda^3 \overline{Q}_{26}^{(k)} C_{minj}^{1012} + 4\lambda^2 \overline{Q}_{66}^{(k)} C_{minj}^{2111} + \lambda^4 \overline{Q}_{22}^{(k)} C_{minj} \tag{4.7}$$

$A_{mn}, A_{ij}$ 为挠度函数的待定系数, $\lambda$ 及 $C_{minj}^{prqs}$ 的定义参见式(2.25)。

### 4.2.2　黏弹性层的面内应力及应变能

黏弹性层作为各向同性材料处理,其本构关系为[5]

$$\begin{Bmatrix} \sigma_x^v \\ \sigma_y^v \\ \tau_{xy}^v \end{Bmatrix} = \begin{bmatrix} Q_{11}^v & Q_{12}^v & 0 \\ Q_{12}^v & Q_{22}^v & 0 \\ 0 & 0 & Q_{66}^v \end{bmatrix} \begin{Bmatrix} \varepsilon_x \\ \varepsilon_y \\ \gamma_{xy} \end{Bmatrix} \tag{4.8}$$

其中

$$Q_{11}^v = \frac{E}{1-\mu^2}, Q_{12}^v = \frac{\mu E}{1-\mu^2}, Q_{22}^v = \frac{E}{1-\mu^2}, Q_{66}^v = \frac{E}{2(1+\mu)} \tag{4.9}$$

上标 $v$ 表示黏弹性层。

将式(2-5)代入式(4.8)中,得到对称情况下的黏弹性层的面内应力为

$$\begin{cases} \sigma_x^v = -z\left( Q_{11}^v \dfrac{\partial^2 w_0}{\partial x^2} + Q_{12}^v \dfrac{\partial^2 w_0}{\partial y^2} \right) \\[2mm] \sigma_y^v = -z\left( Q_{12}^v \dfrac{\partial^2 w_0}{\partial x^2} + Q_{22}^v \dfrac{\partial^2 w_0}{\partial y^2} \right) \\[2mm] \tau_{xy}^v = -2zQ_{66}^v \dfrac{\partial^2 w_0}{\partial x \partial y} \end{cases} \tag{4.10}$$

黏弹性层的面内应变能 $U_p^v$ 为

$$U_p^v = 2\int_{z=0}^{z=e_0/2} \int_{x=0}^{a} \int_{y=0}^{b} \left[ \frac{1}{2}(\sigma_x^v \varepsilon_x + \sigma_y^v \varepsilon_y + \tau_{xy}^v \gamma_{xy}) \right] \mathrm{d}x\mathrm{d}y\mathrm{d}z$$

$$= \int_{z=0}^{z=e_0/2} \int_{y=0}^{b} \int_{x=0}^{a} (\sigma_x^v \varepsilon_x + \sigma_y^v \varepsilon_y + \tau_{xy}^v \gamma_{xy}) \mathrm{d}x\mathrm{d}y\mathrm{d}z \tag{4.11}$$

将式(4.10)代入式(4.11),根据第2章的 Ritz 法及相关公式,化简得到

$$U_p^v = \frac{e_0^3}{24} \int_{x=0}^{a} \int_{y=0}^{b} \left[ Q_{11}^v \left(\frac{\partial^2 w_0}{\partial x^2}\right)^2 + 2Q_{12}^v \frac{\partial^2 w_0}{\partial x^2} \frac{\partial^2 w_0}{\partial y^2} + 4Q_{66}^v \left(\frac{\partial^2 w_0}{\partial x \partial y}\right)^2 + Q_{22}^v \left(\frac{\partial^2 w_0}{\partial y^2}\right)^2 \right] \mathrm{d}x\mathrm{d}y$$

$$= k_p^v \sum_{m=1}^{M} \sum_{n=1}^{N} \sum_{i=1}^{M} \sum_{j=1}^{N} A_{mn} A_{ij} F_p^v \tag{4.12}$$

其中: 
$$k_p^v = \frac{e_0^3}{24\lambda a^2} \tag{4.13}$$

$$F_p^v = Q_{11}^v C_{minj}^{2200} + 2\lambda^2 Q_{12}^v C_{minj}^{2002} + 4\lambda^2 Q_{66}^v C_{minj}^{1111} + \lambda^4 Q_{22}^v C_{minj}^{0022} \tag{4.14}$$

由于该层为各向同性层,式中的 $F_p^v$ 与 $\theta$ 角没有关系。

## 4.3　利用平衡方程求横向切应力

由于不存在面内载荷,设体力分量 $f_x = 0, f_y = 0$,运用空间平衡微分方程的前两式求解横向切应力。

$$\frac{\partial \sigma_x^i}{\partial x} + \frac{\partial \tau_{xy}^i}{\partial y} + \frac{\partial \tau_{xz}^i}{\partial z} = 0 \quad i = uni, v \tag{4.15}$$

$$\frac{\partial \tau_{xy}^i}{\partial x} + \frac{\partial \sigma_y^i}{\partial y} + \frac{\partial \tau_{yz}^i}{\partial z} = 0 \quad i = uni, v \tag{4.16}$$

### 4.3.1　$xz$ 方向的切应力

由式(4.15)整理得

$$\frac{\partial \tau_{xz}^i}{\partial z} = -\frac{\partial \sigma_x^i}{\partial x} - \frac{\partial \tau_{xy}^i}{\partial y} \quad i = uni, v \tag{4.17}$$

对于复合材料层 $uni$,将式(2.6)代入式(4.17)得到

$$\frac{\partial \tau_{xz}^{(k)}}{\partial z} = A_{xz}^{(k)}(x, y) \cdot z \tag{4.18}$$

其中

$$A_{xz}^{(k)}(x, y) = \overline{Q}_{11}^{(k)} \frac{\partial^3 w_0}{\partial x^3} + (\overline{Q}_{12}^{(k)} + 2\overline{Q}_{66}^{(k)}) \frac{\partial^3 w_0}{\partial x \partial y^2} + 3\overline{Q}_{16}^{(k)} \frac{\partial^3 w_0}{\partial x^2 \partial y} + \overline{Q}_{26}^{(k)} \frac{\partial^3 w_0}{\partial y^3} \tag{4.19}$$

对式(4.18)进行积分,得到

$$\tau_{xz}^{(k)} = \frac{1}{2} A_{xz}^{(k)}(x, y) \cdot z^2 + C^{(k)} \tag{4.20}$$

其中,$C^{(k)}$ 为积分常数。

对于黏弹性层,用同样的方法可以得到

$$\tau_{xz}^v = \frac{1}{2} A_{xz}^v(x, y) \cdot z^2 + C^v \tag{4.21}$$

其中,$C^v$ 为积分常数;

48

$$A_{xz}^v(x,y) = Q_{11}^v \frac{\partial^3 w_0}{\partial x^3} + (Q_{12}^v + 2Q_{66}^v) \frac{\partial^3 w_0}{\partial x \partial y^2} \qquad (4.22)$$

为求解 $C^{(k)}$ 和 $C^v$ 这两个常系数,必须用到应力连续条件和应力边界条件。在各向异性层和黏弹性层之间,横向切应力必须相等;上下表面的切应力为零,即

$$\tau_{xz}^{(k)} \big|_{z=\pm e_0/2} = \tau_{xz}^v \big|_{z=\pm e_0/2} \qquad (4.23)$$

$$\tau_{xz}^{(k)} \big|_{z=\pm h/2} = 0 \qquad (4.24)$$

将式(4.20)和式(4.21)代入式(4.23)和式(4.24)中,即可求出 $xz$ 方向切应力:

$$\tau_{xz}^{(k)} = \frac{1}{2} A_{xz}^{(k)}(x,y) \left( z^2 - \frac{h^2}{4} \right) \quad \frac{e_0}{2} \leqslant |z| \leqslant \frac{h}{2} \qquad (4.25)$$

$$\tau_{xz}^v = \frac{1}{2} A_{xz}^v(x,y) \left( z^2 - \frac{e_0^2}{4} \right) - \frac{1}{8} A_{xz}^{(k)}(x,y)(h^2 - e_0^2) \quad |z| \leqslant \frac{e_0}{2} \qquad (4.26)$$

### 4.3.2  $yz$ 方向的切应力

推导过程与 $xz$ 方向的切应力相类似,把坐标 $x \to y, y \to x$,把折算刚度的下标 $1 \to 2, 2 \to 1$,得到

$$\tau_{yz}^{(k)} = \frac{1}{2} A_{yz}^{(k)}(x,y) \left( z^2 - \frac{h^2}{4} \right) \quad \frac{e_0}{2} \leqslant |z| \leqslant \frac{h}{2} \qquad (4.27)$$

$$\tau_{yz}^v = \frac{1}{2} A_{yz}^v(x,y) \left( z^2 - \frac{e_0^2}{4} \right) - \frac{1}{8} A_{yz}^{(k)}(x,y)(h^2 - e_0^2) \quad |z| \leqslant \frac{e_0}{2} \qquad (4.28)$$

其中

$$A_{yz}^{(k)}(x,y) = \overline{Q}_{16}^{(k)} \frac{\partial^3 w_0}{\partial x^3} + 3 \overline{Q}_{26}^{(k)} \frac{\partial^3 w_0}{\partial x \partial y^2} + (\overline{Q}_{12}^{(k)} + 2 \overline{Q}_{66}^{(k)}) \frac{\partial^3 w_0}{\partial x^2 \partial y} + \overline{Q}_{22}^{(k)} \frac{\partial^3 w_0}{\partial y^3} \qquad (4.29)$$

$$A_{yz}^v(x,y) = (Q_{12}^v + 2Q_{66}^v) \frac{\partial^3 w_0}{\partial x^2 \partial y} + Q_{22}^v \frac{\partial^3 w_0}{\partial y^3} \qquad (4.30)$$

## 4.4  切应力应变能

复合材料层的切应力-应变关系为[6]

$$\begin{Bmatrix} \gamma_{yz}^{(k)} \\ \gamma_{xz}^{(k)} \end{Bmatrix} = \begin{bmatrix} S_{44}^{(k)} & S_{45}^{(k)} \\ S_{45}^{(k)} & S_{55}^{(k)} \end{bmatrix} \begin{Bmatrix} \tau_{yz}^{(k)} \\ \tau_{xz}^{(k)} \end{Bmatrix} \qquad (4.31)$$

且

$$\begin{cases} S_{44}^{(k)} = \dfrac{\cos^2\theta_k}{Q_{44}} + \dfrac{\sin^2\theta_k}{Q_{55}} \\[3mm] S_{45}^{(k)} = \left( \dfrac{1}{Q_{44}} - \dfrac{1}{Q_{55}} \right) \cos\theta_k \sin\theta_k \\[3mm] S_{55}^{(k)} = \dfrac{\sin^2\theta_k}{Q_{44}} + \dfrac{\cos^2\theta_k}{Q_{55}} \end{cases} \tag{4.32}$$

其中,$Q_{44}$,$Q_{45}$,$Q_{55}$参见式(2.3)。

### 4.4.1 $xz$ 方向切应力应变能

复合材料层 $xz$ 方向切应力应变能密度为

$$u_{xz}^{(k)} = \frac{1}{2} \tau_{xz}^{(k)} \gamma_{xz}^{(k)} \tag{4.33}$$

根据式(4.31)得

$$\gamma_{xz}^{(k)} = S_{45}^{(k)} \tau_{yz}^{(k)} + S_{55}^{(k)} \tau_{xz}^{(k)} \tag{4.34}$$

将式(4.34)和式(4.25)、式(4.30)代入式(4.33),得到

$$u_{xz}^{uni} = \frac{1}{8} S_{55}^{(k)} [A_{xz}^{(k)}(x,y)]^2 \left(z^2 - \frac{h^2}{4}\right)^2 + \frac{1}{8} S_{45}^{(k)} A_{xz}^{(k)}(x,y) A_{yz}^{(k)}(x,y) \left(z^2 - \frac{h^2}{4}\right)^2 \tag{4.35}$$

故复合材料层 $xz$ 方向切应力应变能为

$$U_{xz}^{uni} = 2 \int_{z=e_0/2}^{h/2} \int_{y=0}^{b} \int_{x=0}^{a} u_{xz}^{uni} \mathrm{d}x\mathrm{d}y\mathrm{d}z = U_{xz1}^{uni} + U_{xz2}^{uni} \tag{4.36}$$

其中

$$U_{xz1}^{uni} = S_{55}^{(k)} \cdot \frac{h^5}{240} \left[ 1 - \frac{15}{4}\left( \frac{\gamma_h^5}{10} - \frac{\gamma_h^3}{3} + \frac{\gamma_h}{2} \right) \right] \cdot \int_{x=0}^{a} \int_{y=0}^{b} [A_{xz}^{(k)}(x,y)]^2 \mathrm{d}x\mathrm{d}y \tag{4.37}$$

$$U_{xz2}^{uni} = S_{45}^{(k)} \cdot \frac{h^5}{240} \left[ 1 - \frac{15}{4}\left( \frac{\gamma_h^5}{10} - \frac{\gamma_h^3}{3} + \frac{\gamma_h}{2} \right) \right] \cdot \int_{x=0}^{a} \int_{y=0}^{b} A_{xz}^{(k)}(x,y) A_{yz}^{(k)}(x,y) \mathrm{d}x\mathrm{d}y \tag{4.38}$$

$$\gamma_h = e_0/h \tag{4.39}$$

根据 Ritz 法及相关公式,将上两式进一步改写成:

$$U_{xz1}^{uni}(\theta) = k_{xz1}^{uni} \sum_{m=1}^{M} \sum_{n=1}^{N} \sum_{i=1}^{M} \sum_{j=1}^{N} A_{mn} A_{ij} F_{xz1}^{uni}(\theta) \tag{4.40}$$

$$U_{xz2}^{uni}(\theta) = k_{xz2}^{uni} \sum_{m=1}^{M} \sum_{n=1}^{N} \sum_{i=1}^{M} \sum_{j=1}^{N} A_{mn} A_{ij} F_{xz2}^{uni}(\theta) \tag{4.41}$$

50

其中

$$k_{xz1}^{uni} = \frac{S_{55}^{(k)}}{\lambda a^4} \frac{h^5}{240} \left[ 1 - \frac{15}{4} \left( \frac{\gamma_h^5}{10} - \frac{\gamma_h^3}{3} + \frac{\gamma_h}{2} \right) \right] \tag{4.42}$$

$$\begin{aligned}
F_{xz1}^{uni}(\theta) = & (\overline{Q}_{11}^{(k)})^2 C_{minj}^{3300} + \lambda^4 (\overline{Q}_{12}^{(k)} + 2\overline{Q}_{66}^{(k)})^2 C_{minj}^{1122} + 9\lambda^2 (\overline{Q}_{16}^{(k)})^2 C_{minj}^{2211} \\
& + \lambda^6 (\overline{Q}_{26}^{(k)})^2 C_{minj}^{0033} + 2\lambda^2 \overline{Q}_{11}^{(k)} (\overline{Q}_{12}^{(k)} + 2\overline{Q}_{66}^{(k)}) C_{minj}^{3102} + 6\lambda \overline{Q}_{11}^{(k)} \overline{Q}_{16}^{(k)} C_{minj}^{3201} \\
& + 2\lambda^3 \overline{Q}_{11}^{(k)} \overline{Q}_{26}^{(k)} C_{minj}^{3003} + 6\lambda^3 \overline{Q}_{16}^{(k)} (\overline{Q}_{12}^{(k)} + 2\overline{Q}_{66}^{(k)}) C_{minj}^{1221} \\
& + 2\lambda^5 \overline{Q}_{26}^{(k)} (\overline{Q}_{12}^{(k)} + 2\overline{Q}_{66}^{(k)}) C_{minj}^{1023} + 6\lambda^4 \overline{Q}_{16}^{(k)} \overline{Q}_{26}^{(k)} C_{minj}^{2013}
\end{aligned} \tag{4.43}$$

$$k_{xz2}^{uni} = \frac{S_{45}^{(k)}}{\lambda a^4} \frac{h^5}{240} \left[ 1 - \frac{15}{4} \left( \frac{\gamma_h^5}{10} - \frac{\gamma_h^3}{3} + \frac{\gamma_h}{2} \right) \right] \tag{4.44}$$

$$\begin{aligned}
F_{xz2}^{uni}(\theta) = & \overline{Q}_{11}^{(k)} \overline{Q}_{16}^{(k)} C_{minj}^{3300} + 3\lambda^4 \overline{Q}_{26}^{(k)} (\overline{Q}_{12}^{(k)} + 2\overline{Q}_{66}^{(k)}) C_{minj}^{1122} + 3\lambda^2 \overline{Q}_{16}^{(k)} (\overline{Q}_{12}^{(k)} + 2\overline{Q}_{66}^{(k)}) C_{minj}^{2211} \\
& + \lambda^6 \overline{Q}_{22}^{(k)} \overline{Q}_{26}^{(k)} C_{minj}^{0033} + \lambda^2 [3\overline{Q}_{11}^{(k)} \overline{Q}_{26}^{(k)} + \overline{Q}_{16}^{(k)} (\overline{Q}_{12}^{(k)} + 2\overline{Q}_{66}^{(k)})] C_{minj}^{3102} \\
& + \lambda [\overline{Q}_{11}^{(k)} (\overline{Q}_{12}^{(k)} + 2\overline{Q}_{66}^{(k)}) + 3(\overline{Q}_{16}^{(k)})^2] C_{minj}^{3201} + \lambda^3 (\overline{Q}_{22}^{(k)} \overline{Q}_{11}^{(k)} + \overline{Q}_{16}^{(k)} \overline{Q}_{26}^{(k)}) C_{minj}^{3003} \\
& + \lambda^3 [9\overline{Q}_{16}^{(k)} \overline{Q}_{26}^{(k)} + (\overline{Q}_{12}^{(k)} + 2\overline{Q}_{66}^{(k)})^2] C_{minj}^{1221} + \lambda^5 [\overline{Q}_{22}^{(k)} (\overline{Q}_{12}^{(k)} + 2\overline{Q}_{66}^{(k)}) + 3(\overline{Q}_{26}^{(k)})^2] C_{minj}^{1023} \\
& + \lambda^4 [3\overline{Q}_{22}^{(k)} \overline{Q}_{16}^{(k)} + \overline{Q}_{26}^{(k)} (\overline{Q}_{12}^{(k)} + 2\overline{Q}_{66}^{(k)})] C_{minj}^{2013}
\end{aligned} \tag{4.45}$$

复合材料层 $xz$ 方向总的切应力应变能为

$$U_{xz}^{uni}(\theta) = \sum_{m=1}^{M} \sum_{n=1}^{N} \sum_{i=1}^{M} \sum_{j=1}^{N} A_{mn} A_{ij} F_{xz}^{uni}(\theta) \tag{4.46}$$

其中，

$$F_{xz}^{uni}(\theta) = k_{xz1}^{uni} F_{xz1}^{uni}(\theta) + k_{xz2}^{uni} F_{xz2}^{uni}(\theta) \tag{4.47}$$

同理，黏弹性层 $xz$ 方向切应力应变能密度为

$$u_{xz}^v = \frac{(\tau_{xz}^v)^2}{2G} = \frac{1}{8G} \left[ A_{xz}^v(x,y) \left( z^2 - \frac{e_0^2}{4} \right) - \frac{1}{4} A_{xz}^{(k)}(x,y)(h^2 - e_0^2) \right]^2 \tag{4.48}$$

故黏弹性层 $xz$ 方向切应力应变能为

$$\begin{aligned}
U_{xz}^v = & 2 \int_{x=0}^{a} \int_{y=0}^{b} \int_{z=0}^{e_0/2} u_{xz}^v \mathrm{d}x\mathrm{d}y\mathrm{d}z = \frac{1}{4G} \left[ \frac{h^5 \gamma_h^5}{60} \int_{x=0}^{a} \int_{y=0}^{b} [A_{xz}^v(x,y)]^2 \mathrm{d}x\mathrm{d}y \right. \\
& + \frac{h^5 \gamma_h}{32} (1-\gamma_h^2)^2 \int_{x=0}^{a} \int_{y=0}^{b} [A_{xz}^{(k)}(x,y)]^2 \mathrm{d}x\mathrm{d}y \\
& \left. + \frac{h^5 \gamma_h^3}{24} (1-\gamma_h^2) \int_{x=0}^{a} \int_{y=0}^{b} A_{xz}^v(x,y) A_{xz}^{(k)}(x,y) \mathrm{d}x\mathrm{d}y \right]
\end{aligned} \tag{4.49}$$

根据 Ritz 法及相关公式，将式(4.49)进一步改写成：

$$U_{xz}^v(\theta) = \sum_{m=1}^{M} \sum_{n=1}^{N} \sum_{i=1}^{M} \sum_{j=1}^{N} A_{mn} A_{ij} F_{xz}^v(\theta) \tag{4.50}$$

其中

$$F_{xz}^v(\theta) = \frac{h^5}{4G\lambda a^4}\left(\frac{\gamma_h^5}{60}F_{xz1}^v(\theta) + \frac{\gamma_h}{32}(1-\gamma_h^2)^2 F_{xz2}^v(\theta) + \frac{\gamma_h^3}{24}(1-\gamma_h^2)F_{xz3}^v(\theta)\right) \quad (4.51)$$

$$F_{xz1}^v(\theta) = (Q_{11}^v)^2 C_{minj}^{3300} + 2\lambda^2 Q_{11}^v(Q_{12}^v + 2Q_{66}^v)C_{minj}^{3102} + \lambda^4(Q_{12}^v + 2Q_{66}^v)^2 C_{minj}^{1122} \quad (4.52)$$

$$F_{xz2}^v(\theta) = F_{xz1}^{uni}(\theta) = (\overline{Q}_{11}^{(k)})^2 C_{minj}^{3300} + \lambda^4(\overline{Q}_{12}^{(k)} + 2\overline{Q}_{66}^{(k)})^2 C_{minj}^{1122} + 9\lambda^2(\overline{Q}_{16}^{(k)})^2 C_{minj}^{2211}$$

$$+ \lambda^6(\overline{Q}_{26}^{(k)})^2 C_{minj}^{0033} + 2\lambda^2 \overline{Q}_{11}^{(k)}(\overline{Q}_{12}^{(k)} + 2\overline{Q}_{66}^{(k)})C_{minj}^{3102} + 6\lambda \overline{Q}_{11}^{(k)}\overline{Q}_{16}^{(k)}C_{minj}^{3201}$$

$$+ 2\lambda^3 \overline{Q}_{11}^{(k)}\overline{Q}_{26}^{(k)}C_{minj}^{3003} + 6\lambda^3 \overline{Q}_{16}^{(k)}(\overline{Q}_{12}^{(k)} + 2\overline{Q}_{66}^{(k)})C_{minj}^{1221}$$

$$+ 2\lambda^5 \overline{Q}_{26}^{(k)}(\overline{Q}_{12}^{(k)} + 2\overline{Q}_{66}^{(k)})C_{minj}^{1023} + 6\lambda^4 \overline{Q}_{16}^{(k)}\overline{Q}_{26}^{(k)}C_{minj}^{2013} \quad (4.53)$$

$$F_{xz3}^v(\theta) = Q_{11}^v\overline{Q}_{11}^{(k)}C_{minj}^{3300} + \lambda^2\left[Q_{11}^v(\overline{Q}_{12}^{(k)} + 2\overline{Q}_{66}^{(k)}) + \overline{Q}_{11}^{(k)}(Q_{12}^v + 2Q_{66}^v)\right]C_{minj}^{3102}$$

$$+ 3\lambda Q_{11}^v\overline{Q}_{16}^{(k)}C_{minj}^{3201} + \lambda^3 Q_{11}^v\overline{Q}_{26}^{(k)}C_{minj}^{3003} + \lambda^4(Q_{12}^v + 2Q_{66}^v)(\overline{Q}_{12}^{(k)} + 2\overline{Q}_{66}^{(k)})C_{minj}^{1122}$$

$$+ 3\lambda^3 \overline{Q}_{16}^{(k)}(Q_{12}^v + 2Q_{66}^v)C_{minj}^{1221} + \lambda^5 \overline{Q}_{26}^{(k)}(Q_{12}^v + 2Q_{66}^v)C_{minj}^{1023} \quad (4.54)$$

### 4.4.2　yz 方向切应力应变能

同复合材料层 xz 方向的切应力应变能密度相类似,复合材料层 yz 方向的切应力应变能密度为

$$u_{yz}^{uni} = \frac{1}{2}\tau_{yz}^{(k)}\gamma_{yz}^{(k)} = \frac{1}{8}S_{44}^{(k)}\left[A_{yz}^{(k)}(x,y)\right]^2\left(z^2 - \frac{h^2}{4}\right)^2$$

$$+ \frac{1}{8}S_{45}^{(k)}A_{yz}^{(k)}(x,y)A_{xz}^{(k)}(x,y)\left(z^2 - \frac{h^2}{4}\right)^2 \quad (4.55)$$

故复合材料层 yz 方向切应力应变能为

$$U_{yz}^{uni} = 2\int_{x=0}^{a}\int_{y=0}^{b}\int_{z=e_0/2}^{h/2}u_{yz}^{uni}\,\mathrm{d}x\mathrm{d}y\mathrm{d}z = U_{yz1}^{uni} + U_{yz2}^{uni} \quad (4.56)$$

其中

$$U_{yz1}^{uni} = S_{44}^{(k)}\cdot\frac{h^5}{240}\left[1 - \frac{15}{4}\left(\frac{\gamma_h^5}{10} - \frac{\gamma_h^3}{3} + \frac{\gamma_h}{2}\right)\right]\int_{x=0}^{a}\int_{y=0}^{b}\left[A_{yz}^{(k)}(x,y)\right]^2\mathrm{d}x\mathrm{d}y \quad (4.57)$$

$$U_{yz2}^{uni} = S_{45}^{(k)}\frac{h^5}{240}\left[1 - \frac{15}{4}\left(\frac{\gamma_h^5}{10} - \frac{\gamma_h^3}{3} + \frac{\gamma_h}{2}\right)\right]\int_{x=0}^{a}\int_{y=0}^{b}A_{xz}^{(k)}(x,y)A_{yz}^{(k)}(x,y)\mathrm{d}x\mathrm{d}y$$

$$(4.58)$$

类似地,根据 Ritz 法可将式(4.57)和式(4.58)进一步改写成:

$$U_{yz1}^{uni}(\theta) = k_{yz1}^{uni}\sum_{m=1}^{M}\sum_{n=1}^{N}\sum_{i=1}^{M}\sum_{j=1}^{N}A_{mn}A_{ij}F_{yz1}^{uni}(\theta) \quad (4.59)$$

$$U_{yz2}^{uni}(\theta) = U_{xz2}^{uni}(\theta) = k_{xz2}^{uni} \sum_{m=1}^{M} \sum_{n=1}^{N} \sum_{i=1}^{M} \sum_{j=1}^{N} A_{mn}A_{ij}F_{xz2}^{uni}(\theta) \tag{4.60}$$

其中

$$k_{yz1}^{uni} = \frac{S_{44}^{(k)}}{\lambda a^4} \frac{h^5}{240} \left[ 1 - \frac{15}{4} \left( \frac{\gamma_h^5}{10} - \frac{\gamma_h^3}{3} + \frac{\gamma_h}{2} \right) \right] \tag{4.61}$$

$$F_{yz1}^{uni}(\theta) = (\overline{Q}_{16}^{(k)})^2 C_{minj}^{3300} + 9\lambda^4 (\overline{Q}_{26}^{(k)})^2 C_{minj}^{1122} + \lambda^2 (\overline{Q}_{12}^{(k)} + 2\overline{Q}_{66}^{(k)})^2 C_{minj}^{2211}$$

$$+ \lambda^6 (\overline{Q}_{22}^{(k)})^2 C_{minj}^{0033} + 6\lambda^2 \overline{Q}_{16}^{(k)} \overline{Q}_{26}^{(k)} C_{minj}^{3102} + 2\lambda \overline{Q}_{16}^{(k)} (\overline{Q}_{12}^{(k)} + 2\overline{Q}_{66}^{(k)}) C_{minj}^{3201}$$

$$+ 2\lambda^3 \overline{Q}_{22}^{(k)} \overline{Q}_{16}^{(k)} C_{minj}^{3003} + 6\lambda^3 \overline{Q}_{26}^{(k)} (\overline{Q}_{12}^{(k)} + 2\overline{Q}_{66}^{(k)}) C_{minj}^{1221}$$

$$+ 6\lambda^5 \overline{Q}_{22}^{(k)} \overline{Q}_{26}^{(k)} C_{minj}^{1023} + 2\lambda^4 \overline{Q}_{22}^{(k)} (\overline{Q}_{12}^{(k)} + 2\overline{Q}_{66}^{(k)}) C_{minj}^{2013} \tag{4.62}$$

其中,$k_{xz2}^{uni}$ 见式(4.44),$F_{xz2}^{uni}(\theta)$ 见式(4.45)。

复合材料层 $yz$ 方向总的切应力应变能为

$$U_{yz}^{uni}(\theta) = \sum_{m=1}^{M} \sum_{n=1}^{N} \sum_{i=1}^{M} \sum_{j=1}^{N} A_{mn}A_{ij}F_{yz}^{uni}(\theta) \tag{4.63}$$

其中,

$$F_{yz1}^{uni}(\theta) = k_{yz1}^{uni}F_{yz1}^{uni}(\theta) + k_{xz2}^{uni}F_{xz2}^{uni}(\theta) \tag{4.64}$$

黏弹性层 $yz$ 方向切应力应变能密度为

$$u_{yz}^{v} = \frac{(\tau_{yz}^{v})^2}{2G} = \frac{1}{8G} \left[ A_{yz}^{v}(x,y) \left( z^2 - \frac{e_0^2}{4} \right) - \frac{1}{4} A_{yz}^{(k)}(x,y)(h^2 - e_0^2) \right]^2 \tag{4.65}$$

故黏弹性层 $yz$ 方向切应力应变能为

$$U_{yz}^{v} = 2 \int_{x=0}^{a} \int_{y=0}^{b} \int_{z=0}^{e_0/2} u_{yz}^{v} \mathrm{d}x\mathrm{d}y\mathrm{d}z = \frac{1}{4G} \left[ \frac{h^5 \gamma_h^5}{60} \int_{x=0}^{a} \int_{y=0}^{b} [A_{yz}^{v}(x,y)]^2 \mathrm{d}x\mathrm{d}y \right.$$

$$+ \frac{h^5 \gamma_h}{32} (1 - \gamma_h^2)^2 \int_{x=0}^{a} \int_{y=0}^{b} [A_{yz}^{(k)}(x,y)]^2 \mathrm{d}x\mathrm{d}y$$

$$+ \frac{h^5 \gamma_h^3}{24} (1 - \gamma_h^2) \int_{x=0}^{a} \int_{y=0}^{b} A_{yz}^{v}(x,y) A_{yz}^{(k)}(x,y) \mathrm{d}x\mathrm{d}y \right] \tag{4.66}$$

根据 Ritz 法,式(4.66)进一步改写成:

$$U_{yz}^{v}(\theta) = \sum_{m=1}^{M} \sum_{n=1}^{N} \sum_{i=1}^{M} \sum_{j=1}^{N} A_{mn}A_{ij}F_{yz}^{v}(\theta) \tag{4.67}$$

其中

$$F_{yz}^{v}(\theta) = \frac{h^5}{4G\lambda a^4} \left( \frac{\gamma_h^5}{60} F_{yz1}^{v}(\theta) + \frac{\gamma_h}{32} (1-\gamma_h^2)^2 F_{yz2}^{v}(\theta) + \frac{\gamma_h^3}{24} (1-\gamma_h^2) F_{yz3}^{v}(\theta) \right) \tag{4.68}$$

$$F_{yz1}^{v}(\theta) = \lambda^2 (Q_{12}^{v} + 2Q_{66}^{v})^2 C_{minj}^{2211} + 2\lambda^4 Q_{22}^{v} (Q_{12}^{v} + 2Q_{66}^{v}) C_{minj}^{2013} + \lambda^6 (Q_{22}^{v})^2 C_{minj}^{0033} \tag{4.69}$$

53

$$F_{yz2}^v(\theta) = F_{yz1}^{uni}(\theta) = (\overline{Q}_{16}^{(k)})^2 C_{minj}^{3300} + 9\lambda^4 (\overline{Q}_{26}^{(k)})^2 C_{minj}^{1122} + \lambda^2 (\overline{Q}_{12}^{(k)} + 2\overline{Q}_{66}^{(k)})^2 C_{minj}^{2211}$$

$$+ \lambda^6 (\overline{Q}_{22}^{(k)})^2 C_{minj}^{0033} + 6\lambda^2 \overline{Q}_{16}^{(k)} \overline{Q}_{26}^{(k)} C_{minj}^{3102} + 2\lambda \overline{Q}_{16}^{(k)} (\overline{Q}_{12}^{(k)} + 2\overline{Q}_{66}^{(k)}) C_{minj}^{3201}$$

$$+ 2\lambda^3 \overline{Q}_{22}^{(k)} \overline{Q}_{16}^{(k)} C_{minj}^{3003} + 6\lambda^3 \overline{Q}_{26}^{(k)} (\overline{Q}_{12}^{(k)} + 2\overline{Q}_{66}^{(k)}) C_{minj}^{1221}$$

$$+ 6\lambda^5 \overline{Q}_{22}^{(k)} \overline{Q}_{26}^{(k)} C_{minj}^{1023} + 2\lambda^4 \overline{Q}_{22}^{(k)} (\overline{Q}_{12}^{(k)} + 2\overline{Q}_{66}^{(k)}) C_{minj}^{2013} \tag{4.70}$$

$$F_{yz3}^v(\theta) = \lambda \overline{Q}_{16}^{(k)} (Q_{12}^v + 2Q_{66}^v) C_{minj}^{3201} + \lambda^2 (Q_{12}^v + 2Q_{66}^v)(\overline{Q}_{12}^{(k)} + 2\overline{Q}_{66}^{(k)}) C_{minj}^{2211}$$

$$+ 3\lambda^3 \overline{Q}_{26}^{(k)} (Q_{12}^v + 2Q_{66}^v) C_{minj}^{1221} + \lambda^4 [Q_{22}^v(\overline{Q}_{12}^{(k)} + 2\overline{Q}_{66}^{(k)}) + \overline{Q}_{22}^{(k)}(Q_{12}^v + 2Q_{66}^v)] C_{minj}^{2013}$$

$$+ \lambda^3 Q_{22}^v \overline{Q}_{16}^{(k)} C_{minj}^{3003} + 3\lambda^5 Q_{22}^v \overline{Q}_{26}^{(k)} C_{minj}^{1023} + \lambda^6 Q_{22}^v \overline{Q}_{22}^{(k)} C_{minj}^{0033} \tag{4.71}$$

## 4.5  结构的总应变能

把复合材料层和黏弹性层的面内应变能及剪切应变能全部累加起来，就得到结构的总应变能。

$$U = U_p^{uni} + U_p^v + U_{xz}^{uni} + U_{yz}^{uni} + U_{xz}^v + U_{yz}^v = \sum_{m=1}^M \sum_{n=1}^N \sum_{i=1}^M \sum_{j=1}^N A_{mn} A_{ij} F_{total} \tag{4.72}$$

其中

$$F_{total} = k_p^{uni} F_p^{uni}(\theta) + k_p^v F_p^v + F_{xz}^{uni}(\theta) + F_{xz}^v + F_{yz}^{uni}(\theta) + F_{yz}^v \tag{4.73}$$

其中，$k_p^{uni}$ 见式(4.6)，$k_p^v$ 见式(4.13)，$F_p^{uni}(\theta)$ 见式(4.7)，$F_p^v$ 见式(4.14)，$F_{xz}^{uni}(\theta)$ 见式(4.47)，$F_{xz}^v$ 见式(4.51)，$F_{yz}^{uni}(\theta)$ 见式(4.64)，$F_{yz}^v$ 见式(4.68)。

## 4.6  损 耗 因 子

Ungar 和 Kerwin[7] 首次使用应变能的概念计算了复杂结构的阻尼损耗因子，将损耗因子定义为一个振动周期内能量耗散与总应变能之比，即

$$\eta = \frac{\sum_{i=1}^N \eta_i W_i}{\sum_{i=1}^N W_i} \tag{4.74}$$

由上式和前面得到的总应变能，可得到损耗因子的表达式：

$$\eta(\theta) = \Delta U / U \tag{4.75}$$

其中

$$\Delta U = \eta_{11} U_{11}^{uni} + 2\eta_{12} U_{12}^{uni} + \eta_{22} U_{22}^{uni} + \eta_{66}(U_{66}^{uni} + U_{xz}^{uni} + U_{yz}^{uni}) + \eta_v(U_p^v + U_{xz}^v + U_{yz}^v) \tag{4.76}$$

$$U_{11}^{uni} = 2 \int_{z=e_0/2}^{z=(e+e_0)/2} \int_{y=0}^{b} \int_{x=0}^{a} \left( \frac{1}{2} Q_{11} \varepsilon_x^2 \right) \mathrm{d}x\mathrm{d}y\mathrm{d}z \tag{4.77}$$

$$U_{12}^{uni} = 2 \int_{z=e_0/2}^{z=(e+e_0)/2} \int_{y=0}^{b} \int_{x=0}^{a} \left( \frac{1}{2} Q_{12} \varepsilon_x \varepsilon_y \right) \mathrm{d}x\mathrm{d}y\mathrm{d}z \tag{4.78}$$

$$U_{22}^{uni} = 2 \int_{z=e_0/2}^{z=(e+e_0)/2} \int_{y=0}^{b} \int_{x=0}^{a} \left( \frac{1}{2} Q_{22} \varepsilon_y^2 \right) \mathrm{d}x\mathrm{d}y\mathrm{d}z \tag{4.79}$$

$$U_{66}^{uni} = 2 \int_{z=e_0/2}^{z=(e+e_0)/2} \int_{y=0}^{b} \int_{x=0}^{a} \left( \frac{1}{2} \tau_{xy}^{(k)} \gamma_{xy} \right) \mathrm{d}x\mathrm{d}y\mathrm{d}z \tag{4.80}$$

其中,$U_{xz}^{uni}$参见式(4.46),$U_{yz}^{uni}$参见式(4.63),$U_p^v$参见式(4.12),$U_{xz}^v$参见式(4.50),$U_{yz}^v$参见式(4.67),$\eta_{ij}$为复合材料的损耗因子,$\eta_v$为黏弹性阻尼材料的损耗因子。

为比较各应力分量对阻尼贡献量的大小,定义参数阻尼贡献比如下:

$$R_i = \Delta U_i / \Delta U \tag{4.81}$$

其中,$\Delta U_i$为各应力分量对应的能量耗散。

## 4.7 算 例 分 析

复合材料弹性常数[8]取值如下:$E_1 = 29.9\mathrm{GPa}$,$E_2 = 5.85\mathrm{GPa}$,$\mu_{12} = 0.24$,$G_{12} = 2.45\mathrm{GPa}$,$G_{13} = G_{12}$,$G_{23} = 2.25\mathrm{GPa}$。复合材料的损耗因子如下:$\eta_{11} = 0.40\%$,$\eta_{22} = 1.50\%$,$\eta_{12} = 0$,$\eta_{66} = 2.00\%$。黏弹性材料参数如下:算例1的$E = 7.0\mathrm{MPa}$,算例2的$E = 50\mathrm{MPa}$,其他参数两个算例都一样,$\mu = 0.25$,损耗因子为$\eta_v = 0.30$。板的长和宽分别为0.2m和0.14m,厚度为2.8mm,其中黏弹性层的厚度为0.4mm。

### 1. 算例1

当黏弹性材料$E = 7.0\mathrm{MPa}$时,边界条件为四边固支,计算复合结构的损耗因子,见图4.2。从图中可以看出,在0°~50°之间,损耗因子随着纤维铺设角度增加而增加,在50°~90°之间随着纤维铺设角度增加而减小。

当纤维铺设角等于0°,50°,90°时的各应力分量对总应变能和阻尼的贡献,见图4.3~图4.5。从图中可以看出:

(1)黏弹性层的切应力对应变能的贡献最大,其次是面板的面内应力;

(2)面板的切应力和黏弹性层的面内应力对总的应变能的贡献都很小;

(3)虽然面板的面内应力对于总的应变能有一定的贡献,但对阻尼的贡献是很小的,这是因为相对于黏弹性层,复合材料的损耗因子是较小的;

(4)损耗因子随纤维铺设角度变化的主要原因是黏弹性层切应力对总应变能和

阻尼产生的贡献随纤维铺设角度发生明显变化。

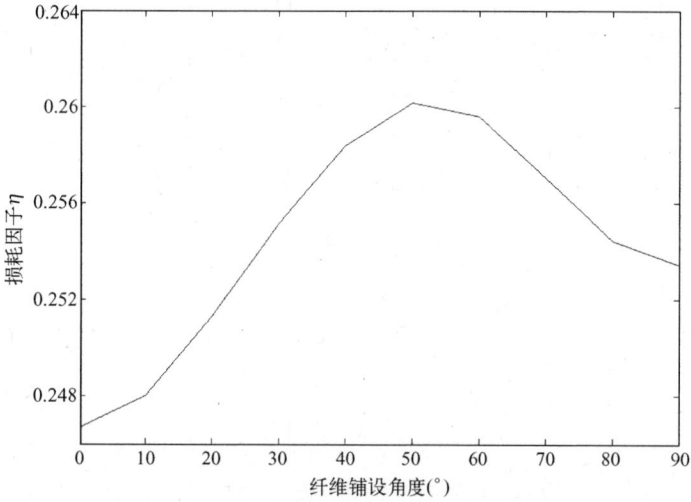

图 4.2　$E = 7.0\text{MPa}$ 时纤维铺设角度对结构损耗因子的影响

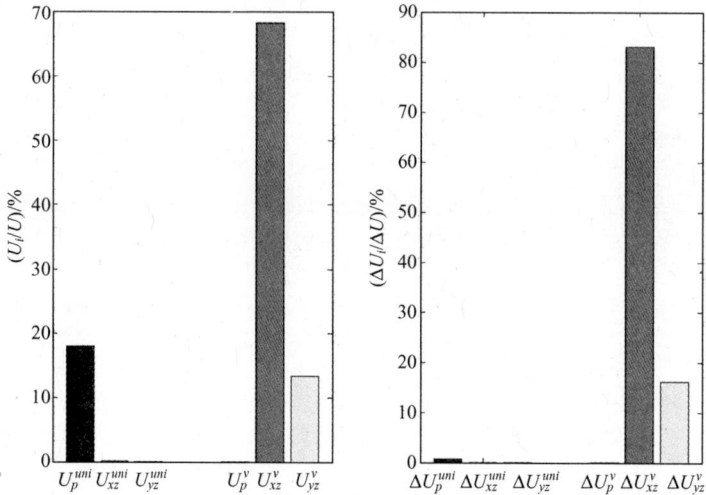

图 4.3　$E = 7.0\text{MPa}$ 时 0° 各应力分量对于总应变能和阻尼的贡献

## 2. 算例 2

当黏弹性材料 $E = 50\text{MPa}$ 时,边界条件仍为四边固支,计算复合结构的损耗因子,见图 4.6。从图中可以看出,在 0°~40° 之间,损耗因子随着纤维铺设角度增加而增加,在 40°~90° 之间随着纤维铺设角度增加而减小。

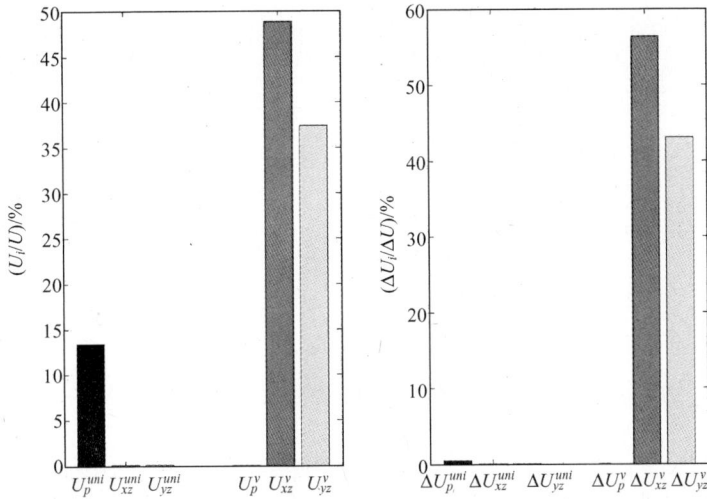

图 4.4 $E=7.0$ MPa 时 50° 各应力分量对于总应变能和阻尼的贡献

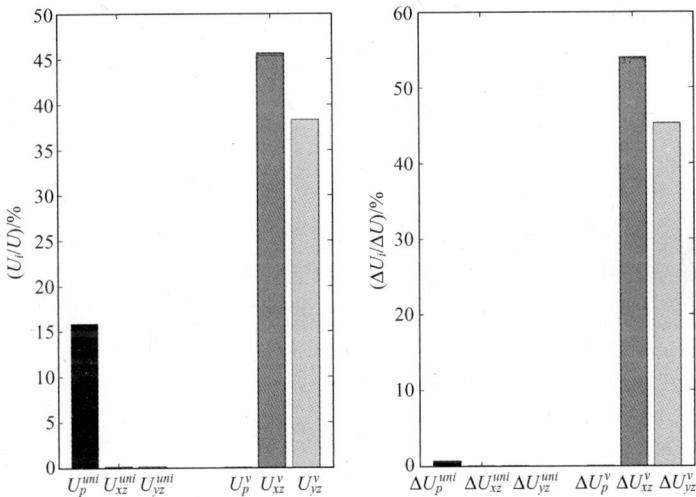

图 4.5 $E=7.0$ MPa 时 90° 各应力分量对于总应变能和阻尼的贡献

当纤维铺设角等于 0°,40°,90° 时候的各应力分量对于总应变能和阻尼的贡献,见图 4.7~图 4.9。同算例 1 的结果相比,从图中可以得出如下结论:

(1) 两个算例的面板面内应力和黏弹性层的切应力应变能均占主要地位,但后者面板的切应力对总的应变能贡献有所增加;

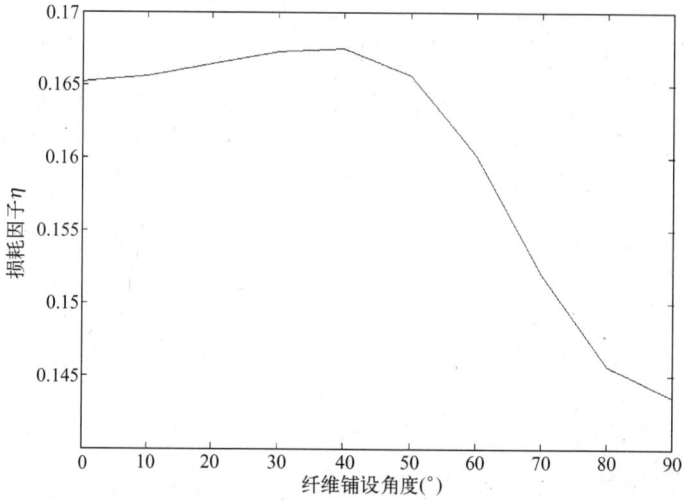

图 4.6　$E = 50\text{MPa}$ 时纤维铺设角度对结构损耗因子的影响

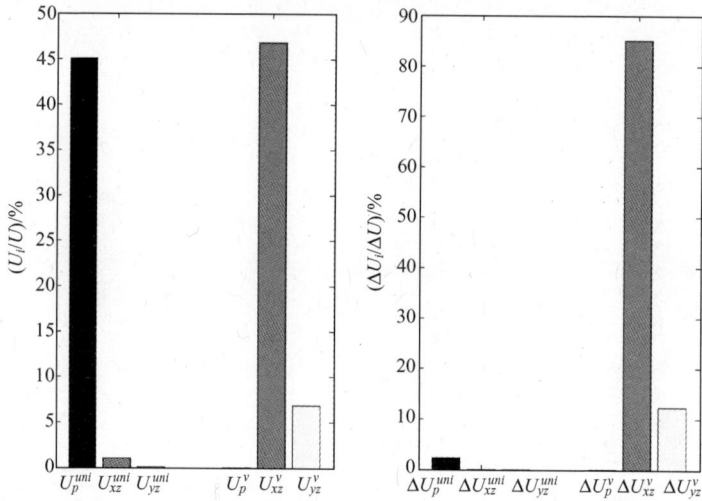

图 4.7　$E = 50\text{MPa}$ 时 0° 各应力分量对于总应变能和阻尼的贡献

（2）面板面内应力对阻尼的贡献均小于 5%，阻尼主要还是来源于黏弹性层的切应力；

（3）损耗因子随纤维铺设角度变化的主要原因是黏弹性层 $yz$ 方向的切应力对总的应变能和阻尼产生的贡献发生明显变化；

（4）当黏弹性层的弹性模量 $E$ 从 7.0MPa 增至 50MPa 时，面板的面内应力对总应变能的贡献明显增加，复合结构的阻尼性能也明显降低，这主要是因为黏弹性层的切应变减小,导致阻尼性能降低。

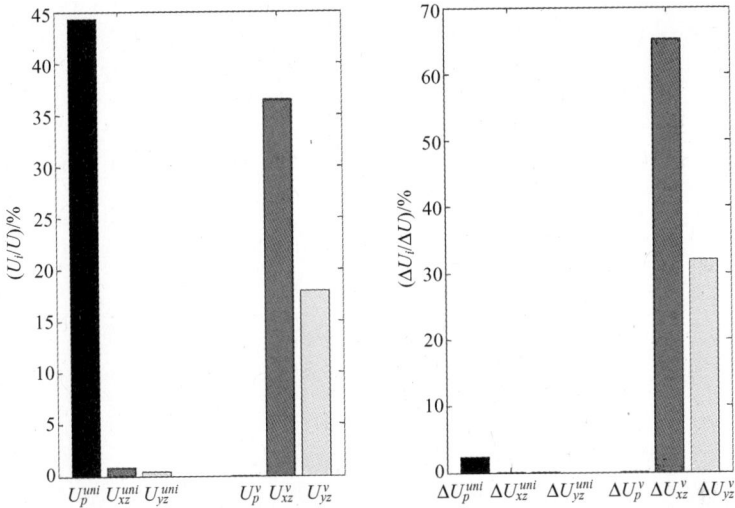

图 4.8　$E=50\mathrm{MPa}$ 时 40°各应力分量对于总应变能和阻尼的贡献

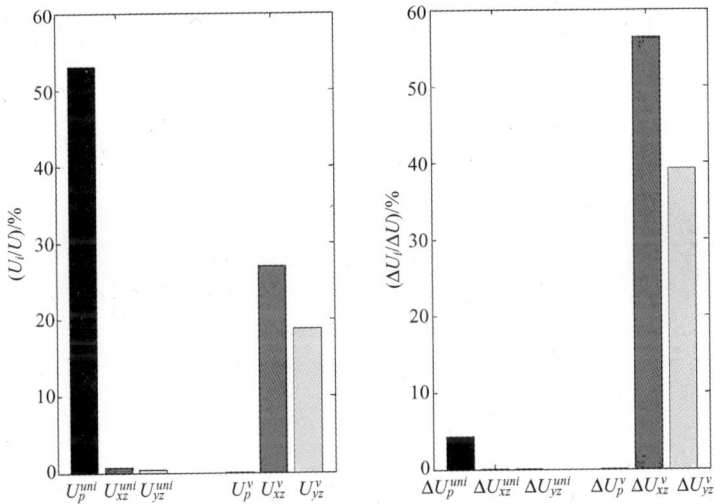

图 4.9　$E=50\mathrm{MPa}$ 时 90°各应力分量对于总应变能和阻尼的贡献

## 3. 算例 3

计算黏弹性材料 $E=7.0\mathrm{MPa}$、复合结构受均布载荷、四边固支时的应力。在复合结构的表层,其正应力取得最大值,见图 4.10~图 4.12。

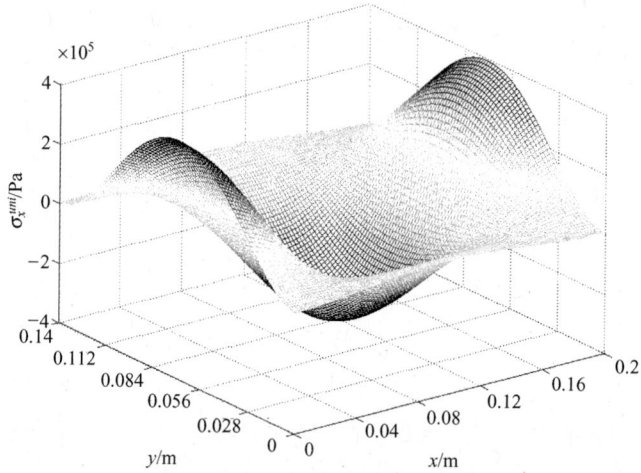

图 4.10　$E=7.0\mathrm{MPa}$、$\theta_k=0°$、$z=-h/2$ 时的正应力 $\sigma_x$

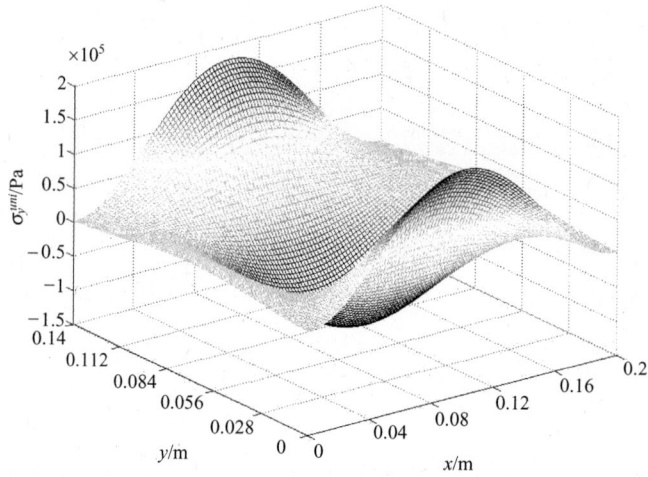

图 4.11　$E=7.0\mathrm{MPa}$、$\theta_k=0°$、$z=-h/2$ 时的正应力 $\sigma_y$

在复合材料与黏弹性阻尼材料的交界处,黏弹性层的面内应力取得最大值,见图 4.13~图 4.15。根据假设,交界处的横向切应力相等,见图 4.16 和图 4.17。

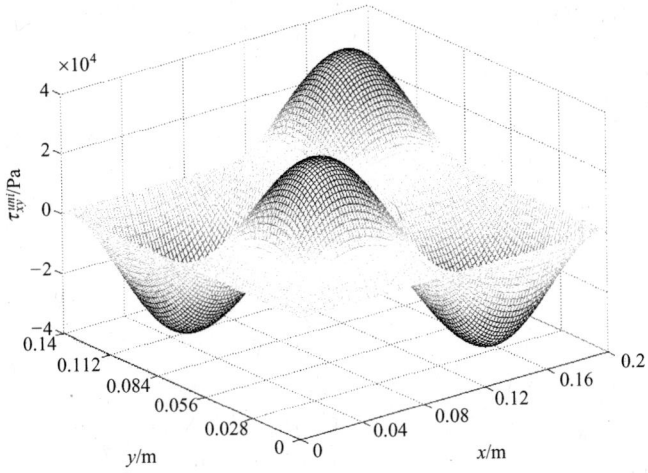

图 4.12　$E = 7.0\text{MPa}$、$\theta_k = 0°$、$z = -h/2$ 时的正应力 $\tau_{xy}$

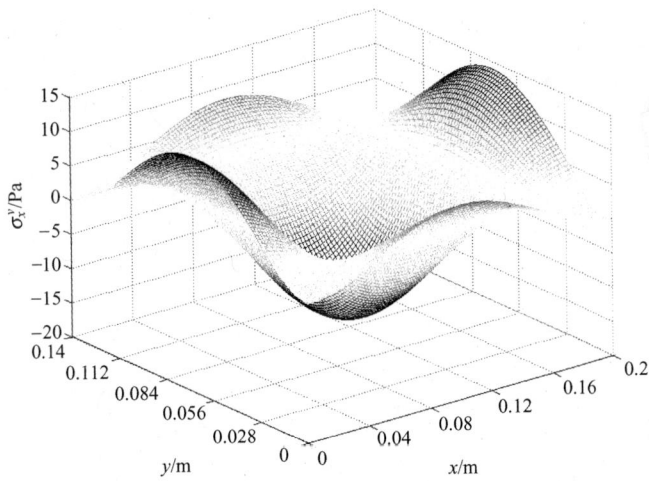

图 4.13　$E = 7.0\text{MPa}$、$\theta_k = 0°$、$z = -e_0/2$ 时的正应力 $\sigma_x$

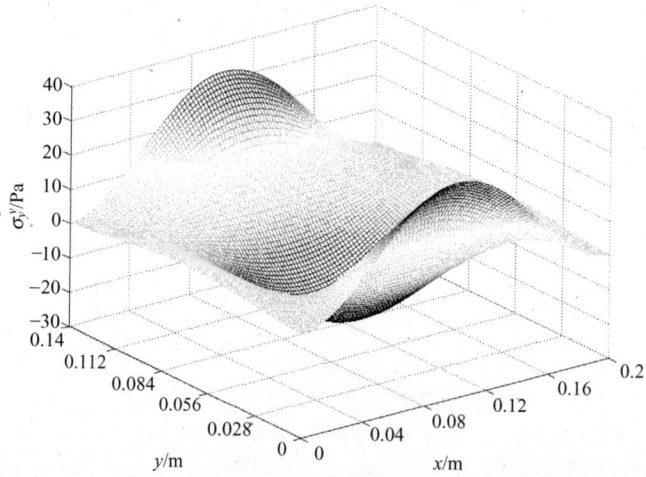

图 4.14　$E = 7.0$MPa、$\theta_k = 0°$、$z = -e_0/2$ 时的正应力 $\sigma_y$

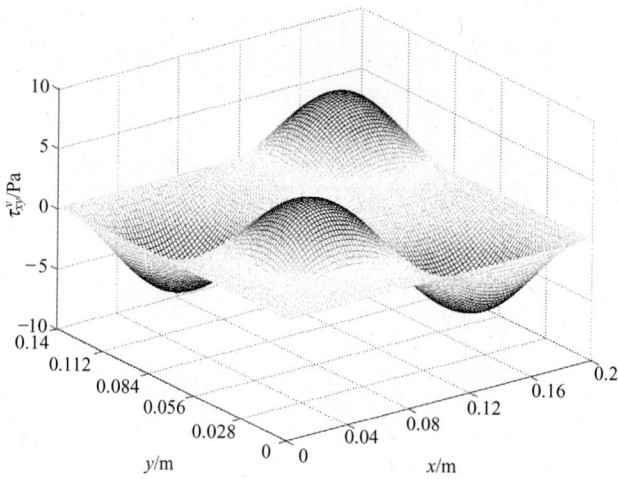

图 4.15　$E = 7.0$MPa、$\theta_k = 0°$、$z = -e_0/2$ 时的正应力 $\tau_{xy}$

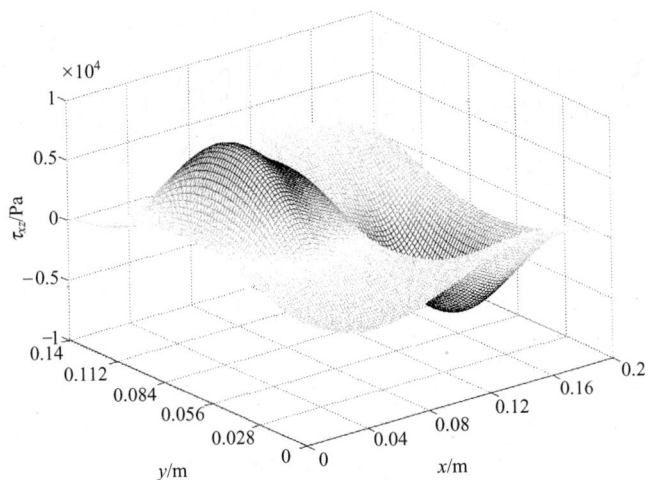

图 4.16  $E = 7.0\text{MPa}$、$\theta_k = 0°$、$z = -e_0/2$ 时的正应力 $\tau_{xz}$

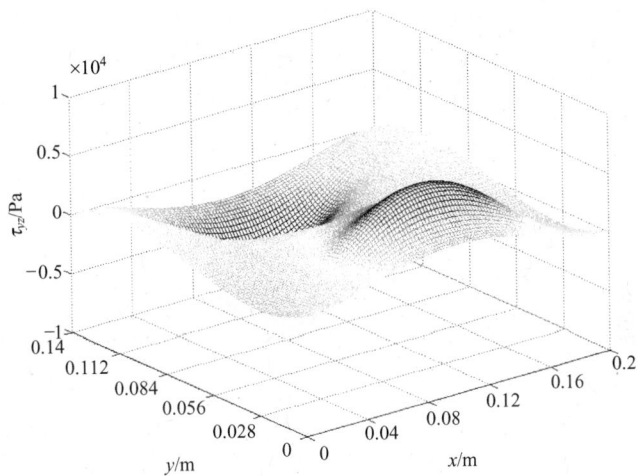

图 4.17  $E = 7.0\text{MPa}$、$\theta_k = 0°$、$z = -e_0/2$ 时的正应力 $\tau_{yz}$

# 4.8  结　　论

本章在小变形、线弹性理论的基础上,不考虑黏弹性阻尼材料的模量随温度和频率变化,建立总共三层的复合材料夹杂黏弹性阻尼材料结构的数学模型,在分析过程中考虑了面板切应力和黏弹性层面内应力。复合结构的损耗因子由损耗的能量与总应变能的比值来获得。

通过算例分析,得出如下结论:

(1)与各向同性材料为面板组成的黏弹性阻尼结构不同,本章讨论的复合结构中的复合材料面板纤维铺设角度对损耗因子和应变能具有明显影响,这主要是因为纤维铺设角度的变化,引起了黏弹性层剪切应力的显著变化。

(2)在复合材料层中,面内应变能占主要地位,但是其对复合结构阻尼的贡献很小。

(3)在黏弹性层中,其剪切应变能占主要地位,同时也是复合结构阻尼主要贡献者。

(4)黏弹性层的弹性模量对复合结构的应变能和损耗因子有着重要的影响。

# 参 考 文 献

[1] Reissner E. On bending of elastic plates[J]. Appl. Math. 1947, 5:54-69.

[2] Reissner E. The effect of transverse shear deformation on the bending of elastic plate[J]. J. Of Appl. Mech., 1945, 12:69-77.

[3] 杨加明,钟小丹,李明俊. 用Ritz法分析复合材料夹杂黏弹性阻尼材料的应变能[J]. 复合材料学报,2009,26(2):206-209.

[4] 张少实,庄茁. 复合材料与黏弹性力学[M]. 北京:机械工业出版社,2005.

[5] 徐芝纶. 弹性力学简明教程[M]. 北京:高等教育出版社,1980.

[6] 蔡四维. 复合材料结构力学[M]. 北京:人民交通出版社,1989.

[7] Ungar E E, Kerwin E M. Loss factors of viscoelastic systems in terms of energy concepts[J]. Journal of Acoustical Society of America,1962,34(2):954-958.

[8] Young D. Vibration of rectangular plates by the Ritz method[J]. J Appl. Mech., 1950,17:448-453.

# 第5章 层合板夹杂双层黏弹性阻尼材料应变能及阻尼性能的分析

马邦安[1]运用哈密尔顿原理分析了中间有三层线性黏弹性材料的五层各向同性黏弹性阻尼梁,其面板材料仍是各向同性材料。在其分析过程中,忽略了面板的剪切和阻尼,而芯层只考虑剪切效应。杨雪等[2]用有限元法对标准钢和阻尼材料制成的多层复合结构的阻尼性能进行了分析。

第4章讨论了单层板夹杂黏弹性阻尼材料的应变能及阻尼性能[3],本章讨论的是5层对称复合阻尼结构,面板(指第1层和第5层)和芯层(指第3层)都是模量比较大的复合材料。在分析过程中,与第4章类似,同时考虑了面板的剪切应力和黏弹性层的面内应力[4]。

## 5.1 基 本 假 设

考虑一块长为 $a$,宽为 $b$ 的五层复合阻尼结构,其几何尺寸和物理参数均对称于中面 $xoy$,如图5.1所示。芯层为广义正交各向异性层1,设其厚度为 $d_1$,材料主方向与 $x$ 轴的夹角为 $\theta_1$;紧贴芯层的为两层黏弹性各向同性阻尼层,其厚度均为 $e_0$;上下

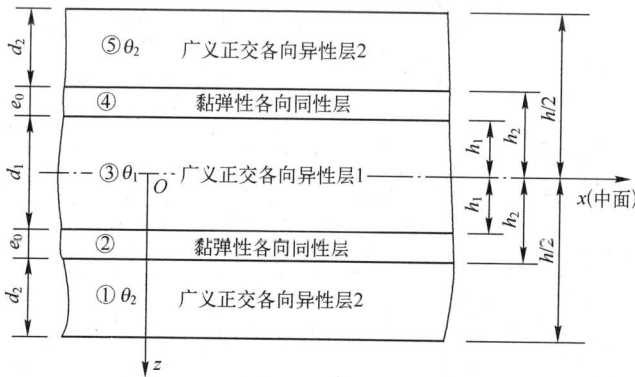

图5.1 复合材料夹杂双层黏弹性阻尼材料矩形对称结构

表面为广义正交各向异性层 2，设其厚度为 $d_2$，材料主方向与 $x$ 轴的夹角为 $\theta_2$。在分析时，采用的假设与第 4 章采用的假设相同。

## 5.2 面内应力及应变能

### 5.2.1 广义正交各向异性层的面内应变能[4]

广义正交各向异性层的面内应力见式(2.6)，若定义广义正交各向异性层 1 的面内应变能为 $U_p^{uni(1)}$；广义正交各向异性层 2 的面内应变能为 $U_p^{uni(2)}$，则面内应变能 $U_p^{uni}$ 为

$$U_p^{uni} = U_p^{uni(1)} + U_p^{uni(2)} \tag{5.1}$$

根据面内应变能的定义，广义正交异性层 1 的面内应变能为

$$U_p^{uni(1)} = 2 \int_{z=0}^{z=h_1} \int_{y=0}^{b} \int_{x=0}^{a} \left[ \frac{1}{2} (\sigma_x^{(1)} \varepsilon_x + \sigma_y^{(1)} \varepsilon_y + \tau_{xy}^{(1)} \gamma_{xy}) \right] dxdydz \tag{5.2}$$

由于面内的应力和应变均可用横向挠度 $w_0(x,y)$ 表示，详见式(2.5)和式(2.6)，把它们代入到上式中，可以得到

$$U_p^{uni(1)} = \frac{h_1^3}{3} \int_{y=0}^{b} \int_{x=0}^{a} \left[ \overline{Q}_{11}^{(1)} \left( \frac{\partial^2 w_0}{\partial x^2} \right)^2 + 2 \overline{Q}_{12}^{(1)} \frac{\partial^2 w_0}{\partial x^2} \frac{\partial^2 w_0}{\partial y^2} + 4 \overline{Q}_{16}^{(1)} \frac{\partial^2 w_0}{\partial x^2} \frac{\partial^2 w_0}{\partial x \partial y} \right.$$
$$\left. + 4 \overline{Q}_{26}^{(1)} \frac{\partial^2 w_0}{\partial x \partial y} \frac{\partial^2 w_0}{\partial y^2} + 4 \overline{Q}_{66}^{(1)} \left( \frac{\partial^2 w_0}{\partial x \partial y} \right)^2 + \overline{Q}_{22}^{(1)} \left( \frac{\partial^2 w_0}{\partial y^2} \right)^2 \right] dxdy \tag{5.3}$$

根据第 2 章中 Ritz 法中的相应公式，将上式进一步改写成：

$$U_p^{uni(1)} = \frac{h_1^3}{3\lambda a^2} \sum_{m=1}^{\infty} \sum_{n=1}^{\infty} \sum_{i=1}^{\infty} \sum_{j=1}^{\infty} A_{mn} A_{ij} F_p^{uni(1)}(\theta_1) \tag{5.4}$$

其中

$$F_p^{uni(k)}(\theta_k) = \overline{Q}_{11}^{(k)} C_{minj}^{2200} + 2\lambda^2 \overline{Q}_{12}^{(k)} C_{minj}^{2002} + 4\lambda \overline{Q}_{16}^{(k)} C_{minj}^{2101}$$
$$+ 4\lambda^3 \overline{Q}_{26}^{(k)} C_{minj}^{1012} + 4\lambda^2 \overline{Q}_{66}^{(k)} C_{minj}^{1111} + \lambda^4 \overline{Q}_{22}^{(k)} C_{minj}^{0022} \qquad k = 1,2 \tag{5.5}$$

同理，广义正交各向异性层 2 的面内应变能为

$$U_p^{uni(2)} = 2 \int_{z=h_2}^{z=h/2} \int_{y=0}^{b} \int_{x=0}^{a} \left[ \frac{1}{2} (\sigma_x^{(2)} \varepsilon_x + \sigma_y^{(2)} \varepsilon_y + \tau_{xy}^{(2)} \gamma_{xy}) \right] dxdydz$$

$$= \frac{h^3 - 8h_2^3}{24} \int_{y=0}^{b} \int_{x=0}^{a} \left[ \overline{Q}_{11}^{(2)} \left( \frac{\partial^2 w_0}{\partial x^2} \right)^2 + 2 \overline{Q}_{12}^{(2)} \frac{\partial^2 w_0}{\partial x^2} \frac{\partial^2 w_0}{\partial y^2} + 4 \overline{Q}_{16}^{(2)} \frac{\partial^2 w_0}{\partial x^2} \frac{\partial^2 w_0}{\partial x \partial y} \right.$$

$$+ 4\, \overline{Q}_{26}^{(2)} \frac{\partial^2 w_0}{\partial x \partial y} \frac{\partial^2 w_0}{\partial y^2} + 4\, \overline{Q}_{66}^{(2)} \left( \frac{\partial^2 w_0}{\partial x \partial y} \right)^2 + \overline{Q}_{22}^{(2)} \left( \frac{\partial^2 w_0}{\partial y^2} \right)^2 \Bigg] \mathrm{d}x\mathrm{d}y \tag{5.6}$$

同理,根据 Ritz 法,将式(5.6)进一步改写成:

$$U_p^{uni(2)} = \frac{h^3 - 8h_2^3}{24\lambda a^2} \sum_{m=1}^{\infty} \sum_{n=1}^{\infty} \sum_{i=1}^{\infty} \sum_{j=1}^{\infty} A_{mn} A_{ij} F_p^{uni(2)}(\theta_2) \tag{5.7}$$

其中,$F_p^{uni(2)}(\theta_2)$ 参见式(5.5)。

把式(5.4)和式(5.7)代入到式(5.1)中,得到总的广义正交各向异性层的面内应变能:

$$U_p^{uni} = \sum_{m=1}^{\infty} \sum_{n=1}^{\infty} \sum_{i=1}^{\infty} \sum_{j=1}^{\infty} A_{mn} A_{ij} F_p^{uni} \tag{5.8}$$

其中,

$$F_p^{uni} = \frac{h_1^3}{3\lambda a^2} F_p^{uni(1)}(\theta_1) + \frac{h^3 - 8h_2^3}{24\lambda a^2} F_p^{uni(2)}(\theta_2) \tag{5.9}$$

### 5.2.2 黏弹性层的面内应变能

黏弹性层的面内应力详见式(4.10),黏弹性层的面内应变能为

$$U_p^v = 2 \int_{z=h_1}^{z=h_2} \int_{y=0}^{b} \int_{x=0}^{a} \left[ \frac{1}{2} (\sigma_x \varepsilon_x + \sigma_y \varepsilon_y + \tau_{xy} \gamma_{xy}) \right] \mathrm{d}x\mathrm{d}y\mathrm{d}z$$

$$= \frac{h_2^3 - h_1^3}{3} \int_{x=0}^{a} \int_{y=0}^{b} \left[ Q_{11}^v \left( \frac{\partial^2 w_0}{\partial x^2} \right)^2 \right.$$

$$\left. + 2Q_{12}^v \frac{\partial^2 w_0}{\partial x^2} \frac{\partial^2 w_0}{\partial y^2} + 4Q_{66}^v \left( \frac{\partial^2 w_0}{\partial x \partial y} \right)^2 + Q_{22}^v \left( \frac{\partial^2 w_0}{\partial y^2} \right)^2 \right] \mathrm{d}x\mathrm{d}y \tag{5.10}$$

同理,上式改写成:

$$U_p^v = k_p^v \sum_{m=1}^{\infty} \sum_{n=1}^{\infty} \sum_{i=1}^{\infty} \sum_{j=1}^{\infty} A_{mn} A_{ij} F_p^v \tag{5.11}$$

其中,$k_p^v = \dfrac{h_2^3 - h_1^3}{3\lambda a^2}$,$F_p^v$ 参见式(4.14)。

## 5.3 利用平衡方程求横向切应力

与第 4 章的复合材料夹杂黏弹性材料的 3 层复合结构相类似,由于不存在面内载荷,仍采用空间平衡微分方程来求解横向切应力。平衡方程具体见式(4.15)和式(4.16)。

### 5.3.1　$xz$ 方向的切应力

为了求出切应力的大小,必须使用切应力的边界条件和层间连续条件。上下表面的切应力为零;上下表面层 2 与黏弹性层之间的切应力应该连续;中面上的广义正交各向异性层 1 与黏弹性层之间的切应力应该连续。数学表达式为

$$\tau_{xz}^{(2)}\big|_{z=\pm h/2}=0 \tag{5.12}$$

$$\tau_{xz}^{(2)}\big|_{z=\pm h_2}=\tau_{xz}^{v}\big|_{z=\pm h_2} \tag{5.13}$$

$$\tau_{xz}^{v}\big|_{z=\pm h_1}=\tau_{xz}^{(1)}\big|_{z=\pm h_1} \tag{5.14}$$

其中,$\tau_{xz}^{(2)}$ 中的上标(2)表示广义正交各向异性层 2,其他类推。

切应力的求解过程与第 4 章类似,将式(4.20)代入式(5.12)中,得到系数

$$C^{(2)}=-\frac{h^2}{8}A_{xz}^{(2)}(x,y) \tag{5.15}$$

再将系数 $C^{(2)}$ 代回式(4.20)中,得到上下表面正交异性层 2 的切应力

$$\tau_{xz}^{(2)}=\frac{1}{2}A_{xz}^{(2)}(x,y)\left(z^2-\frac{h^2}{4}\right) \qquad h_2\leqslant|z|\leqslant h/2 \tag{5.16}$$

将式(5.16)和式(4.21)代入式(5.13)中,得到系数:

$$C^{v}=-\frac{1}{2}A_{xz}^{(2)}(x,y)\left(\frac{h^2}{4}-h_2^2\right)-\frac{1}{2}A_{xz}^{v}(x,y)h_2^2 \tag{5.17}$$

再将系数 $C^{v}$ 代回式(4.21)中,得到两黏弹性层的横向切应力:

$$\tau_{xz}^{v}=\frac{1}{2}A_{xz}^{v}(x,y)(z^2-h_2^2)-\frac{1}{2}A_{xz}^{(2)}(x,y)\left(\frac{h^2}{4}-h_2^2\right) \qquad h_1\leqslant|z|\leqslant h_2 \tag{5.18}$$

将式(5.18)和式(4.20)代入式(5.14)中,得到系数:

$$C^{(1)}=-\frac{1}{2}A_{xz}^{v}(x,y)(h_2^2-h_1^2)-\frac{1}{2}A_{xz}^{(2)}(x,y)\left(\frac{h^2}{4}-h_2^2\right)-\frac{1}{2}A_{xz}^{(1)}(x,y)h_1^2 \tag{5.19}$$

再将系数 $C^{(1)}$ 代回式(4.20)中,得到广义正交异性层 1 的切应力:

$$\tau_{xz}^{(1)}=\frac{1}{2}A_{xz}^{(1)}(x,y)(z^2-h_1^2)-\frac{1}{2}A_{xz}^{v}(x,y)(h_2^2-h_1^2)-\frac{1}{2}A_{xz}^{(2)}(x,y)\left(\frac{h^2}{4}-h_2^2\right) \qquad |z|\leqslant h_1$$
$$\tag{5.20}$$

其中,$A_{xz}^{(k)}(x,y)$ 参见式(4.19),$A_{xz}^{v}(x,y)$ 参见式(4.22)。

### 5.3.2　$yz$ 方向的切应力

推导过程同 $xz$ 方向的切应力相类似,把坐标 $x\rightarrow y$,$y\rightarrow x$,把折算刚度的下标 1→2,2→1,得到:

68

$$\tau_{yz}^{(1)} = \frac{1}{2}A_{yz}^{(1)}(x,y)(z^2-h_1^2) - \frac{1}{2}A_{yz}^{v}(x,y)(h_2^2-h_1^2) - \frac{1}{2}A_{yz}^{(2)}(x,y)\left(\frac{h^2}{4}-h_2^2\right) \qquad |z| \leqslant h_1$$

$$\tag{5.21}$$

$$\tau_{yz}^{(2)} = \frac{1}{2}A_{yz}^{(2)}(x,y)\left(z^2-\frac{h^2}{4}\right) \quad h_2 \leqslant |z| \leqslant h/2 \tag{5.22}$$

$$\tau_{yz}^{v} = \frac{1}{2}A_{yz}^{v}(x,y)(z^2-h_2^2) - \frac{1}{2}A_{yz}^{(2)}(x,y)\left(\frac{h^2}{4}-h_2^2\right) \quad h_1 \leqslant |z| \leqslant h_2 \tag{5.23}$$

其中，$A_{yz}^{(k)}(x,y)$ 参见式(4.29)，$A_{yz}^{v}(x,y)$ 参见式(4.30)。

# 5.4  切应力应变能

## 5.4.1  $xz$ 方向切应力应变能

**1. 广义正交各向异性层 2 在 $xz$ 方向的切应力应变能**

对于线弹性体，广义正交各向异性层 2 在 $xz$ 方向的切应力应变能密度为

$$u_{xz}^{uni(2)} = \frac{1}{2}\tau_{xz}^{(2)}\gamma_{xz}^{(2)} = \frac{1}{2}\tau_{xz}^{(2)}(S_{45}^{(2)}\tau_{yz}^{(2)}+S_{55}^{(2)}\tau_{xz}^{(2)}) = \frac{1}{2}S_{55}^{(2)}(\tau_{xz}^{(2)})^2 + \frac{1}{2}S_{45}^{(2)}\tau_{xz}^{(2)}\tau_{yz}^{(2)}$$

$$\tag{5.24}$$

则面板总的 $xz$ 方向的切应力应变能为

$$U_{xz}^{uni(2)} = 2\int_{z=h_2}^{h/2}\int_{y=0}^{b}\int_{x=0}^{a}u_{xz}^{uni(2)}\,\mathrm{d}x\mathrm{d}y\mathrm{d}z = U_{xz1}^{uni(2)} + U_{xz2}^{uni(2)} \tag{5.25}$$

其中

$$U_{xz1}^{uni(2)} = \int_{z=h_2}^{h/2}\int_{y=0}^{b}\int_{x=0}^{a}S_{55}^{(2)}(\tau_{xz}^{(2)})^2\mathrm{d}x\mathrm{d}y\mathrm{d}z \tag{5.26}$$

$$U_{xz2}^{uni(2)} = \int_{z=h_2}^{h/2}\int_{y=0}^{b}\int_{x=0}^{a}S_{45}^{(2)}\tau_{xz}^{(2)}\tau_{yz}^{(2)}\mathrm{d}x\mathrm{d}y\mathrm{d}z \tag{5.27}$$

将式(5.16)和式(5.22)代入上两式中，得到

$$U_{xz1}^{uni(2)} = \frac{S_{55}^{(2)}}{4}\left(\frac{h^5}{60}-\frac{h_2^5}{5}+\frac{h^2h_2^3}{6}-\frac{h^4h_2}{16}\right)\int_{y=0}^{b}\int_{x=0}^{a}[A_{xz}^{(2)}(x,y)]^2\mathrm{d}x\mathrm{d}y \tag{5.28}$$

$$U_{xz2}^{uni(2)} = \frac{S_{45}^{(2)}}{4}\left(\frac{h^5}{60}-\frac{h_2^5}{5}+\frac{h^2h_2^3}{6}-\frac{h^4h_2}{16}\right)\int_{y=0}^{b}\int_{x=0}^{a}A_{xz}^{(2)}(x,y)A_{yz}^{(2)}(x,y)\mathrm{d}x\mathrm{d}y$$

$$\tag{5.29}$$

根据 Ritz 法，将上两式进一步改写成

$$U_{xz1}^{uni(2)} = k_{xz1}^{(2)} \sum_{m=1}^{\infty} \sum_{n=1}^{\infty} \sum_{i=1}^{\infty} \sum_{j=1}^{\infty} A_{mn} A_{ij} F_{xz1}^{uni(2)} \tag{5.30}$$

$$U_{xz2}^{uni(2)} = k_{xz2}^{(2)} \sum_{m=1}^{\infty} \sum_{n=1}^{\infty} \sum_{i=1}^{\infty} \sum_{j=1}^{\infty} A_{mn} A_{ij} F_{xz2}^{uni(2)} \tag{5.31}$$

其中

$$k_{xz1}^{(2)} = \frac{S_{55}^{(2)}}{4\lambda a^4} \left( \frac{h^5}{60} - \frac{h_2^5}{5} + \frac{h^2 h_2^3}{6} - \frac{h^4 h_2}{16} \right) \tag{5.32}$$

$$k_{xz2}^{(2)} = \frac{S_{45}^{(2)}}{4\lambda a^4} \left( \frac{h^5}{60} - \frac{h_2^5}{5} + \frac{h^2 h_2^3}{6} - \frac{h^4 h_2}{16} \right) \tag{5.33}$$

$$\begin{aligned}
F_{xz1}^{uni(2)} &= (\overline{Q}_{11}^{(2)})^2 C_{minj}^{3300} + \lambda^4 (\overline{Q}_{12}^{(2)} + 2\overline{Q}_{66}^{(2)})^2 C_{minj}^{1122} + 9\lambda^2 (\overline{Q}_{16}^{(2)})^2 C_{minj}^{2211} + \lambda^6 (\overline{Q}_{26}^{(2)})^2 C_{minj}^{0033} \\
&+ 2\lambda^2 \overline{Q}_{11}^{(2)} (\overline{Q}_{12}^{(2)} + 2\overline{Q}_{66}^{(2)}) C_{minj}^{3102} + 6\lambda \overline{Q}_{11}^{(2)} \overline{Q}_{16}^{(2)} C_{minj}^{3201} + 6\lambda^3 \overline{Q}_{16}^{(2)} (\overline{Q}_{12}^{(2)} + 2\overline{Q}_{66}^{(2)}) C_{minj}^{1221} \\
&+ 2\lambda^3 \overline{Q}_{11}^{(2)} \overline{Q}_{26}^{(2)} C_{minj}^{3003} + 2\lambda^5 \overline{Q}_{26}^{(2)} (\overline{Q}_{12}^{(2)} + 2\overline{Q}_{66}^{(2)}) C_{minj}^{1023} + 6\lambda^4 \overline{Q}_{16}^{(2)} \overline{Q}_{26}^{(2)} C_{minj}^{2013}
\end{aligned} \tag{5.34}$$

$$\begin{aligned}
F_{xz2}^{uni(2)} &= \overline{Q}_{11}^{(2)} \overline{Q}_{16}^{(2)} C_{minj}^{3300} + 3\lambda^4 \overline{Q}_{26}^{(2)} (\overline{Q}_{12}^{(2)} + 2\overline{Q}_{66}^{(2)}) C_{minj}^{1122} + 3\lambda^2 \overline{Q}_{16}^{(2)} (\overline{Q}_{12}^{(2)} + 2\overline{Q}_{66}^{(2)}) C_{minj}^{2211} \\
&+ \lambda^6 \overline{Q}_{22}^{(2)} \overline{Q}_{26}^{(2)} C_{minj}^{0033} + \lambda^2 [3\overline{Q}_{11}^{(2)} \overline{Q}_{26}^{(2)} + \overline{Q}_{16}^{(2)} (\overline{Q}_{12}^{(2)} + 2\overline{Q}_{66}^{(2)})] C_{minj}^{3102} \\
&+ \lambda [\overline{Q}_{11}^{(2)} (\overline{Q}_{12}^{(2)} + 2\overline{Q}_{66}^{(2)}) + 3(\overline{Q}_{16}^{(2)})^2] C_{minj}^{3201} + \lambda^3 (\overline{Q}_{22}^{(2)} \overline{Q}_{11}^{(2)} + \overline{Q}_{16}^{(2)} \overline{Q}_{26}^{(2)}) C_{minj}^{3003} \\
&+ \lambda^3 [9\overline{Q}_{16}^{(2)} \overline{Q}_{26}^{(2)} + (\overline{Q}_{12}^{(2)} + 2\overline{Q}_{66}^{(2)})^2] C_{minj}^{1221} + \lambda^5 [\overline{Q}_{22}^{(2)} (\overline{Q}_{12}^{(2)} + 2\overline{Q}_{66}^{(2)}) \\
&+ 3(\overline{Q}_{26}^{(2)})^2] C_{minj}^{1023} + \lambda^4 [3\overline{Q}_{22}^{(2)} \overline{Q}_{16}^{(2)} + \overline{Q}_{26}^{(2)} (\overline{Q}_{12}^{(2)} + 2\overline{Q}_{66}^{(2)})] C_{minj}^{2013}
\end{aligned} \tag{5.35}$$

广义正交各向异性层 2 在 $xz$ 方向总的切应力应变能为

$$U_{xz}^{uni(2)} = \sum_{m=1}^{\infty} \sum_{n=1}^{\infty} \sum_{i=1}^{\infty} \sum_{j=1}^{\infty} A_{mn} A_{ij} F_{xz}^{uni(2)} \tag{5.36}$$

其中，

$$F_{xz}^{uni(2)} = k_{xz1}^{(2)} F_{xz1}^{uni(2)} + k_{xz2}^{(2)} F_{xz2}^{uni(2)} \tag{5.37}$$

## 2. 广义正交各向异性层 1 在 $xz$ 方向的切应力应变能

广义正交各向异性层 1 在 $xz$ 方向的切应力应变能密度为

$$u_{xz}^{uni(1)} = \frac{1}{2} \tau_{xz}^{(1)} \gamma_{xz}^{(1)} = \frac{1}{2} \tau_{xz}^{(1)} (S_{45}^{(1)} \tau_{yz}^{(1)} + S_{55}^{(1)} \tau_{xz}^{(1)}) = \frac{1}{2} S_{55}^{(1)} (\tau_{xz}^{(1)})^2 + \frac{1}{2} S_{45}^{(1)} \tau_{xz}^{(1)} \tau_{yz}^{(1)} \tag{5.38}$$

则芯层总的 $xz$ 方向的切应力应变能为

$$U_{xz}^{uni(1)} = 2 \int_{z=0}^{h_1} \int_{y=0}^{b} \int_{x=0}^{a} u_{xz}^{uni(1)} \mathrm{d}x\mathrm{d}y\mathrm{d}z = U_{xz1}^{uni(1)} + U_{xz2}^{uni(1)} \tag{5.39}$$

其中

$$U_{xz1}^{uni(1)} = \int_{z=0}^{h_1} \int_{y=0}^{b} \int_{x=0}^{a} [S_{55}^{(1)} (\tau_{xz}^{(1)})^2] \mathrm{d}x\mathrm{d}y\mathrm{d}z \tag{5.40}$$

70

$$U_{xz2}^{uni(1)} = \int_{z=0}^{h_1} \int_{y=0}^{b} \int_{x=0}^{a} (S_{45}^{(1)} \tau_{xz}^{(1)} \tau_{yz}^{(1)}) \mathrm{d}x\mathrm{d}y\mathrm{d}z \qquad (5.41)$$

1）广义正交异性层 1 在 $xz$ 方向的第一部分切应力应变能

由式(5.20)得到：

$$(\tau_{xz}^{(1)})^2 = \frac{1}{4}[A_{xz}^{(1)}(x,y)]^2(z^4-2h_1^2z^2+h_1^4) + \frac{1}{4}[A_{xz}^{v}(x,y)]^2(h_2^2-h_1^2)^2$$

$$+ \frac{1}{4}[A_{xz}^{(2)}(x,y)]^2\left(\frac{h^2}{4}-h_2^2\right)^2 + \frac{1}{2}A_{xz}^{(1)}(x,y)A_{xz}^{v}(x,y)(z^2-h_1^2)(h_2^2-h_1^2)$$

$$+ \frac{1}{2}A_{xz}^{(2)}(x,y)A_{xz}^{v}(x,y)(h_2^2-h_1^2)\left(\frac{h^2}{4}-h_2^2\right)$$

$$- \frac{1}{2}A_{xz}^{(1)}(x,y)A_{xz}^{(2)}(x,y)(z^2-h_1^2)\left(\frac{h^2}{4}-h_2^2\right) \qquad (5.42)$$

将式(5.42)代入式(5.40)，可得到

$$U_{xz1}^{uni(1)} = U_{xz11}^{uni(1)} + U_{xz12}^{uni(1)} + U_{xz13}^{uni(1)} + U_{xz14}^{uni(1)} + U_{xz15}^{uni(1)} + U_{xz16}^{uni(1)} \qquad (5.43)$$

其中

$$U_{xz11}^{uni(1)} = \frac{S_{55}^{(1)}}{4} \int_{z=0}^{h_1} \int_{y=0}^{b} \int_{x=0}^{a} [A_{xz}^{(1)}(x,y)]^2(z^4 - 2h_1^2z^2 + h_1^4) \mathrm{d}x\mathrm{d}y\mathrm{d}z$$

$$= k_{xz11}^{(1)} \sum_{m=1}^{\infty} \sum_{n=1}^{\infty} \sum_{i=1}^{\infty} \sum_{j=1}^{\infty} A_{mn}A_{ij}F_{xz11}^{uni(1)} \qquad (5.44)$$

$$U_{xz12}^{uni(1)} = \frac{S_{55}^{(1)}}{4} \int_{z=0}^{h_1} \int_{y=0}^{b} \int_{x=0}^{a} [A_{xz}^{v}(x,y)]^2(h_2^2 - h_1^2)^2 \mathrm{d}x\mathrm{d}y\mathrm{d}z$$

$$= k_{xz12}^{(1)} \sum_{m=1}^{\infty} \sum_{n=1}^{\infty} \sum_{i=1}^{\infty} \sum_{j=1}^{\infty} A_{mn}A_{ij}F_{xz12}^{uni(1)} \qquad (5.45)$$

$$U_{xz13}^{uni(1)} = \frac{S_{55}^{(1)}}{4} \int_{z=0}^{h_1} \int_{y=0}^{b} \int_{x=0}^{a} [A_{xz}^{(2)}(x,y)]^2\left(\frac{h^2}{4} - h_2^2\right)^2 \mathrm{d}x\mathrm{d}y\mathrm{d}z$$

$$= k_{xz13}^{(1)} \sum_{m=1}^{\infty} \sum_{n=1}^{\infty} \sum_{i=1}^{\infty} \sum_{j=1}^{\infty} A_{mn}A_{ij}F_{xz13}^{uni(1)} \qquad (5.46)$$

$$U_{xz14}^{uni(1)} = -\frac{S_{55}^{(1)}}{2} \int_{z=0}^{h_1} \int_{y=0}^{b} \int_{x=0}^{a} A_{xz}^{(1)}(x,y)A_{xz}^{v}(x,y)(z^2 - h_1^2)(h_2^2 - h_1^2) \mathrm{d}x\mathrm{d}y\mathrm{d}z$$

$$= k_{xz14}^{(1)} \sum_{m=1}^{\infty} \sum_{n=1}^{\infty} \sum_{i=1}^{\infty} \sum_{j=1}^{\infty} A_{mn}A_{ij}F_{xz14}^{uni(1)} \qquad (5.47)$$

$$U_{xz15}^{uni(1)} = \frac{S_{55}^{(1)}}{2} \int_{z=0}^{h_1} \int_{y=0}^{b} \int_{x=0}^{a} A_{xz}^{(2)}(x,y)A_{xz}^{v}(x,y)(h_2^2 - h_1^2)\left(\frac{h^2}{4} - h_2^2\right) \mathrm{d}x\mathrm{d}y\mathrm{d}z$$

$$= k_{xz15}^{(1)} \sum_{m=1}^{\infty} \sum_{n=1}^{\infty} \sum_{i=1}^{\infty} \sum_{j=1}^{\infty} A_{mn} A_{ij} F_{xz15}^{uni(1)} \tag{5.48}$$

$$U_{xz16}^{uni(1)} = -\frac{S_{55}^{(1)}}{2} \int_{z=0}^{h_1} \int_{y=0}^{b} \int_{x=0}^{a} A_{xz}^{(1)}(x,y) A_{xz}^{(2)}(x,y)(z^2 - h_1^2)\left(\frac{h^2}{4} - h_2^2\right) \mathrm{d}x\mathrm{d}y\mathrm{d}z$$

$$= k_{xz16}^{(1)} \sum_{m=1}^{\infty} \sum_{n=1}^{\infty} \sum_{i=1}^{\infty} \sum_{j=1}^{\infty} A_{mn} A_{ij} F_{xz16}^{uni(1)} \tag{5.49}$$

$$k_{xz11}^{(1)} = \frac{2S_{55}^{(1)} h_1^5}{15\lambda a^4}, k_{xz12}^{(1)} = \frac{S_{55}^{(1)} h_1 (h_2^2 - h_1^2)^2}{4\lambda a^4},$$

$$k_{xz13}^{(1)} = \frac{S_{55}^{(1)} h_1}{4\lambda a^4}\left(\frac{h^2}{4} - h_2^2\right)^2, k_{xz14}^{(1)} = \frac{S_{55}^{(1)} h_1^3}{3\lambda a^4}(h_2^2 - h_1^2),$$

$$k_{xz15}^{(1)} = \frac{S_{55}^{(1)} h_1}{2\lambda a^4}(h_2^2 - h_1^2)\left(\frac{h^2}{4} - h_2^2\right), k_{xz16}^{(1)} = \frac{S_{55}^{(1)} h_1^3}{3\lambda a^4}\left(\frac{h^2}{4} - h_2^2\right) \tag{5.50}$$

$$F_{xz11}^{uni(1)} = (\overline{Q}_{11}^{(1)})^2 C_{minj}^{3300} + \lambda^4 (\overline{Q}_{12}^{(1)} + 2Q_{66}^{(1)})^2 C_{minj}^{1122} + 9\lambda^2 (\overline{Q}_{16}^{(1)})^2 C_{minj}^{2211} + \lambda^6 (\overline{Q}_{26}^{(1)})^2 C_{minj}^{0033}$$

$$+ 2\lambda^2 \overline{Q}_{11}^{(1)}(\overline{Q}_{12}^{(1)} + 2\overline{Q}_{66}^{(1)}) C_{minj}^{3102} + 6\lambda \overline{Q}_{11}^{(1)} \overline{Q}_{16}^{(1)} C_{minj}^{3201} + 2\lambda^3 \overline{Q}_{11}^{(1)} \overline{Q}_{26}^{(1)} C_{minj}^{3003}$$

$$+ 6\lambda^3 \overline{Q}_{16}^{(1)}(\overline{Q}_{12}^{(1)} + 2\overline{Q}_{66}^{(1)}) C_{minj}^{1221} + 2\lambda^5 \overline{Q}_{26}^{(1)}(\overline{Q}_{12}^{(1)} + 2\overline{Q}_{66}^{(1)}) C_{minj}^{1023} + 6\lambda^4 \overline{Q}_{16}^{(1)} \overline{Q}_{26}^{(1)} C_{minj}^{2013}$$

$$\tag{5.51}$$

$$F_{xz12}^{uni(1)} = (Q_{11}^{v})^2 C_{minj}^{3300} + \lambda^4 (Q_{12}^{v} + 2Q_{66}^{v})^2 C_{minj}^{1122} + 2\lambda^2 Q_{11}^{v}(Q_{12}^{v} + 2Q_{66}^{v}) C_{minj}^{3102} \tag{5.52}$$

$$F_{xz13}^{uni(1)} = F_{xz1}^{uni(2)} = (\overline{Q}_{11}^{(2)})^2 C_{minj}^{3300} + \lambda^4 (\overline{Q}_{12}^{(2)} + 2\overline{Q}_{66}^{(2)})^2 C_{minj}^{1122} + 9\lambda^2 (\overline{Q}_{16}^{(2)})^2 C_{minj}^{2211}$$

$$+ \lambda^6 (\overline{Q}_{26}^{(2)})^2 C_{minj}^{0033} + 2\lambda^2 \overline{Q}_{11}^{(2)}(\overline{Q}_{12}^{(2)} + 2\overline{Q}_{66}^{(2)}) C_{minj}^{3102} + 6\lambda \overline{Q}_{11}^{(2)} \overline{Q}_{16}^{(2)} C_{minj}^{3201}$$

$$+ 6\lambda^3 \overline{Q}_{16}^{(2)}(\overline{Q}_{12}^{(2)} + 2\overline{Q}_{66}^{(2)}) C_{minj}^{1221} + 2\lambda^5 \overline{Q}_{26}^{(2)}(\overline{Q}_{12}^{(2)} + 2\overline{Q}_{66}^{(2)}) C_{minj}^{1023}$$

$$+ 6\lambda^4 \overline{Q}_{16}^{(2)} \overline{Q}_{26}^{(2)} C_{minj}^{2013} + 2\lambda^3 \overline{Q}_{11}^{(2)} \overline{Q}_{26}^{(2)} C_{minj}^{3003} \tag{5.53}$$

$$F_{xz14}^{uni(1)} = \overline{Q}_{11}^{(1)} Q_{11}^{v} C_{minj}^{3300} + \lambda^2 [Q_{11}^{v}(\overline{Q}_{12}^{(1)} + 2\overline{Q}_{66}^{(1)}) + (Q_{12}^{v} + 2Q_{66}^{v})\overline{Q}_{11}^{(1)}] C_{minj}^{3102}$$

$$+ 3\lambda Q_{11}^{v} \overline{Q}_{16}^{(1)} C_{minj}^{3201} + \lambda^3 Q_{11}^{v} \overline{Q}_{26}^{(1)} C_{minj}^{3003} + \lambda^4 (Q_{12}^{v} + 2Q_{66}^{v})(\overline{Q}_{12}^{(1)} + 2\overline{Q}_{66}^{(1)}) C_{minj}^{1122}$$

$$+ 3\lambda^3 \overline{Q}_{16}^{(1)}(Q_{12}^{v} + 2Q_{66}^{v}) C_{minj}^{1221} + \lambda^5 (Q_{12}^{v} + 2Q_{66}^{v})\overline{Q}_{26}^{(1)} C_{minj}^{1023} \tag{5.54}$$

$$F_{xz15}^{uni(1)} = \overline{Q}_{11}^{(2)} Q_{11}^{v} C_{minj}^{3300} + \lambda^2 [Q_{11}^{v}(\overline{Q}_{12}^{(2)} + 2\overline{Q}_{66}^{(2)}) + (Q_{12}^{v} + 2Q_{66}^{v})\overline{Q}_{11}^{(2)}] C_{minj}^{3102}$$

$$+ 3\lambda Q_{11}^{v} \overline{Q}_{16}^{(2)} C_{minj}^{3201} + \lambda^3 Q_{11}^{v} \overline{Q}_{26}^{(2)} C_{minj}^{3003} + \lambda^4 (Q_{12}^{v} + 2Q_{66}^{v})(\overline{Q}_{12}^{(2)} + 2\overline{Q}_{66}^{(2)}) C_{minj}^{1122}$$

$$+ 3\lambda^3 \overline{Q}_{16}^{(2)}(Q_{12}^{v} + 2Q_{66}^{v}) C_{minj}^{1221} + \lambda^5 (Q_{12}^{v} + 2Q_{66}^{v})\overline{Q}_{26}^{(2)} C_{minj}^{1023} \tag{5.55}$$

$$F_{xz16}^{uni(1)} = \overline{Q}_{11}^{(1)} \overline{Q}_{11}^{(2)} C_{minj}^{3300} + \lambda^4 (\overline{Q}_{12}^{(1)} + 2\overline{Q}_{66}^{(1)})(\overline{Q}_{12}^{(2)} + 2\overline{Q}_{66}^{(2)}) C_{minj}^{1122} + 9\lambda^2 \overline{Q}_{16}^{(1)} \overline{Q}_{16}^{(2)} C_{minj}^{2211}$$

$$+ \lambda^6 \overline{Q}_{26}^{(1)} \overline{Q}_{26}^{(2)} C_{minj}^{0033} + \lambda^2 [\overline{Q}_{11}^{(1)}(\overline{Q}_{12}^{(2)} + 2\overline{Q}_{66}^{(2)}) + \overline{Q}_{11}^{(2)}(\overline{Q}_{12}^{(1)} + 2\overline{Q}_{66}^{(1)})] C_{minj}^{3102}$$

$$+ 3\lambda [\overline{Q}_{11}^{(1)} \overline{Q}_{16}^{(2)} + \overline{Q}_{11}^{(2)} \overline{Q}_{16}^{(1)}] C_{minj}^{3201} + \lambda^3 [\overline{Q}_{11}^{(1)} \overline{Q}_{26}^{(2)} + \overline{Q}_{11}^{(2)} \overline{Q}_{26}^{(1)}] C_{minj}^{3003}$$

$$+ 3\lambda^3 [\overline{Q}_{16}^{(1)}(\overline{Q}_{12}^{(2)} + 2\overline{Q}_{66}^{(2)}) + \overline{Q}_{16}^{(2)}(\overline{Q}_{12}^{(1)} + 2\overline{Q}_{66}^{(1)})] C_{minj}^{1221}$$

$$+\lambda^5\left[\,\overline{Q}_{26}^{(1)}(\,\overline{Q}_{12}^{(2)}+2\,\overline{Q}_{66}^{(2)}\,)+\overline{Q}_{26}^{(2)}(\,\overline{Q}_{12}^{(1)}+2\,\overline{Q}_{66}^{(1)}\,)\,\right]C_{minj}^{1023}$$

$$+3\lambda^4\left[\,\overline{Q}_{16}^{(1)}\,\overline{Q}_{26}^{(2)}+\overline{Q}_{16}^{(2)}\,\overline{Q}_{26}^{(1)}\,\right]C_{minj}^{2013} \tag{5.56}$$

则广义正交异性层 1 在 $xz$ 方向的第一部分切应力应变能可写成：

$$U_{xz1}^{uni(1)}=\sum_{m=1}^{\infty}\sum_{n=1}^{\infty}\sum_{i=1}^{\infty}\sum_{j=1}^{\infty}A_{mn}A_{ij}F_{xz1}^{uni(1)} \tag{5.57}$$

其中

$$F_{xz1}^{uni(1)}=k_{xz11}^{(1)}F_{xz11}^{uni(1)}+k_{xz12}^{(1)}F_{xz12}^{uni(1)}+k_{xz13}^{(1)}F_{xz13}^{uni(1)}+k_{xz14}^{(1)}F_{xz14}^{uni(1)}$$

$$+k_{xz15}^{(1)}F_{xz15}^{uni(1)}+k_{xz16}^{(1)}F_{xz16}^{uni(1)} \tag{5.58}$$

2）广义正交异性层 1 在 $xz$ 方向的第二部分切应力应变能

由式(5.20)和式(5.21)得到：

$$\tau_{xz}^{(1)}\tau_{yz}^{(1)}=\frac{1}{4}A_{xz}^{(1)}(x,y)A_{yz}^{(1)}(x,y)(z^4-2h_1^2z^2+h_1^4)$$

$$+\frac{1}{4}A_{xz}^{v}(x,y)A_{yz}^{v}(x,y)(h_2^2-h_1^2)^2+\frac{1}{4}A_{xz}^{(2)}(x,y)A_{yz}^{(2)}(x,y)\left(\frac{h^2}{4}-h_2^2\right)^2$$

$$-\frac{1}{4}A_{xz}^{(1)}(x,y)A_{yz}^{v}(x,y)(z^2-h_1^2)(h_2^2-h_1^2)$$

$$-\frac{1}{4}A_{yz}^{(1)}(x,y)A_{xz}^{v}(x,y)(z^2-h_1^2)(h_2^2-h_1^2)$$

$$+\frac{1}{4}A_{xz}^{(2)}(x,y)A_{yz}^{v}(x,y)(h_2^2-h_1^2)\left(\frac{h^2}{4}-h_2^2\right)$$

$$+\frac{1}{4}A_{yz}^{(2)}(x,y)A_{xz}^{v}(x,y)(h_2^2-h_1^2)\left(\frac{h^2}{4}-h_2^2\right)$$

$$-\frac{1}{4}A_{xz}^{(1)}(x,y)A_{yz}^{(2)}(x,y)(z^2-h_1^2)\left(\frac{h^2}{4}-h_2^2\right)$$

$$-\frac{1}{4}A_{xz}^{(2)}(x,y)A_{yz}^{(1)}(x,y)(z^2-h_1^2)\left(\frac{h^2}{4}-h_2^2\right) \tag{5.59}$$

将式(5.59)代入式(5.41)，可得到：

$$U_{xz2}^{uni(1)}=U_{xz21}^{uni(1)}+U_{xz22}^{uni(1)}+U_{xz23}^{uni(1)}+U_{xz24}^{uni(1)}+U_{xz25}^{uni(1)}+U_{xz26}^{uni(1)}+U_{xz27}^{uni(1)}+U_{xz28}^{uni(1)}+U_{xz29}^{uni(1)}$$

$$\tag{5.60}$$

其中

$$U_{xz21}^{uni(1)}=\frac{S_{45}^{(1)}}{4}\int_{z=0}^{h_1}\int_{y=0}^{b}\int_{x=0}^{a}A_{xz}^{(1)}(x,y)A_{yz}^{(1)}(x,y)(z^4-2h_1^2z^2+h_1^4)\mathrm{d}x\mathrm{d}y\mathrm{d}z$$

$$=k_{xz21}^{(1)}\sum_{m=1}^{\infty}\sum_{n=1}^{\infty}\sum_{i=1}^{\infty}\sum_{j=1}^{\infty}A_{mn}A_{ij}F_{xz21}^{uni(1)} \tag{5.61}$$

$$U_{xz22}^{uni(1)} = \frac{S_{45}^{(1)}}{4} \int_{z=0}^{h_1} \int_{y=0}^{b} \int_{x=0}^{a} A_{xz}^{v}(x,y) A_{yz}^{v}(x,y) \, (h_2^2 - h_1^2)^2 \mathrm{d}x\mathrm{d}y\mathrm{d}z$$

$$= k_{xz22}^{(1)} \sum_{m=1}^{\infty} \sum_{n=1}^{\infty} \sum_{i=1}^{\infty} \sum_{j=1}^{\infty} A_{mn} A_{ij} F_{xz22}^{uni(1)} \tag{5.62}$$

$$U_{xz23}^{uni(1)} = \frac{S_{45}^{(1)}}{4} \int_{z=0}^{h_1} \int_{y=0}^{b} \int_{x=0}^{a} A_{xz}^{(2)}(x,y) A_{yz}^{(2)}(x,y) \left(\frac{h^2}{4} - h_2^2\right)^2 \mathrm{d}x\mathrm{d}y\mathrm{d}z$$

$$= k_{xz23}^{(1)} \sum_{m=1}^{\infty} \sum_{n=1}^{\infty} \sum_{i=1}^{\infty} \sum_{j=1}^{\infty} A_{mn} A_{ij} F_{xz23}^{uni(1)} \tag{5.63}$$

$$U_{xz24}^{uni(1)} = -\frac{S_{45}^{(1)}}{4} \int_{z=0}^{h_1} \int_{y=0}^{b} \int_{x=0}^{a} A_{xz}^{(1)}(x,y) A_{yz}^{v}(x,y) (z^2 - h_1^2)(h_2^2 - h_1^2) \mathrm{d}x\mathrm{d}y\mathrm{d}z$$

$$= k_{xz24}^{(1)} \sum_{m=1}^{\infty} \sum_{n=1}^{\infty} \sum_{i=1}^{\infty} \sum_{j=1}^{\infty} A_{mn} A_{ij} F_{xz24}^{uni(1)} \tag{5.64}$$

$$U_{xz25}^{uni(1)} = -\frac{S_{45}^{(1)}}{4} \int_{z=0}^{h_1} \int_{y=0}^{b} \int_{x=0}^{a} A_{yz}^{(1)}(x,y) A_{xz}^{v}(x,y) (z^2 - h_1^2)(h_2^2 - h_1^2) \mathrm{d}x\mathrm{d}y\mathrm{d}z$$

$$= k_{xz25}^{(1)} \sum_{m=1}^{\infty} \sum_{n=1}^{\infty} \sum_{i=1}^{\infty} \sum_{j=1}^{\infty} A_{mn} A_{ij} F_{xz25}^{uni(1)} \tag{5.65}$$

$$U_{xz26}^{uni(1)} = \frac{S_{45}^{(1)}}{4} \int_{z=0}^{h_1} \int_{y=0}^{b} \int_{x=0}^{a} A_{xz}^{(2)}(x,y) A_{yz}^{v}(x,y) (h_2^2 - h_1^2)\left(\frac{h^2}{4} - h_2^2\right) \mathrm{d}x\mathrm{d}y\mathrm{d}z$$

$$= k_{xz26}^{(1)} \sum_{m=1}^{\infty} \sum_{n=1}^{\infty} \sum_{i=1}^{\infty} \sum_{j=1}^{\infty} A_{mn} A_{ij} F_{xz26}^{uni(1)} \tag{5.66}$$

$$U_{xz27}^{uni(1)} = \frac{S_{45}^{(1)}}{4} \int_{z=0}^{h_1} \int_{y=0}^{b} \int_{x=0}^{a} A_{yz}^{(2)}(x,y) A_{xz}^{v}(x,y) (h_2^2 - h_1^2)\left(\frac{h^2}{4} - h_2^2\right) \mathrm{d}x\mathrm{d}y\mathrm{d}z$$

$$= k_{xz27}^{(1)} \sum_{m=1}^{\infty} \sum_{n=1}^{\infty} \sum_{i=1}^{\infty} \sum_{j=1}^{\infty} A_{mn} A_{ij} F_{xz27}^{uni(1)} \tag{5.67}$$

$$U_{xz28}^{uni(1)} = -\frac{S_{45}^{(1)}}{4} \int_{z=0}^{h_1} \int_{y=0}^{b} \int_{x=0}^{a} A_{xz}^{(1)}(x,y) A_{yz}^{(2)}(x,y) (z^2 - h_1^2)\left(\frac{h^2}{4} - h_2^2\right) \mathrm{d}x\mathrm{d}y\mathrm{d}z$$

$$= k_{xz28}^{(1)} \sum_{m=1}^{\infty} \sum_{n=1}^{\infty} \sum_{i=1}^{\infty} \sum_{j=1}^{\infty} A_{mn} A_{ij} F_{xz28}^{uni(1)} \tag{5.68}$$

$$U_{xz29}^{uni(1)} = -\frac{S_{45}^{(1)}}{4} \int_{z=0}^{h_1} \int_{y=0}^{b} \int_{x=0}^{a} A_{xz}^{(2)}(x,y) A_{yz}^{(1)}(x,y) (z^2 - h_1^2)\left(\frac{h^2}{4} - h_2^2\right) \mathrm{d}x\mathrm{d}y\mathrm{d}z$$

$$= k_{xz29}^{(1)} \sum_{m=1}^{\infty} \sum_{n=1}^{\infty} \sum_{i=1}^{\infty} \sum_{j=1}^{\infty} A_{mn} A_{ij} F_{xz29}^{uni(1)} \tag{5.69}$$

$$k_{xz21}^{(1)} = \frac{2S_{45}^{(1)} h_1^5}{15\lambda a^4}, \, k_{xz22}^{(1)} = \frac{S_{45}^{(1)} h_1 \, (h_2^2 - h_1^2)^2}{4\lambda a^4}, \, k_{xz23}^{(1)} = \frac{S_{45}^{(1)} h_1}{4\lambda a^4}\left(\frac{h^2}{4} - h_2^2\right)^2,$$

$$k_{xz24}^{(1)} = \frac{S_{45}^{(1)} h_1^3}{6\lambda a^4}(h_2^2 - h_1^2), \ k_{xz25}^{(1)} = k_{xz24}^{(1)}, \ k_{xz26}^{(1)} = \frac{S_{45}^{(1)} h_1}{4\lambda a^4}(h_2^2 - h_1^2)\left(\frac{h^2}{4} - h_2^2\right),$$

$$k_{xz27}^{(1)} = k_{xz26}^{(1)}, \ k_{xz28}^{(1)} = \frac{S_{45}^{(1)} h_1^3}{6\lambda a^4}\left(\frac{h^2}{4} - h_2^2\right), \ k_{xz29}^{(1)} = k_{xz28}^{(1)} \tag{5.70}$$

$$\begin{aligned}
F_{xz21}^{uni(1)} &= \overline{Q}_{11}^{(1)}\overline{Q}_{16}^{(1)} C_{minj}^{3300} + 3\lambda^4 \overline{Q}_{26}^{(1)}(\overline{Q}_{12}^{(1)} + 2\overline{Q}_{66}^{(1)}) C_{minj}^{1122} + 3\lambda^2 \overline{Q}_{16}^{(1)}(\overline{Q}_{12}^{(1)} + 2\overline{Q}_{66}^{(1)}) C_{minj}^{2211} \\
&\quad + \lambda^6 \overline{Q}_{22}^{(1)}\overline{Q}_{26}^{(1)} C_{minj}^{0033} + \lambda^2 [3\overline{Q}_{11}^{(1)}\overline{Q}_{26}^{(1)} + \overline{Q}_{16}^{(1)}(\overline{Q}_{12}^{(1)} + 2\overline{Q}_{66}^{(1)})] C_{minj}^{3102} \\
&\quad + \lambda [\overline{Q}_{11}^{(1)}(\overline{Q}_{12}^{(1)} + 2\overline{Q}_{66}^{(1)}) + 3(\overline{Q}_{16}^{(1)})^2] C_{minj}^{3201} + \lambda^3 (\overline{Q}_{22}^{(1)}\overline{Q}_{11}^{(1)} + \overline{Q}_{16}^{(1)}\overline{Q}_{26}^{(1)}) C_{minj}^{3003} \\
&\quad + \lambda^3 [9\overline{Q}_{16}^{(1)}\overline{Q}_{26}^{(1)} + (\overline{Q}_{12}^{(1)} + 2\overline{Q}_{66}^{(1)})^2] C_{minj}^{1221} + \lambda^5 [\overline{Q}_{22}^{(1)}(\overline{Q}_{12}^{(1)} + 2\overline{Q}_{66}^{(1)}) \\
&\quad + 3(\overline{Q}_{26}^{(1)})^2] C_{minj}^{1023} + \lambda^4 [3\overline{Q}_{22}^{(1)}\overline{Q}_{16}^{(1)} + \overline{Q}_{26}^{(1)}(\overline{Q}_{12}^{(1)} + 2\overline{Q}_{66}^{(1)})] C_{minj}^{2013}
\end{aligned} \tag{5.71}$$

$$\begin{aligned}
F_{xz22}^{uni(1)} &= \lambda Q_{11}^v (Q_{12}^v + 2Q_{66}^v) C_{minj}^{3201} + \lambda^3 Q_{11}^v Q_{22}^v C_{minj}^{3003} \\
&\quad + \lambda^3 (Q_{12}^v + 2Q_{66}^v)^2 C_{minj}^{1221} + \lambda^5 (Q_{12}^v + 2Q_{66}^v) Q_{22}^v C_{minj}^{1023}
\end{aligned} \tag{5.72}$$

$$\begin{aligned}
F_{xz23}^{uni(1)} &= \overline{Q}_{11}^{(2)}\overline{Q}_{16}^{(2)} C_{minj}^{3300} + 3\lambda^4 \overline{Q}_{26}^{(2)}(\overline{Q}_{12}^{(2)} + 2\overline{Q}_{66}^{(2)}) C_{minj}^{1122} + 3\lambda^2 \overline{Q}_{16}^{(2)}(\overline{Q}_{12}^{(2)} + 2\overline{Q}_{66}^{(2)}) C_{minj}^{2211} \\
&\quad + \lambda^6 \overline{Q}_{22}^{(2)}\overline{Q}_{26}^{(2)} C_{minj}^{0033} + \lambda^2 [3\overline{Q}_{11}^{(2)}\overline{Q}_{26}^{(2)} + \overline{Q}_{16}^{(2)}(\overline{Q}_{12}^{(2)} + 2\overline{Q}_{66}^{(2)})] C_{minj}^{3102} \\
&\quad + \lambda [\overline{Q}_{11}^{(2)}(\overline{Q}_{12}^{(2)} + 2\overline{Q}_{66}^{(2)}) + 3(\overline{Q}_{16}^{(2)})^2] C_{minj}^{3201} + \lambda^3 (\overline{Q}_{22}^{(2)}\overline{Q}_{11}^{(2)} + \overline{Q}_{16}^{(2)}\overline{Q}_{26}^{(2)}) C_{minj}^{3003} \\
&\quad + \lambda^3 [9\overline{Q}_{16}^{(2)}\overline{Q}_{26}^{(2)} + (\overline{Q}_{12}^{(2)} + 2\overline{Q}_{66}^{(2)})^2] C_{minj}^{1221} + \lambda^5 [\overline{Q}_{22}^{(2)}(\overline{Q}_{12}^{(2)} + 2\overline{Q}_{66}^{(2)}) + 3(\overline{Q}_{26}^{(2)})^2] C_{minj}^{1023} \\
&\quad + \lambda^4 [3\overline{Q}_{22}^{(2)}\overline{Q}_{16}^{(2)} + \overline{Q}_{26}^{(2)}(\overline{Q}_{12}^{(2)} + 2\overline{Q}_{66}^{(2)})] C_{minj}^{2013}
\end{aligned} \tag{5.73}$$

$$\begin{aligned}
F_{xz24}^{uni(1)} &= \lambda (Q_{12}^v + 2Q_{66}^v) \overline{Q}_{11}^{(1)} C_{minj}^{3201} + \lambda^3 (Q_{12}^v + 2Q_{66}^v)(\overline{Q}_{12}^{(1)} + 2\overline{Q}_{66}^{(1)}) C_{minj}^{2112} \\
&\quad + 3\lambda^2 (Q_{12}^v + 2Q_{66}^v) \overline{Q}_{16}^{(1)} C_{minj}^{2211} + \lambda^4 [3Q_{22}^v \overline{Q}_{16}^{(1)} + (Q_{12}^v + 2Q_{66}^v) \overline{Q}_{26}^{(1)}] C_{minj}^{2013} \\
&\quad + \lambda^3 Q_{22}^v \overline{Q}_{11}^{(1)} C_{minj}^{3003} + \lambda^5 Q_{22}^v(\overline{Q}_{12}^{(1)} + 2\overline{Q}_{66}^{(1)}) C_{minj}^{1023} + \lambda^6 Q_{22}^v \overline{Q}_{26}^{(1)} C_{minj}^{0033}
\end{aligned} \tag{5.74}$$

$$\begin{aligned}
F_{xz25}^{uni(1)} &= Q_{11}^v \overline{Q}_{16}^{(1)} C_{minj}^{3300} + \lambda^2 [3Q_{11}^v \overline{Q}_{26}^{(1)} + (Q_{12}^v + 2Q_{66}^v) \overline{Q}_{16}^{(1)}] C_{minj}^{3102} \\
&\quad + \lambda Q_{11}^v (\overline{Q}_{12}^{(1)} + 2\overline{Q}_{66}^{(1)}) C_{minj}^{3201} + \lambda^3 Q_{11}^v \overline{Q}_{22}^{(1)} C_{minj}^{3003} + 3\lambda^4 (Q_{12}^v + 2Q_{66}^v) \overline{Q}_{26}^{(1)} C_{minj}^{1122} \\
&\quad + \lambda^3 (Q_{12}^v + 2Q_{66}^v)(\overline{Q}_{12}^{(1)} + 2\overline{Q}_{66}^{(1)}) C_{minj}^{1221} + \lambda^5 (Q_{12}^v + 2Q_{66}^v) \overline{Q}_{22}^{(1)} C_{minj}^{1023}
\end{aligned} \tag{5.75}$$

$$\begin{aligned}
F_{xz26}^{uni(1)} &= \lambda (Q_{12}^v + 2Q_{66}^v) \overline{Q}_{11}^{(2)} C_{minj}^{3201} + \lambda^3 (Q_{12}^v + 2Q_{66}^v)(\overline{Q}_{12}^{(2)} + 2\overline{Q}_{66}^{(2)}) C_{minj}^{2112} \\
&\quad + 3\lambda^2 (Q_{12}^v + 2Q_{66}^v) \overline{Q}_{16}^{(2)} C_{minj}^{2211} + \lambda^4 [3Q_{22}^v \overline{Q}_{16}^{(2)} + (Q_{12}^v + 2Q_{66}^v) \overline{Q}_{26}^{(2)}] C_{minj}^{2013} \\
&\quad + \lambda^3 Q_{22}^v \overline{Q}_{11}^{(2)} C_{minj}^{3003} + \lambda^5 Q_{22}^v(\overline{Q}_{12}^{(2)} + 2\overline{Q}_{66}^{(2)}) C_{minj}^{1023} + \lambda^6 Q_{22}^v \overline{Q}_{26}^{(2)} C_{minj}^{0033}
\end{aligned} \tag{5.76}$$

$$\begin{aligned}
F_{xz27}^{uni(1)} &= Q_{11}^v \overline{Q}_{16}^{(2)} C_{minj}^{3300} + \lambda^2 [3Q_{11}^v \overline{Q}_{26}^{(2)} + (Q_{12}^v + 2Q_{66}^v) \overline{Q}_{16}^{(2)}] C_{minj}^{3102} \\
&\quad + \lambda Q_{11}^v (\overline{Q}_{12}^{(2)} + 2\overline{Q}_{66}^{(2)}) C_{minj}^{3201} + \lambda^3 Q_{11}^v \overline{Q}_{22}^{(2)} C_{minj}^{3003} + 3\lambda^4 (Q_{12}^v + 2Q_{66}^v) \overline{Q}_{26}^{(2)} C_{minj}^{1122} \\
&\quad + \lambda^3 (Q_{12}^v + 2Q_{66}^v)(\overline{Q}_{12}^{(2)} + 2\overline{Q}_{66}^{(2)}) C_{minj}^{1221} + \lambda^5 (Q_{12}^v + 2Q_{66}^v) \overline{Q}_{22}^{(2)} C_{minj}^{1023}
\end{aligned} \tag{5.77}$$

$$\begin{aligned}
F_{xz28}^{uni(1)} &= \overline{Q}_{11}^{(1)}\overline{Q}_{16}^{(2)} C_{minj}^{3300} + 3\lambda^4 \overline{Q}_{26}^{(2)}(\overline{Q}_{12}^{(1)} + 2\overline{Q}_{66}^{(1)}) C_{minj}^{1122} + 3\lambda^2 \overline{Q}_{16}^{(1)}(\overline{Q}_{12}^{(2)} + 2\overline{Q}_{66}^{(2)}) C_{minj}^{2211} \\
&\quad + \lambda^6 \overline{Q}_{22}^{(2)}\overline{Q}_{26}^{(1)} C_{minj}^{0033} + \lambda^2 [3\overline{Q}_{11}^{(1)}\overline{Q}_{26}^{(2)} + \overline{Q}_{16}^{(2)}(\overline{Q}_{12}^{(1)} + 2\overline{Q}_{66}^{(1)})] C_{minj}^{3102}
\end{aligned}$$

$$+\lambda\left[\,\overline{Q}_{11}^{(1)}(\,\overline{Q}_{12}^{(2)}+2\,\overline{Q}_{66}^{(2)}\,)+3\,\overline{Q}_{16}^{(1)}\,\overline{Q}_{16}^{(2)}\,\right]C_{minj}^{3201}+\lambda^{3}(\,\overline{Q}_{22}^{(2)}\,\overline{Q}_{11}^{(1)}+\overline{Q}_{16}^{(2)}\,\overline{Q}_{26}^{(1)}\,)\,C_{minj}^{3003}$$

$$+\lambda^{3}\left[\,9\,\overline{Q}_{16}^{(1)}\,\overline{Q}_{26}^{(2)}+(\,\overline{Q}_{12}^{(1)}+2\,\overline{Q}_{66}^{(1)}\,)(\,\overline{Q}_{12}^{(2)}+2\,\overline{Q}_{66}^{(2)}\,)\,\right]C_{minj}^{1221}$$

$$+\lambda^{5}\left[\,\overline{Q}_{22}^{(2)}(\,\overline{Q}_{12}^{(1)}+2\,\overline{Q}_{66}^{(1)}\,)+3\,\overline{Q}_{26}^{(2)}\,\overline{Q}_{26}^{(1)}\,\right]C_{minj}^{1023}$$

$$+\lambda^{4}\left[\,3\,\overline{Q}_{22}^{(2)}\,\overline{Q}_{16}^{(1)}+\overline{Q}_{26}^{(1)}(\,\overline{Q}_{12}^{(2)}+2\,\overline{Q}_{66}^{(2)}\,)\,\right]C_{minj}^{2013} \tag{5.78}$$

$$F_{xz29}^{uni(1)}=\overline{Q}_{11}^{(2)}\,\overline{Q}_{16}^{(1)}\,C_{minj}^{3300}+3\lambda^{4}\,\overline{Q}_{26}^{(1)}(\,\overline{Q}_{12}^{(2)}+2\,\overline{Q}_{66}^{(2)}\,)\,C_{minj}^{1122}+3\lambda^{2}\,\overline{Q}_{16}^{(2)}(\,\overline{Q}_{12}^{(1)}+2\,\overline{Q}_{66}^{(1)}\,)\,C_{minj}^{2211}$$

$$+\lambda^{6}\,\overline{Q}_{22}^{(1)}\,\overline{Q}_{26}^{(2)}\,C_{minj}^{0033}+\lambda^{2}\left[\,3\,\overline{Q}_{11}^{(2)}\,\overline{Q}_{26}^{(1)}+\overline{Q}_{16}^{(1)}(\,\overline{Q}_{12}^{(2)}+2\,\overline{Q}_{66}^{(2)}\,)\,\right]C_{minj}^{3102}$$

$$+\lambda\left[\,\overline{Q}_{11}^{(2)}(\,\overline{Q}_{12}^{(1)}+2\,\overline{Q}_{66}^{(1)}\,)+3\,\overline{Q}_{16}^{(2)}\,\overline{Q}_{16}^{(1)}\,\right]C_{minj}^{3201}+\lambda^{3}(\,\overline{Q}_{22}^{(1)}\,\overline{Q}_{11}^{(2)}+\overline{Q}_{16}^{(1)}\,\overline{Q}_{26}^{(2)}\,)\,C_{minj}^{3003}$$

$$+\lambda^{3}\left[\,9\,\overline{Q}_{16}^{(2)}\,\overline{Q}_{26}^{(1)}+(\,\overline{Q}_{12}^{(2)}+2\,\overline{Q}_{66}^{(2)}\,)(\,\overline{Q}_{12}^{(1)}+2\,\overline{Q}_{66}^{(1)}\,)\,\right]C_{minj}^{1221}$$

$$+\lambda^{5}\left[\,\overline{Q}_{22}^{(1)}(\,\overline{Q}_{12}^{(2)}+2\,\overline{Q}_{66}^{(2)}\,)+3\,\overline{Q}_{26}^{(1)}\,\overline{Q}_{26}^{(2)}\,\right]C_{minj}^{1023}$$

$$+\lambda^{4}\left[\,3\,\overline{Q}_{16}^{(1)}\,\overline{Q}_{16}^{(2)}+\overline{Q}_{26}^{(2)}(\,\overline{Q}_{12}^{(1)}+2\,\overline{Q}_{66}^{(1)}\,)\,\right]C_{minj}^{2013} \tag{5.79}$$

则广义正交异性层 1 在 $xz$ 方向的第二部分切应力应变能可写成

$$U_{xz2}^{uni(1)}=\sum_{m=1}^{\infty}\sum_{n=1}^{\infty}\sum_{i=1}^{\infty}\sum_{j=1}^{\infty}A_{mn}A_{ij}F_{xz2}^{uni(1)} \tag{5.80}$$

其中

$$F_{xz2}^{uni(1)}=k_{xz21}^{(1)}F_{xz21}^{uni(1)}+k_{xz22}^{(1)}F_{xz22}^{uni(1)}+k_{xz23}^{(1)}F_{xz23}^{uni(1)}+k_{xz24}^{(1)}F_{xz24}^{uni(1)}+k_{xz25}^{(1)}F_{xz25}^{uni(1)}+k_{xz26}^{(1)}F_{xz26}^{uni(1)}$$

$$+k_{xz27}^{(1)}F_{xz27}^{uni(1)}+k_{xz28}^{(1)}F_{xz28}^{uni(1)}+k_{xz29}^{(1)}F_{xz29}^{uni(1)} \tag{5.81}$$

3) 广义正交异性层 1 在 $xz$ 方向总的切应力应变能

将广义正交异性层 1 在 $xz$ 方向的两部分切应力应变能相加,即可得到芯层复合材料在 $xz$ 方向总的切应力应变能:

$$U_{xz}^{uni(1)}=\sum_{m=1}^{\infty}\sum_{n=1}^{\infty}\sum_{i=1}^{\infty}\sum_{j=1}^{\infty}A_{mn}A_{ij}F_{xz}^{uni(1)} \tag{5.82}$$

其中,

$$F_{xz}^{uni(1)}=F_{xz1}^{uni(1)}+F_{xz2}^{uni(1)} \tag{5.83}$$

### 3. 黏弹性层在 $xz$ 方向的切应力应变能

黏弹性层在 $xz$ 方向的切应力应变能密度为

$$u_{xz}^{v}=\frac{(\tau_{xz}^{v})^{2}}{2G}=\frac{1}{8G}\left[A_{xz}^{v}(x,y)(z^{2}-h_{2}^{2})-A_{xz}^{(2)}(x,y)\left(\frac{h^{2}}{4}-h_{2}^{2}\right)\right]^{2} \tag{5.84}$$

黏弹性层中 $xz$ 方向的总应变能为

$$U_{xz}^{v}=2\int_{z=h_{1}}^{h_{2}}\int_{y=0}^{b}\int_{x=0}^{a}u_{xz}^{v}\mathrm{d}x\mathrm{d}y\mathrm{d}z=U_{xz1}^{v}+U_{xz2}^{v}+U_{xz3}^{v} \tag{5.85}$$

其中

$$U_{xz1}^{v}=\frac{1}{4G}\left(\frac{8}{15}h_{2}^{5}-\frac{1}{5}h_{1}^{5}+\frac{2}{3}h_{1}^{3}h_{2}^{2}-h_{1}h_{2}^{4}\right)\int_{x=0}^{a}\int_{y=0}^{b}\left[A_{xz}^{v}(x,y)\right]^{2}\mathrm{d}x\mathrm{d}y$$

$$= k_{xz1}^v \sum_{m=1}^{\infty} \sum_{n=1}^{\infty} \sum_{i=1}^{\infty} \sum_{j=1}^{\infty} A_{mn} A_{ij} F_{xz1}^v \tag{5.86}$$

$$U_{xz2}^v = \left(2h_2^2 - \frac{h^2}{2}\right)\left(h_1 h_2^2 - \frac{2}{3}h_2^3 - \frac{1}{3}h_1^3\right)\int_{x=0}^{a}\int_{y=0}^{b} A_{xz}^v(x,y) A_{xz}^{(2)}(x,y)\,\mathrm{d}x\mathrm{d}y$$

$$= k_{xz2}^v \sum_{m=1}^{\infty} \sum_{n=1}^{\infty} \sum_{i=1}^{\infty} \sum_{j=1}^{\infty} A_{mn} A_{ij} F_{xz2}^v \tag{5.87}$$

$$U_{xz3}^v = (h_2 - h_1)\left(\frac{h^2}{4} - h_2^2\right)^2 \int_{x=0}^{a}\int_{y=0}^{b}\left[A_{xz}^{(2)}(x,y)\right]^2\mathrm{d}x\mathrm{d}y$$

$$= k_{xz3}^v \sum_{m=1}^{\infty} \sum_{n=1}^{\infty} \sum_{i=1}^{\infty} \sum_{j=1}^{\infty} A_{mn} A_{ij} F_{xz3}^v \tag{5.88}$$

$$k_{xz1}^v = \frac{1}{4G\lambda a^4}\left(\frac{8}{15}h_2^5 - \frac{1}{5}h_1^5 + \frac{2}{3}h_1^3 h_2^2 - h_1 h_2^4\right)$$

$$k_{xz3}^v = \frac{1}{4G\lambda a^4}\left(2h_2^2 - \frac{h^2}{2}\right)\left(h_1 h_2^2 - \frac{2}{3}h_2^3 - \frac{1}{3}h_1^3\right)$$

$$k_{xz3}^v = \frac{1}{4G\lambda a^4}(h_2 - h_1)\left(\frac{h^2}{4} - h_2^2\right)^2 \tag{5.89}$$

$$F_{xz1}^v = F_{xz12}^{uni(1)} = (Q_{11}^v)^2 C_{minj}^{3300} + \lambda^4 (Q_{12}^v + 2Q_{66}^v)^2 C_{minj}^{1122} + 2\lambda^2 Q_{11}^v (Q_{12}^v + 2Q_{66}^v) C_{minj}^{3102} \tag{5.90}$$

$$F_{xz2}^v = F_{xz15}^{uni(1)} = \overline{Q}_{11}^{(2)} Q_{11}^v C_{minj}^{3300} + \lambda^2\left[Q_{11}^v(\overline{Q}_{12}^{(2)} + 2\overline{Q}_{66}^{(2)}) + (Q_{12}^v + 2Q_{66}^v)\overline{Q}_{11}^{(2)}\right] C_{minj}^{3102}$$
$$+ 3\lambda Q_{11}^v \overline{Q}_{16}^{(2)} C_{minj}^{3201} + \lambda^3 Q_{11}^v \overline{Q}_{26}^{(2)} C_{minj}^{3003} + \lambda^4 (Q_{12}^v + 2Q_{66}^v)(\overline{Q}_{12}^{(2)} + 2\overline{Q}_{66}^{(2)}) C_{minj}^{1122}$$
$$+ 3\lambda^3 \overline{Q}_{16}^{(2)}(Q_{12}^v + 2Q_{66}^v) C_{minj}^{1221} + \lambda^5 (Q_{12}^v + 2Q_{66}^v)\overline{Q}_{26}^{(2)} C_{minj}^{1023} \tag{5.91}$$

$$F_{xz3}^v = F_{xz1}^{uni(2)} = (\overline{Q}_{11}^{(2)})^2 C_{minj}^{3300} + \lambda^4 (\overline{Q}_{12}^{(2)} + 2\overline{Q}_{66}^{(2)})^2 C_{minj}^{1122} + 9\lambda^2 (\overline{Q}_{16}^{(2)})^2 C_{minj}^{2211}$$
$$+ \lambda^6 (\overline{Q}_{26}^{(2)})^2 C_{minj}^{0033} + 2\lambda^2 \overline{Q}_{11}^{(2)}(\overline{Q}_{12}^{(2)} + 2\overline{Q}_{66}^{(2)}) C_{minj}^{3102} + 6\lambda \overline{Q}_{11}^{(2)} \overline{Q}_{16}^{(2)} C_{minj}^{3201}$$
$$+ 6\lambda^3 \overline{Q}_{16}^{(2)}(\overline{Q}_{12}^{(2)} + 2\overline{Q}_{66}^{(2)}) C_{minj}^{1221} + 2\lambda^3 \overline{Q}_{11}^{(2)} \overline{Q}_{26}^{(2)} C_{minj}^{3003} + 2\lambda^5 \overline{Q}_{26}^{(2)}(\overline{Q}_{12}^{(2)}$$
$$+ 2\overline{Q}_{66}^{(2)}) C_{minj}^{1023} + 6\lambda^4 \overline{Q}_{16}^{(2)} \overline{Q}_{26}^{(2)} C_{minj}^{2013} \tag{5.92}$$

故黏弹性层中 $xz$ 方向的总应变能为

$$U_{xz}^v = \sum_{m=1}^{\infty} \sum_{n=1}^{\infty} \sum_{i=1}^{\infty} \sum_{j=1}^{\infty} A_{mn} A_{ij} F_{xz}^v \tag{5.93}$$

其中，
$$F_{xz}^v = k_{xz1}^v F_{xz1}^v + k_{xz2}^v F_{xz2}^v + k_{xz3}^v F_{xz3}^v \tag{5.94}$$

## 5.4.2 $yz$ 方向切应力应变能

### 1. 广义正交各向异性层 2 在 $yz$ 方向的切应力应变能

对于线弹性体,广义正交各向异性层 2 在 $yz$ 方向的切应力应变能密度为

$$u_{yz}^{uni(2)} = \frac{1}{2}\tau_{yz}^{(2)}\gamma_{yz}^{(2)} = \frac{1}{2}\tau_{yz}^{(2)}(S_{44}^{(2)}\tau_{yz}^{(2)} + S_{45}^{(2)}\tau_{xz}^{(2)}) = \frac{1}{2}S_{44}^{(2)}(\tau_{yz}^{(2)})^2 + \frac{1}{2}S_{45}^{(2)}\tau_{xz}^{(2)}\tau_{yz}^{(2)}$$

$$(5.95)$$

则面板总的 $yz$ 方向的切应力应变能为

$$U_{yz}^{uni(2)} = 2\int_{z=h_2}^{h/2}\int_{y=0}^{b}\int_{x=0}^{a}u_{yz}^{uni(2)}\,\mathrm{d}x\mathrm{d}y\mathrm{d}z = U_{yz1}^{uni(2)} + U_{yz2}^{uni(2)} \qquad (5.96)$$

其中

$$U_{yz1}^{uni(2)} = \int_{z=h_2}^{h/2}\int_{y=0}^{b}\int_{x=0}^{a}S_{44}^{(2)}(\tau_{yz}^{(2)})^2\,\mathrm{d}x\mathrm{d}y\mathrm{d}z$$

$$= \frac{S_{44}^{(2)}}{4}\left(\frac{h^5}{60} - \frac{h_2^5}{5} + \frac{h^2 h_2^3}{6} - \frac{h^4 h_2}{16}\right)\int_{y=0}^{b}\int_{x=0}^{a}[A_{yz}^{(2)}(x,y)]^2\,\mathrm{d}x\mathrm{d}y$$

$$= k_{yz1}^{(2)}\sum_{m=1}^{\infty}\sum_{n=1}^{\infty}\sum_{i=1}^{\infty}\sum_{j=1}^{\infty}A_{mn}A_{ij}F_{yz1}^{uni(2)} \qquad (5.97)$$

$$U_{yz2}^{uni(2)} = \int_{z=h_2}^{h/2}\int_{y=0}^{b}\int_{x=0}^{a}S_{45}^{(2)}\tau_{xz}^{(2)}\tau_{yz}^{(2)}\,\mathrm{d}x\mathrm{d}y\mathrm{d}z = U_{xz2}^{uni(2)} \qquad （详见式(5.31)）$$

$$(5.98)$$

$$k_{yz1}^{(2)} = \frac{S_{44}^{(2)}}{4}\left(\frac{h^5}{60} - \frac{h_2^5}{5} + \frac{h^2 h_2^3}{6} - \frac{h^4 h_2}{16}\right) \qquad (5.99)$$

$$F_{yz1}^{uni(2)} = (\overline{Q}_{16}^{(2)})^2 C_{minj}^{3300} + 9\lambda^4(\overline{Q}_{26}^{(2)})^2 C_{minj}^{1122} + \lambda^2(\overline{Q}_{12}^{(2)} + 2\overline{Q}_{66}^{(2)})^2 C_{minj}^{2211}$$

$$+ \lambda^6(\overline{Q}_{22}^{(2)})^2 C_{minj}^{0033} + 6\lambda^2\overline{Q}_{16}^{(2)}\overline{Q}_{26}^{(2)}C_{minj}^{3102} + 2\lambda\overline{Q}_{16}^{(2)}(\overline{Q}_{12}^{(2)} + 2\overline{Q}_{66}^{(2)})C_{minj}^{3201}$$

$$+ 6\lambda^5\overline{Q}_{22}^{(2)}\overline{Q}_{26}^{(2)}C_{minj}^{1023} + 2\lambda^4\overline{Q}_{22}^{(2)}(\overline{Q}_{12}^{(2)} + 2\overline{Q}_{66}^{(2)})C_{minj}^{2013} \qquad (5.100)$$

故广义正交各向异性层 2 在 $yz$ 方向的切应力应变能为

$$U_{yz}^{uni(2)} = \sum_{m=1}^{\infty}\sum_{n=1}^{\infty}\sum_{i=1}^{\infty}\sum_{j=1}^{\infty}A_{mn}A_{ij}F_{yz}^{uni(2)} \qquad (5.101)$$

其中，

$$F_{yz}^{uni(2)} = k_{yz1}^{(2)}F_{yz1}^{uni(2)} + k_{xz2}^{(2)}F_{xz2}^{uni(2)} \qquad (5.102)$$

## 2. 广义正交各向异性层 1 在 $yz$ 方向的切应力应变能

广义正交各向异性层 1 在 $yz$ 方向的切应力应变能密度为

$$u_{yz}^{uni(1)} = \frac{1}{2}\tau_{yz}^{(1)}\gamma_{yz}^{(1)} = \frac{1}{2}\tau_{yz}^{(1)}(S_{44}^{(1)}\tau_{yz}^{(1)} + S_{45}^{(1)}\tau_{xz}^{(1)}) = \frac{1}{2}S_{44}^{(1)}(\tau_{yz}^{(1)})^2 + \frac{1}{2}S_{45}^{(1)}\tau_{xz}^{(1)}\tau_{yz}^{(1)}$$

$$(5.103)$$

则芯层总的 $yz$ 方向的切应力应变能为

$$U_{yz}^{uni(1)} = 2\int_{z=0}^{h_1}\int_{y=0}^{b}\int_{x=0}^{a}u_{yz}^{uni(1)}\,\mathrm{d}x\mathrm{d}y\mathrm{d}z = U_{yz1}^{uni(1)} + U_{yz2}^{uni(1)} \qquad (5.104)$$

其中

$$U_{yz1}^{uni(1)} = \int_{z=0}^{h_1} \int_{y=0}^{b} \int_{x=0}^{a} \left[ S_{44}^{(1)} \left( \tau_{yz}^{(1)} \right)^2 \right] dxdydz \tag{5.105}$$

$$U_{yz2}^{uni(1)} = \int_{z=0}^{h_1} \int_{y=0}^{b} \int_{x=0}^{a} \left( S_{45}^{(1)} \tau_{xz}^{(1)} \tau_{yz}^{(1)} \right) dxdydz = U_{xz2}^{uni(1)} \tag{5.106}$$

1) 广义正交异性层 1 在 $yz$ 方向的第一部分切应力应变能

由式(5.21)得到

$$
\begin{aligned}
\left( \tau_{yz}^{(1)} \right)^2 = &\frac{1}{4} \left[ A_{yz}^{(1)}(x,y) \right]^2 (z^4 - 2h_1^2 z^2 + h_1^4) + \frac{1}{4} \left[ A_{yz}^{v}(x,y) \right]^2 (h_2^2 - h_1^2)^2 \\
&+ \frac{1}{4} \left[ A_{yz}^{(2)}(x,y) \right]^2 \left( \frac{h^2}{4} - h_2^2 \right)^2 - \frac{1}{2} A_{yz}^{(1)}(x,y) A_{yz}^{v}(x,y)(z^2 - h_1^2)(h_2^2 - h_1^2) \\
&+ \frac{1}{2} A_{yz}^{(2)}(x,y) A_{yz}^{v}(x,y)(h_2^2 - h_1^2) \left( \frac{h^2}{4} - h_2^2 \right) \\
&- \frac{1}{2} A_{yz}^{(1)}(x,y) A_{yz}^{(2)}(x,y)(z^2 - h_1^2) \left( \frac{h^2}{4} - h_2^2 \right)
\end{aligned}
\tag{5.107}
$$

将式(5.107)代入式(5.105),可得到

$$U_{yz1}^{uni(1)} = U_{yz11}^{uni(1)} + U_{yz12}^{uni(1)} + U_{yz13}^{uni(1)} + U_{yz14}^{uni(1)} + U_{yz15}^{uni(1)} + U_{yz16}^{uni(1)} \tag{5.108}$$

其中

$$
\begin{aligned}
U_{yz11}^{uni(1)} &= \frac{S_{44}^{(1)}}{4} \int_{z=0}^{h_1} \int_{y=0}^{b} \int_{x=0}^{a} \left[ A_{yz}^{(1)}(x,y) \right]^2 (z^4 - 2h_1^2 z^2 + h_1^4) dxdydz \\
&= k_{yz11}^{(1)} \sum_{m=1}^{\infty} \sum_{n=1}^{\infty} \sum_{i=1}^{\infty} \sum_{j=1}^{\infty} A_{mn} A_{ij} F_{yz11}^{uni(1)}
\end{aligned}
\tag{5.109}
$$

$$
\begin{aligned}
U_{yz12}^{uni(1)} &= \frac{S_{44}^{(1)}}{4} \int_{z=0}^{h_1} \int_{y=0}^{b} \int_{x=0}^{a} \left[ A_{yz}^{v}(x,y) \right]^2 (h_2^2 - h_1^2)^2 dxdydz \\
&= k_{yz12}^{(1)} \sum_{m=1}^{\infty} \sum_{n=1}^{\infty} \sum_{i=1}^{\infty} \sum_{j=1}^{\infty} A_{mn} A_{ij} F_{yz12}^{uni(1)}
\end{aligned}
\tag{5.110}
$$

$$
\begin{aligned}
U_{yz13}^{uni(1)} &= \frac{S_{44}^{(1)}}{4} \int_{z=0}^{h_1} \int_{y=0}^{b} \int_{x=0}^{a} \left[ A_{yz}^{(2)}(x,y) \right]^2 \left( \frac{h^2}{4} - h_2^2 \right)^2 dxdydz \\
&= k_{yz13}^{(1)} \sum_{m=1}^{\infty} \sum_{n=1}^{\infty} \sum_{i=1}^{\infty} \sum_{j=1}^{\infty} A_{mn} A_{ij} F_{yz13}^{uni(1)}
\end{aligned}
\tag{5.111}
$$

$$
\begin{aligned}
U_{yz14}^{uni(1)} &= -\frac{S_{44}^{(1)}}{2} \int_{z=0}^{h_1} \int_{y=0}^{b} \int_{x=0}^{a} A_{yz}^{(1)}(x,y) A_{yz}^{v}(x,y)(z^2 - h_1^2)(h_2^2 - h_1^2) dxdydz \\
&= k_{yz14}^{(1)} \sum_{m=1}^{\infty} \sum_{n=1}^{\infty} \sum_{i=1}^{\infty} \sum_{j=1}^{\infty} A_{mn} A_{ij} F_{yz14}^{uni(1)}
\end{aligned}
\tag{5.112}
$$

$$U_{yz15}^{uni(1)} = \frac{S_{44}^{(1)}}{2} \int_{z=0}^{h_1} \int_{y=0}^{b} \int_{x=0}^{a} A_{yz}^{(2)}(x,y) A_{yz}^{v}(x,y)(h_2^2 - h_1^2)\left(\frac{h^2}{4} - h_2^2\right) \mathrm{d}x\mathrm{d}y\mathrm{d}z$$

$$= k_{yz15}^{(1)} \sum_{m=1}^{\infty} \sum_{n=1}^{\infty} \sum_{i=1}^{\infty} \sum_{j=1}^{\infty} A_{mn} A_{ij} F_{yz15}^{uni(1)} \tag{5.113}$$

$$U_{yz16}^{uni(1)} = -\frac{S_{44}^{(1)}}{2} \int_{z=0}^{h_1} \int_{y=0}^{b} \int_{x=0}^{a} A_{yz}^{(1)}(x,y) A_{yz}^{(2)}(x,y)(z^2 - h_1^2)\left(\frac{h^2}{4} - h_2^2\right) \mathrm{d}x\mathrm{d}y\mathrm{d}z$$

$$= k_{yz16}^{(1)} \sum_{m=1}^{\infty} \sum_{n=1}^{\infty} \sum_{i=1}^{\infty} \sum_{j=1}^{\infty} A_{mn} A_{ij} F_{yz16}^{uni(1)} \tag{5.114}$$

$$k_{yz11}^{(1)} = \frac{2S_{44}^{(1)} h_1^5}{15\lambda a^4}, k_{yz12}^{(1)} = \frac{S_{44}^{(1)} h_1 (h_2^2 - h_1^2)^2}{4\lambda a^4}$$

$$k_{yz13}^{(1)} = \frac{S_{44}^{(1)} h_1}{4\lambda a^4}\left(\frac{h^2}{4} - h_2^2\right)^2, \quad k_{yz14}^{(1)} = \frac{S_{44}^{(1)} h_1^3}{3\lambda a^4}(h_2^2 - h_1^2)$$

$$k_{yz15}^{(1)} = \frac{S_{44}^{(1)} h_1}{2\lambda a^4}(h_2^2 - h_1^2)\left(\frac{h^2}{4} - h_2^2\right), k_{yz16}^{(1)} = \frac{S_{44}^{(1)} h_1^3}{3\lambda a^4}\left(\frac{h^2}{4} - h_2^2\right) \tag{5.115}$$

$$F_{yz11}^{uni(1)} = (\overline{Q}_{16}^{(1)})^2 C_{minj}^{3300} + 9\lambda^4 (\overline{Q}_{26}^{(1)})^2 C_{minj}^{1122} + \lambda^2 (\overline{Q}_{12}^{(1)} + 2\overline{Q}_{66}^{(1)})^2 C_{minj}^{2211}$$

$$+ \lambda^6 (\overline{Q}_{22}^{(1)})^2 C_{minj}^{0033} + 6\lambda^2 \overline{Q}_{16}^{(1)} \overline{Q}_{26}^{(1)} C_{minj}^{3102} + 2\lambda \overline{Q}_{16}^{(1)}(\overline{Q}_{12}^{(1)} + 2\overline{Q}_{66}^{(1)}) C_{minj}^{3201}$$

$$+ 2\lambda^3 \overline{Q}_{22}^{(1)} \overline{Q}_{16}^{(1)} C_{minj}^{3003} + 6\lambda^3 \overline{Q}_{26}^{(1)}(\overline{Q}_{12}^{(1)} + 2\overline{Q}_{66}^{(1)}) C_{minj}^{1221}$$

$$+ 6\lambda^5 \overline{Q}_{22}^{(1)} \overline{Q}_{26}^{(1)} C_{minj}^{1023} + 2\lambda^4 \overline{Q}_{22}^{(1)}(\overline{Q}_{12}^{(1)} + 2\overline{Q}_{66}^{(1)}) C_{minj}^{2013} \tag{5.116}$$

$$F_{yz12}^{uni(1)} = \lambda^2 (Q_{12}^{v} + 2Q_{66}^{v})^2 C_{minj}^{2211} + 2\lambda^4 Q_{22}^{v}(Q_{12}^{v} + 2Q_{66}^{v}) C_{minj}^{2013} + \lambda^6 (Q_{22}^{v})^2 C_{minj}^{0033} \tag{5.117}$$

$$F_{yz13}^{uni(1)} = F_{yz1}^{uni(2)} = (\overline{Q}_{16}^{(2)})^2 C_{minj}^{3300} + 9\lambda^4 (\overline{Q}_{26}^{(2)})^2 C_{minj}^{1122} + \lambda^2 (\overline{Q}_{12}^{(2)} + 2\overline{Q}_{66}^{(2)})^2 C_{minj}^{2211}$$

$$+ \lambda^6 (\overline{Q}_{22}^{(2)})^2 C_{minj}^{0033} + 6\lambda^2 \overline{Q}_{16}^{(2)} \overline{Q}_{26}^{(2)} C_{minj}^{3102} + 2\lambda \overline{Q}_{16}^{(2)}(\overline{Q}_{12}^{(2)} + 2\overline{Q}_{66}^{(2)}) C_{minj}^{3201}$$

$$+ 6\lambda^5 \overline{Q}_{22}^{(2)} \overline{Q}_{26}^{(2)} C_{minj}^{1023} + 2\lambda^4 \overline{Q}_{22}^{(2)}(\overline{Q}_{12}^{(2)} + 2\overline{Q}_{66}^{(2)}) C_{minj}^{2013} \tag{5.118}$$

$$F_{yz14}^{uni(1)} = \lambda (Q_{12}^{v} + 2Q_{66}^{v}) \overline{Q}_{16}^{(1)} C_{minj}^{3201} + 3\lambda^3 (Q_{12}^{v} + 2Q_{66}^{v}) \overline{Q}_{26}^{(1)} C_{minj}^{1221}$$

$$+ \lambda^2 (Q_{12}^{v} + 2Q_{66}^{v})(\overline{Q}_{12}^{(1)} + 2\overline{Q}_{66}^{(1)}) C_{minj}^{2211}$$

$$+ \lambda^4 [(Q_{12}^{v} + 2Q_{66}^{v})\overline{Q}_{22}^{(1)} + Q_{22}^{v}(\overline{Q}_{12}^{(1)} + 2\overline{Q}_{66}^{(1)})] C_{minj}^{2013}$$

$$+ \lambda^3 Q_{22}^{v} \overline{Q}_{16}^{(1)} C_{minj}^{3003} + 3\lambda^5 Q_{22}^{v} \overline{Q}_{26}^{(1)} C_{minj}^{1023} + \lambda^6 Q_{22}^{v} \overline{Q}_{22}^{(1)} C_{minj}^{0033} \tag{5.119}$$

$$F_{yz15}^{uni(1)} = \lambda (Q_{12}^{v} + 2Q_{66}^{v}) \overline{Q}_{16}^{(2)} C_{minj}^{3201} + 3\lambda^3 (Q_{12}^{v} + 2Q_{66}^{v}) \overline{Q}_{26}^{(2)} C_{minj}^{1221}$$

$$+ \lambda^2 (Q_{12}^{v} + 2Q_{66}^{v})(\overline{Q}_{12}^{(2)} + 2\overline{Q}_{66}^{(2)}) C_{minj}^{2211}$$

$$+ \lambda^4 [(Q_{12}^{v} + 2Q_{66}^{v})\overline{Q}_{22}^{(2)} + Q_{22}^{v}(\overline{Q}_{12}^{(2)} + 2\overline{Q}_{66}^{(2)})] C_{minj}^{2013}$$

$$+ \lambda^3 Q_{22}^{v} \overline{Q}_{16}^{(2)} C_{minj}^{3003} + 3\lambda^5 Q_{22}^{v} \overline{Q}_{26}^{(2)} C_{minj}^{1023} + \lambda^6 Q_{22}^{v} \overline{Q}_{22}^{(2)} C_{minj}^{0033} \tag{5.120}$$

$$F_{yz16}^{uni(1)} = \overline{Q}_{16}^{(1)} \overline{Q}_{16}^{(2)} C_{minj}^{3300} + 9\lambda^4 \overline{Q}_{26}^{(1)} \overline{Q}_{26}^{(2)} C_{minj}^{1122} + \lambda^2 (\overline{Q}_{12}^{(1)} + 2\overline{Q}_{66}^{(1)})(\overline{Q}_{12}^{(2)} + 2\overline{Q}_{66}^{(2)}) C_{minj}^{2211}$$

$$+\lambda^6 \overline{Q}_{22}^{(1)} \overline{Q}_{22}^{(2)} C_{minj}^{0033} + 3\lambda^2 [\overline{Q}_{16}^{(1)} \overline{Q}_{26}^{(2)} + \overline{Q}_{26}^{(1)} \overline{Q}_{16}^{(2)}] C_{minj}^{3102}$$

$$+\lambda [\overline{Q}_{16}^{(1)} (\overline{Q}_{12}^{(2)} + 2\overline{Q}_{66}^{(2)}) + (\overline{Q}_{12}^{(1)} + 2\overline{Q}_{66}^{(1)}) \overline{Q}_{16}^{(2)}] C_{minj}^{3201}$$

$$+\lambda^3 [\overline{Q}_{16}^{(1)} \overline{Q}_{22}^{(2)} + \overline{Q}_{22}^{(1)} \overline{Q}_{16}^{(2)}] C_{minj}^{3003} + 3\lambda^5 [\overline{Q}_{26}^{(1)} \overline{Q}_{22}^{(2)} + \overline{Q}_{22}^{(1)} \overline{Q}_{26}^{(2)}] C_{minj}^{1023}$$

$$+3\lambda^3 [\overline{Q}_{26}^{(1)} (\overline{Q}_{12}^{(2)} + 2\overline{Q}_{66}^{(2)}) + (\overline{Q}_{12}^{(1)} + 2\overline{Q}_{66}^{(1)}) \overline{Q}_{26}^{(2)}] C_{minj}^{1221}$$

$$+\lambda^4 [(\overline{Q}_{12}^{(1)} + 2\overline{Q}_{66}^{(1)}) \overline{Q}_{22}^{(2)} + (\overline{Q}_{12}^{(2)} + 2\overline{Q}_{66}^{(2)}) \overline{Q}_{22}^{(1)}] C_{minj}^{2013} \qquad (5.121)$$

故广义正交各向异性层 1 在 $yz$ 方向的第一部分切应力应变能为

$$U_{yz1}^{uni(1)} = \sum_{m=1}^{\infty} \sum_{n=1}^{\infty} \sum_{i=1}^{\infty} \sum_{j=1}^{\infty} A_{mn} A_{ij} F_{yz1}^{uni(1)} \qquad (5.122)$$

其中

$$F_{yz1}^{uni(1)} = k_{yz11}^{(1)} F_{yz11}^{uni(1)} + k_{yz12}^{(1)} F_{yz12}^{uni(1)} + k_{yz13}^{(1)} F_{yz13}^{uni(1)} + k_{yz14}^{(1)} F_{yz14}^{uni(1)} + k_{yz15}^{(1)} F_{yz15}^{uni(1)} + k_{yz16}^{(1)} F_{yz16}^{uni(1)}$$

$$\qquad (5.123)$$

2) 广义正交异性层 1 在 $yz$ 方向总的切应力应变能

广义正交异性层 1 在 $yz$ 方向的第二部分切应力应变能参见式(5.80)和式(5.106),广义正交异性层 1 在 $yz$ 方向总的切应力应变能为

$$U_{yz}^{uni(1)} = \sum_{m=1}^{\infty} \sum_{n=1}^{\infty} \sum_{i=1}^{\infty} \sum_{j=1}^{\infty} A_{mn} A_{ij} F_{yz}^{uni(1)} \qquad (5.124)$$

其中,
$$F_{yz}^{uni(1)} = F_{yz1}^{uni(1)} + F_{xz2}^{uni(1)} \qquad (5.125)$$

### 3. 黏弹性层在 $yz$ 方向的切应力应变能

黏弹性层在 $yz$ 方向的切应力应变能密度为

$$u_{yz}^v = \frac{(\tau_{yz}^v)^2}{2G} = \frac{1}{8G} \left[ A_{yz}^v(x,y)(z^2 - h_2^2) - A_{yz}^{(2)}(x,y) \left( \frac{h^2}{4} - h_2^2 \right) \right]^2 \qquad (5.126)$$

黏弹性层中 $yz$ 方向的总应变能为

$$U_{yz}^v = 2 \int_{z=h_1}^{h_2} \int_{y=0}^{b} \int_{x=0}^{a} u_{yz}^v \mathrm{d}x\mathrm{d}y\mathrm{d}z = U_{yz1}^v + U_{yz2}^v + U_{yz3}^v \qquad (5.127)$$

其中

$$U_{yz1}^v = \frac{1}{4G} \left( \frac{8}{15} h_2^5 - \frac{1}{5} h_1^5 + \frac{2}{3} h_1^3 h_2^2 - h_1 h_2^4 \right) \int_{x=0}^{a} \int_{y=0}^{b} [A_{yz}^v(x,y)]^2 \mathrm{d}x\mathrm{d}y$$

$$= k_{xz1}^v \sum_{m=1}^{\infty} \sum_{n=1}^{\infty} \sum_{i=1}^{\infty} \sum_{j=1}^{\infty} A_{mn} A_{ij} F_{yz1}^v \qquad (5.128)$$

$$U_{yz2}^v = \frac{1}{4G} \left( 2h_2^2 - \frac{h^2}{2} \right) \left( h_1 h_2^2 - \frac{2}{3} h_2^3 - \frac{1}{3} h_1^3 \right) \int_{x=0}^{a} \int_{y=0}^{b} A_{yz}^v(x,y) A_{yz}^{(2)}(x,y) \mathrm{d}x\mathrm{d}y$$

$$= k_{xz2}^v \sum_{m=1}^{\infty} \sum_{n=1}^{\infty} \sum_{i=1}^{\infty} \sum_{j=1}^{\infty} A_{mn} A_{ij} F_{yz2}^v \qquad (5.129)$$

$$U_{yz3}^v = \frac{1}{4G}(h_2 - h_1)\left(\frac{h^2}{4} - h_2^2\right)^2 \int_{x=0}^{a}\int_{y=0}^{b}\left[A_{yz}^{(2)}(x,y)\right]^2 \mathrm{d}x\mathrm{d}y$$

$$= k_{xz3}^v \sum_{m=1}^{\infty}\sum_{n=1}^{\infty}\sum_{i=1}^{\infty}\sum_{j=1}^{\infty} A_{mn}A_{ij}F_{yz3}^v \tag{5.130}$$

$k_{yz1}^v = k_{xz1}^v$，$k_{yz2}^v = k_{xz2}^v$，$k_{yz3}^v = k_{xz3}^v$，参见式(5.89)。

$$F_{yz1}^v = F_{yz12}^{uni(1)} = \lambda^2(Q_{12}^v + 2Q_{66}^v)^2 C_{minj}^{2211} + 2\lambda^4 Q_{22}^v(Q_{12}^v + 2Q_{66}^v)C_{minj}^{2013} + \lambda^6(Q_{22}^v)^2 C_{minj}^{0033} \tag{5.131}$$

$$F_{yz2}^v = F_{yz15}^{uni(1)} = \lambda(Q_{12}^v + 2Q_{66}^v)\overline{Q}_{16}^{(2)}C_{minj}^{3201} + 3\lambda^3(Q_{12}^v + 2Q_{66}^v)\overline{Q}_{26}^{(2)}C_{minj}^{1221}$$
$$+ \lambda^2(Q_{12}^v + 2Q_{66}^v)(\overline{Q}_{12}^{(2)} + 2\overline{Q}_{66}^{(2)})C_{minj}^{2211}$$
$$+ \lambda^4[(Q_{12}^v + 2Q_{66}^v)\overline{Q}_{22}^{(2)} + Q_{22}^v(\overline{Q}_{12}^{(2)} + 2\overline{Q}_{66}^{(2)})]C_{minj}^{2013}$$
$$+ \lambda^3 Q_{22}^v\overline{Q}_{16}^{(2)}C_{minj}^{3003} + 3\lambda^5 Q_{22}^v\overline{Q}_{26}^{(2)}C_{minj}^{1023} + \lambda^6 Q_{22}^v\overline{Q}_{22}^{(2)}C_{minj}^{0033} \tag{5.132}$$

$$F_{yz3}^v = F_{yz1}^{uni(2)} = (\overline{Q}_{16}^{(2)})^2 C_{minj}^{3300} + 9\lambda^4(\overline{Q}_{26}^{(2)})^2 C_{minj}^{1122} + \lambda^2(\overline{Q}_{12}^{(2)} + 2\overline{Q}_{66}^{(2)})^2 C_{minj}^{2211}$$
$$+ \lambda^6(\overline{Q}_{22}^{(2)})^2 C_{minj}^{0033} + 6\lambda^2\overline{Q}_{16}^{(2)}\overline{Q}_{26}^{(2)}C_{minj}^{3102} + 2\lambda\overline{Q}_{16}^{(2)}(\overline{Q}_{12}^{(2)} + 2\overline{Q}_{66}^{(2)})C_{minj}^{3201}$$
$$+ 6\lambda^5\overline{Q}_{22}^{(2)}\overline{Q}_{26}^{(2)}C_{minj}^{1023} + 2\lambda^4\overline{Q}_{22}^{(2)}(\overline{Q}_{12}^{(2)} + 2\overline{Q}_{66}^{(2)})C_{minj}^{2013} \tag{5.133}$$

故黏弹性阻尼层中 $yz$ 方向的切应力应变能为

$$U_{yz}^v = \sum_{m=1}^{\infty}\sum_{n=1}^{\infty}\sum_{i=1}^{\infty}\sum_{j=1}^{\infty} A_{mn}A_{ij}F_{yz}^v \tag{5.134}$$

其中，
$$F_{yz}^v = k_{xz1}^v F_{yz12}^{uni(1)} + k_{xz2}^v F_{yz15}^{uni(1)} + k_{xz3}^v F_{yz1}^{uni(2)} \tag{5.135}$$

## 5.5　结构的总应变能

结构总的应变能为

$$U = U_p^{uni} + U_{xz}^{uni(2)} + U_{xz}^{uni(1)} + U_{yz}^{uni(2)} + U_{yz}^{uni(1)} + U_p^v + U_{xz}^v + U_{yz}^v$$

$$= \sum_{m=1}^{M}\sum_{n=1}^{N}\sum_{i=1}^{M}\sum_{j=1}^{N} A_{mn}A_{ij}F_{total} \tag{5.136}$$

$$F_{total} = F_p^{uni} + F_{xz}^{uni(2)} + F_{xz}^{uni(1)} + F_{yz}^{uni(2)} + F_{yz}^{uni(1)} + k_p^v F_p^v + F_{xz}^v + F_{yz}^v \tag{5.137}$$

其中，$k_p^v$ 和 $F_p^v$ 参见式(5.11)，$F_p^{uni}$ 参见式(5.9)，$F_{xz}^{uni(2)}$ 参见式(5.37)，$F_{xz}^{uni(1)}$ 参见式(5.83)，$F_{yz}^{uni(2)}$ 参见式(5.102)，$F_{yz}^{uni(1)}$ 参见式(5.125)，$F_{xz}^v$ 参见式(5.94)，$F_{yz}^v$ 参见式(5.135)。

## 5.6　损　耗　因　子

与第4章4.6节类似,结构总的损耗因子可写成:

$$\eta(\theta) = \frac{1}{U}\Big[\,\eta_{11}(U_{11}^{uni(1)}+U_{11}^{uni(2)}) + 2\eta_{12}(U_{12}^{uni(1)}+U_{12}^{uni(2)}) + \eta_{22}(U_{22}^{uni(1)}+U_{22}^{uni(2)})$$

$$+\eta_{22}(U_{22}^{uni(1)}+U_{22}^{uni(2)}) + \eta_{66}(U_{66}^{uni(1)}+U_{66}^{uni(2)}+U_{xz}^{uni(1)}+U_{xz}^{uni(2)}+U_{yz}^{uni(1)}+U_{yz}^{uni(2)})$$

$$+\eta_{v}(U_{p}^{v}+U_{xz}^{v}+U_{yz}^{v})\,\Big] \tag{5.138}$$

其中 $U$ 参见式(5.136)。

$$U_{11}^{uni(1)} = 2\int_{z=0}^{z=h_1}\int_{y=0}^{b}\int_{x=0}^{a}\left(\frac{1}{2}Q_{11}\varepsilon_x^2\right)\mathrm{d}x\mathrm{d}y\mathrm{d}z \tag{5.139}$$

$$U_{12}^{uni(1)} = 2\int_{z=0}^{z=h_1}\int_{y=0}^{b}\int_{x=0}^{a}\left(\frac{1}{2}Q_{12}\varepsilon_x\varepsilon_y\right)\mathrm{d}x\mathrm{d}y\mathrm{d}z \tag{5.140}$$

$$U_{22}^{uni(1)} = 2\int_{z=0}^{z=h_1}\int_{y=0}^{b}\int_{x=0}^{a}\left(\frac{1}{2}Q_{22}\varepsilon_y^2\right)\mathrm{d}x\mathrm{d}y\mathrm{d}z \tag{5.141}$$

$$U_{66}^{uni(1)} = 2\int_{z=0}^{z=h_1}\int_{y=0}^{b}\int_{x=0}^{a}\left(\frac{1}{2}\tau_{xy}^{(1)}\gamma_{xy}\right)\mathrm{d}x\mathrm{d}y\mathrm{d}z \tag{5.142}$$

$$U_{11}^{uni(2)} = 2\int_{z=h_2}^{z=h/2}\int_{y=0}^{b}\int_{x=0}^{a}\left(\frac{1}{2}Q_{11}\varepsilon_x^2\right)\mathrm{d}x\mathrm{d}y\mathrm{d}z \tag{5.143}$$

$$U_{12}^{uni(2)} = 2\int_{z=h_2}^{z=h/2}\int_{y=0}^{b}\int_{x=0}^{a}\left(\frac{1}{2}Q_{12}\varepsilon_x\varepsilon_y\right)\mathrm{d}x\mathrm{d}y\mathrm{d}z \tag{5.144}$$

$$U_{22}^{uni(2)} = 2\int_{z=h_2}^{z=h/2}\int_{y=0}^{b}\int_{x=0}^{a}\left(\frac{1}{2}Q_{22}\varepsilon_y^2\right)\mathrm{d}x\mathrm{d}y\mathrm{d}z \tag{5.145}$$

$$U_{66}^{uni(2)} = 2\int_{z=h_2}^{z=h/2}\int_{y=0}^{b}\int_{x=0}^{a}\left(\frac{1}{2}\tau_{xy}^{(2)}\gamma_{xy}\right)\mathrm{d}x\mathrm{d}y\mathrm{d}z \tag{5.146}$$

其中，$U_{xz}^{uni(1)}$ 参见式(5.82)，$U_{xz}^{uni(2)}$ 参见式(5.36)，$U_{yz}^{uni(1)}$ 参见式(5.124)，$U_{yz}^{uni(2)}$ 参见式 (5.101)，$U_{p}^{v}$ 参见式(5.11)，$U_{xz}^{v}$ 参见式(5.93)，$U_{yz}^{v}$ 参见式(5-134)，$\eta_{ij}$ 为复合材料的损耗因子，$\eta_{v}$ 为黏弹性阻尼材料的损耗因子。

## 5.7 算 例 分 析

算例中采用参考文献[5]的复合材料弹性常数：$E_1 = 29.9\mathrm{GPa}$，$E_2 = 5.85\mathrm{GPa}$，$\mu_{12} = 0.24$，$G_{12} = 2.45\mathrm{GPa}$，$G_{13} = G_{12}$，$G_{23} = 2.25\mathrm{GPa}$。复合材料的损耗因子如下：$\eta_{11} = 0.40\%$，$\eta_{22} = 1.50\%$，$\eta_{12} = 0$，$\eta_{66} = 2.00\%$。黏弹性材料参数如下：弹性模量分 $E = 7.0\mathrm{MPa}$ 和 $E = 50\mathrm{MPa}$ 两种，泊松比 $\mu = 0.25$，损耗因子 $\eta_v = 0.30$。板的长和宽分别为 0.2m 和 0.14m，厚度为 2.8mm，其中芯层的厚度为 0.8mm，黏弹性层的厚度为 0.4mm。

## 1. 算例1

当黏弹性材料 $E=7.0$MPa、边界条件为四边固支时，计算复合结构的损耗因子，损耗因子随纤维铺设角度的变化关系见图 5.2 和图 5.3。从图 5.2 中可以看出，在对称结构中，当复合材料面板纤维铺设角度 $\theta_2$ 为 0°时，芯层复合材料层的纤维铺设角度 $\theta_1$ 对损耗因子的影响是较小的，且损耗因子是随着角度 $\theta_1$ 增大而减小的。面板的纤维铺设角度 $\theta_2$ 对损耗因子的影响较明显，当芯层复合材料纤维铺设角度 $\theta_1$ 为 0°时，$\theta_2$ 在 0°~50°之间，损耗因子随着角度 $\theta_2$ 增大而增大；$\theta_2$ 在 50°~90°之间随着角度 $\theta_2$ 增大而减小。

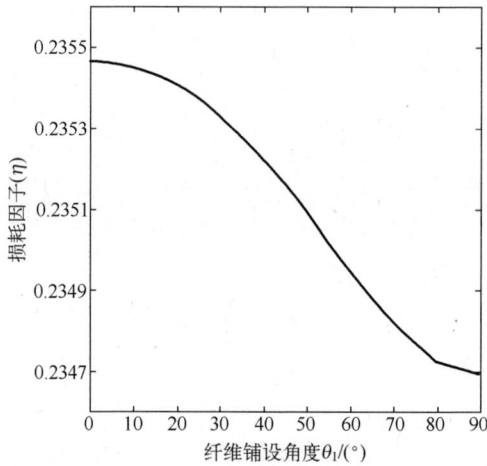

图 5.2　$E=7.0$MPa 时芯层纤维铺设角度 $\theta_1$ 对损耗因子的影响

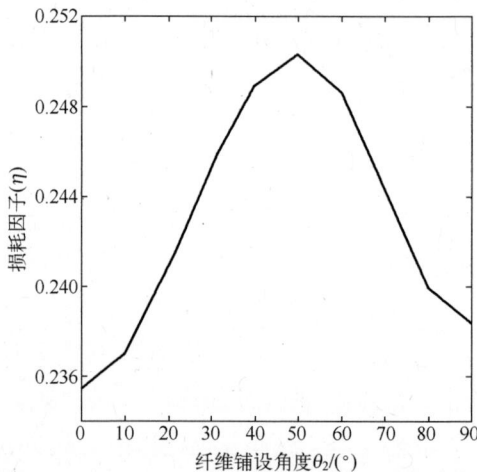

图 5.3　$E=7.0$MPa 时面板纤维铺设角度 $\theta_2$ 对损耗因子的影响

计算面板的纤维铺设角度 $\theta_2$ 为 0°、50° 和 90° 时的各应力分量对能量和阻尼的贡献,其结果见图 5.4~图 5.6。从图中可以看出:

（1）黏弹性层的剪切应力对应变能的贡献最大,其次是面板的面内应力;

（2）面板的剪切应力、芯层的各分应力和黏弹性层的面内应力对总应变能的贡献都很小;

（3）虽然面板的面内应力对总的应变能有一定的贡献,但是其对阻尼的贡献是很小的,这是由于复合材料的损耗因子相对于黏弹性层来说是较小的;

（4）黏弹性层的剪切应力是复合结构阻尼的主要贡献者;

（5）损耗因子随面板纤维铺设角度变化的主要原因是黏弹性层沿 $yz$ 方向的切应力对总的应变能和阻尼产生的贡献有明显变化。

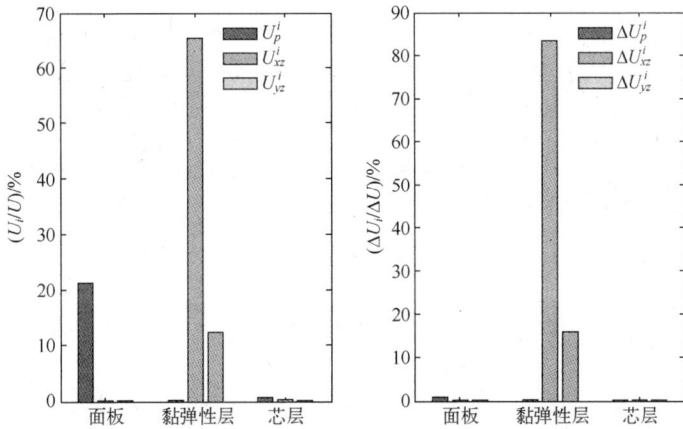

图 5.4　当 $E = 7.0\text{MPa}$、$\theta_2 = 0°$ 时各应力分量对总应变能和阻尼的贡献

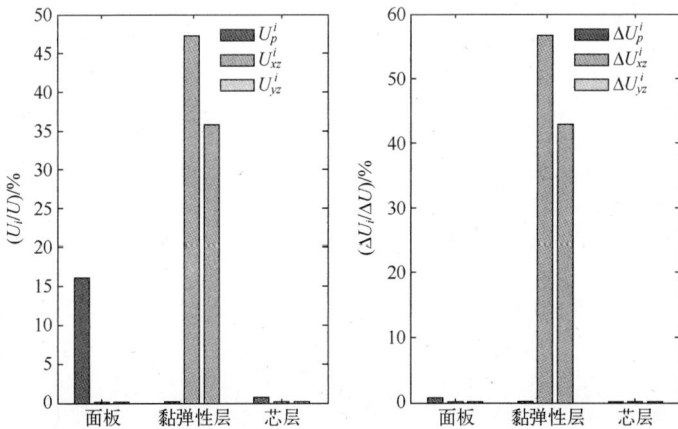

图 5.5　当 $E = 7.0\text{MPa}$、$\theta_2 = 50°$ 时各应力分量对总应变能和阻尼的贡献

计算芯层纤维铺设角度 $\theta_1$ 为 0°、90°时的各应力分量对能量和阻尼的贡献,见图 5.4 和图 5.7。芯层纤维铺设角度 $\theta_1$ 的变化对黏弹性层的切应力应变能影响不大,对损耗因子的影响也是比较小的。

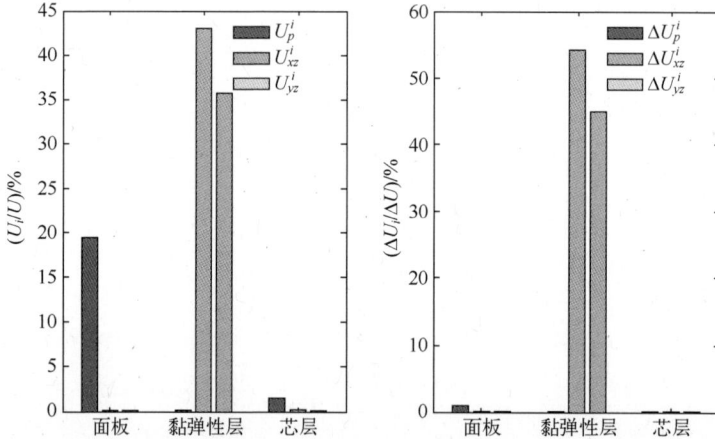

图 5.6 当 $E=7.0\text{MPa}$、$\theta_2=90°$时各应力分量对总应变能和阻尼的贡献

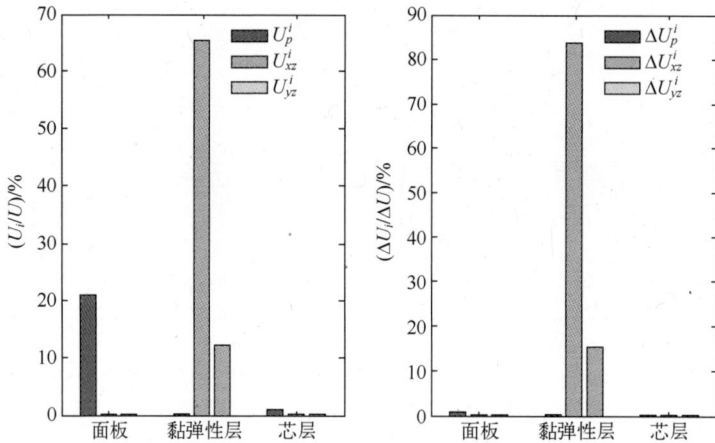

图 5.7 当 $E=7.0\text{MPa}$、$\theta_1=90°$时各应力分量对总应变能和阻尼的贡献

## 2. 算例 2

当黏弹性材料的 $E=50\text{MPa}$、边界条件为四边固支时,计算复合结构的损耗因子随纤维铺设角度的变化关系见图 5.8 和图 5.9。从图 5.8 中可以看出,当面板复合材料纤维铺设角度 $\theta_2$ 为 0°时,芯层纤维铺设角度 $\theta_1$ 对复合结构损耗因子的影响相对较小,且损耗因子随角度 $\theta_1$ 增大而减小。从图 5.9 中可以看出,面板的纤维铺设角度

$\theta_2$ 对复合结构的损耗因子的影响相对较大,当芯层复合材料纤维铺设角度 $\theta_1$ 为 0°时,在 0°~30°区间,损耗因子随着角度 $\theta_2$ 增大稍有增加;在 30°~90°区间,损耗因子随着角度 $\theta_2$ 增大而明显增加。

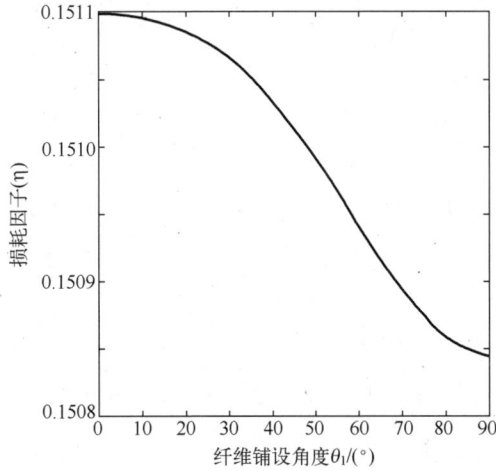

图 5.8  黏弹性材料 $E = 50\mathrm{MPa}$ 时角度 $\theta_1$ 对结构损耗因子的影响

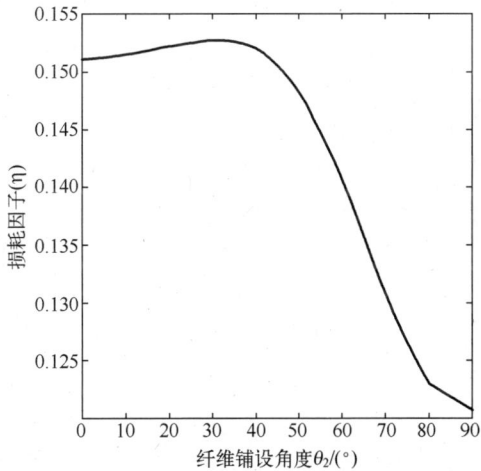

图 5.9  黏弹性材料 $E = 50\mathrm{MPa}$ 时角度 $\theta_2$ 对结构损耗因子的影响

面板纤维铺设角度 $\theta_2$ 为 0°、30°和 90°时的各应力分量对总应变能和阻尼的贡献见图 5.10~图 5.12。从图中可以看出:

(1)面板的面内应力对总的应变能贡献最大,其次是黏弹性层的剪切应力;

(2)面板的剪切应力、黏弹性层的面内应力和芯层的各分应力对总应变能的贡

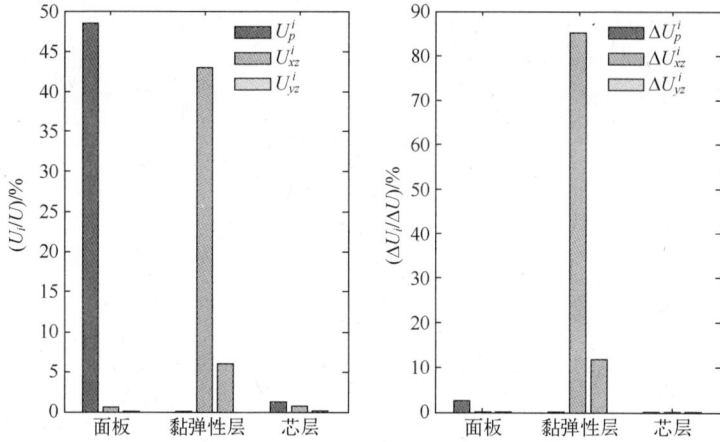

图 5.10　黏弹性材料 $E = 50\text{MPa}$、$\theta_2 = 0°$ 时各应力分量对总应变能和阻尼的贡献

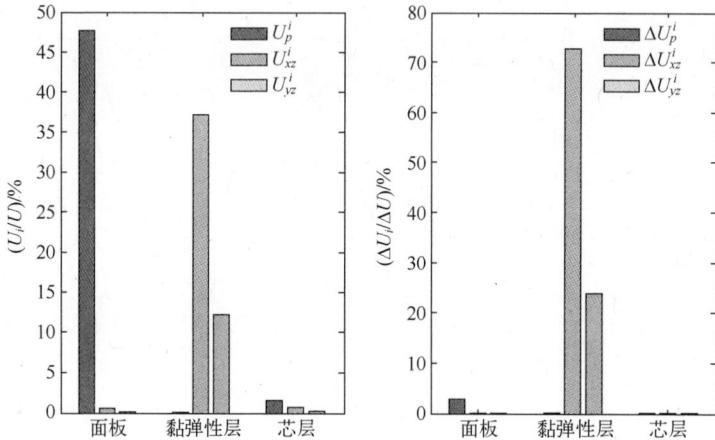

图 5.11　黏弹性材料 $E = 50\text{MPa}$、$\theta_2 = 30°$ 时各应力分量对总应变能和阻尼的贡献

献都很小;

（3）黏弹性层的剪切应力对阻尼的贡献最大,面板的面内应力对阻尼的贡献相对较小;

（4）损耗因子随面板纤维铺设角度变化的主要原因是黏弹性层 $xz$ 方向的切应力对总的应变能和阻尼产生的贡献明显变化。

芯层纤维铺设角度 $\theta_1$ 为 0° 和 90° 时各应力分量对总应变能和阻尼的贡献见图 5.10 和图 5.13。芯层纤维铺设角度 $\theta_1$ 的变化对黏弹性层的切应力应变能影响不大,对损耗因子的影响也是比较小的。

88

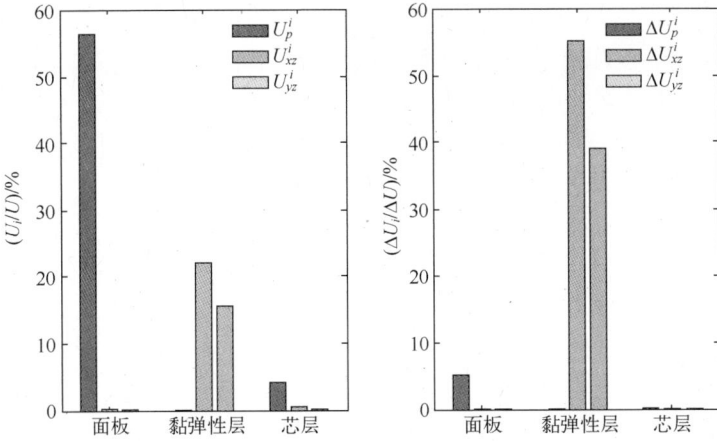

图 5.12　黏弹性材料 $E=50\mathrm{MPa}$、$\theta_2=90°$ 时各应力分量对总应变能和阻尼的贡献

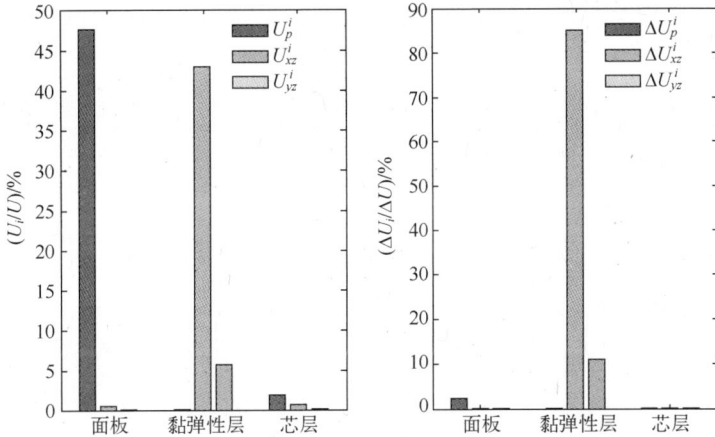

图 5.13　黏弹性材料 $E=50\mathrm{MPa}$、$\theta_1=90°$ 时各应力分量对总应变能和阻尼的贡献

当黏弹性层的弹性模量 $E$ 从 7.0MPa 增至 50MPa 时,面板的面内应力对总应变能的贡献明显增加,复合结构的损耗因子也明显减小。这是由于黏弹性层的切应变减小,其阻尼性能明显降低所致。

## 5.8　结　　论

在第 4 章理论的基础上,建立了总共五层的复合材料夹杂双层黏弹性阻尼材料对称结构的数学模型。通过算例分析,得到如下结论:

（1）面板复合材料的纤维铺设角度 $\theta_2$ 对损耗因子和应变能具有显著影响，芯层的纤维铺设角度 $\theta_1$ 对损耗因子和应变能的影响很小。

（2）面板的面内应力和黏弹性层的剪切应力是复合结构总应变能的主要贡献者，面板的剪切应力、黏弹性层的面内应力和芯层的各分应力对总应变能的贡献都很小。

（3）黏弹性层的剪切应力是复合结构阻尼的主要贡献者。

（4）黏弹性层的弹性模量对复合结构的应变能和损耗因子有着重要的影响，随着黏弹性层和复合材料面板的弹性模量差增大，复合结构的阻尼效果明显减小。

# 参 考 文 献

［1］ 马邦安．五层黏弹性阻尼梁的损耗因子和频率[J]．力学与实践，1982，1：39-43.

［2］ 杨雪，王远胜，朱金华，等．多层复合阻尼结构的阻尼性能[J]．复合材料学报，2005，22(3)：175-181.

［3］ 杨加明，钟小丹，李明俊．用.Ritz 法分析复合材料夹杂黏弹性阻尼材料的应变能[J]．复合材料学报，2009，26(2)：206-209.

［4］ 杨加明，钟小丹，赵艳影．复合材料夹杂双层黏弹性材料的应变能和阻尼性能分析[J]．工程力学，2010，27(3)：212-216

［5］ Young D. Vibration of rectangular plates by the Ritz method [J]. J Appl. Mech. , 1950, 17: 448-453.

# 第6章 改进的遗传算法

遗传算法是20世纪60年代由美国Michigan大学J. Holland[1]教授提出来的一种全局优化及概率搜索的优化算法,其本质是对自然界生物遗传进化现象的计算机模拟。遗传算法不受目标函数是否连续或可导的限制,搜索过程仅根据种群中各个体适应度函数值来指导搜索方向,几乎不需要其他外部信息。对目标函数的要求低,具有良好的鲁棒性和通用性。遗传算法内部隐含的并行性保证了其强大的全局搜索能力和很高的搜索效率,因此,遗传算法一经提出便引起了人们的极大关注。随着遗传算法理论基础的不断完善,搜索性能不断提高,遗传算法已广泛应用于多个学科领域的优化设计问题[2],在复合材料层合板优化设计方面也有许多的应用[3-6]。我们将改进后的遗传算法应用于黏弹性复合材料结构的优化设计中。

传统的优化方法通常要求函数具有空间连续性及可微性,但在实际应用领域,常常会遇到一些不连续、解空间巨大或具有多个解的问题,这类问题往往算法复杂,传统的优化算法在处理这些问题时很难取得满意的效果,结果往往不能反映全局解,所以传统的优化算法存在很多的缺陷和不足,人们在期待新的优化算法的产生,这为遗传算法的提出提供了条件。

构造优化算法的主要思路之一是模拟自然界中自然现象的内在规律,如退火算法是对固体退火过程的模拟、粒子群优化算法则来源于鸟群觅食的动态过程。自从达尔文创立的进化论得到认可以后,进化机制就引起了人们的普遍兴趣,大多数生物都是通过自然选择和有性繁殖这两个基本过程来实现进化的。自然选择决定了哪些生物可以生存下来并赢得生育下一代的机会;有性繁殖则为生物基因的重组及变异提供了条件,基因重组后产生的新个体的适应性普遍提高。自然选择决定了"物竞天择,适者生存"的淘汰机制,有性繁殖则大大加快了生物进化的速度。遗传算法则是对自然界生物遗传、进化及淘汰过程的计算机模拟。

在20世纪60年代,美国Michigan大学J. Holland[1,7]和Bremermann[8]教授创立了遗传算法。但他们早期的研究没有明确的目的,缺乏带有指导性的理论,侧重于一些复杂操作的研究。1967年Holland教授的学生Bagley[9]在他的博士毕业论文中首次提出"遗传算法"这一专业术语,并把遗传算法应用到自动博弈中。在这篇论文中,

Bagley 引进了群体、适应度值、选择、变异、交叉等遗传算法的基本概念，并提出了在遗传算法运行的前期和后期使用不同的选择概率、遗传算法的自我调整等观点。1975 年，J. Holland 教授出版了《Adaptation in Natural and Artificial Systems》，这本著作系统地阐述了遗传算法的基本理论和方法，提出了模式定理，确认了选择、交叉和变异算子对于遗传算法获得隐含并行性的重要性。进入 20 世纪 80 年代，随着计算机技术的日益成熟和普及，遗传算法的研究进行了繁荣期，Goldberg[10] 的专著《Genetic Algorithms in Search, Optimization and Machine Learning》被认为是这一时期遗传算法研究的里程碑。Goldberg 在这本书中对当时遗传算法的研究进行了系统和全面的总结，论述了遗传算法的基本原理并把遗传算法应用到实际的工程系统优化设计中。1991 年，Davis[11] 出版了《Handbook of Genetic Algorithm》，这本书对遗传算法的推广起了重要的作用。同一时期，Koza[12] 把遗传算法应用于计算机程序的优化设计，提出了遗传编程的概念，把遗传算法成功应用于人工智能和机器学习等方面，这都是遗传算法研究的重要成果。

遗传算法从此进入了繁荣和快速发展的新时期，其研究成果越来越多。遗传算法的数学理论基础被不断夯实，应用领域不断扩大，研究者对遗传算法的优化能力也进行了大量的改进，遗传算法在科学计算、工程应用及学科交叉等方面均取得了重要成果[13-15]。与此同时，ICGA、PPSN 等各种国际性的遗传算法会议相继召开，尤其是国际遗传算法学会的成立有力地推动了遗传算法的研究和发展。随着网络技术的发展和普及，世界各地的研究成果被广泛交流，目前已有多个研究单位在网络上建立了全球性的遗传算法信息交流网站，这都为新时期遗传算法的发展起到了极大的推动作用。目前遗传算法已经成为多个学科、多个领域的重要研究方向。

本章从介绍基本遗传算法入手，讨论改进的遗传算法-最优保存策略和移民策略的应用，最后讨论另一种改进的遗传算法-乘幂适应度函数的应用。最优保存策略和移民策略的自适应遗传算法应用于第 7 章的黏弹性复合材料结构的优化设计中；乘幂适应度函数的自适应遗传算法应用于第 8 章的黏弹性复合材料结构的动态阻尼性能及优化设计中。

# 6.1　基本遗传算法

遗传算法是对自然界生物遗传、进化及淘汰过程的计算机模拟，来源于达尔文的进化论和生物遗传学说，遗传算法的许多概念也来源于此，因此在介绍基本遗传算法之前，先介绍遗传算法的生物学基础。

### 6.1.1  遗传算法的生物学基础

生物在自然界中的生存繁衍过程事实上是生物群体对自然环境的自适应过程,适应环境能力强的个体能够生存下来并得到繁殖下一代的机会,适应能力弱的个体则被淘汰,即所谓的"物竞天择,适者生存"。生物群体生存的自然环境可以看成是由约束条件形成的可行域,生物个体即为优化过程的优化解,生物进化和优化过程之间存在很多的相似之处,遗传算法的生物学基础即为生物的遗传和进化学说。

生物从其亲代继承特性或性状的生命现象称为遗传,研究这种生命现象的科学称为遗传学。近代生物学早已证明,生物的所有遗传信息都包括在染色体中,生物在繁殖过程中,亲代的生命性征通过染色体传给下一代。染色体主要是由脱氧核糖核酸(DNA)构成,DNA 在染色体上通过有规则的排列组成一个基因串,每个基因对应着一种生命特征。DNA 的基本组成单位为核苷酸,许多的核苷酸通过磷酸二酯键结合成一个长长的链状结构,两条核苷酸链通过碱基间的氢键扭合在一起,相互卷曲形成一个双螺旋结构。染色体通过链状结构上的基因表达来控制对生物个体生命特征的控制。有性繁殖时,同源染色体之间通过发生交叉重组形成新的染色体,新的染色体继承了父代个体的部分基因,又通过重组产生了部分与父代不同的基因序列,新的染色体经过基因的表达产生新的生物个体。

生物在延续生存的过程中逐渐适应自然环境,使得生物群体品质不断得到改良的现象称为进化。生物的进化是以群体为单位进行的,群体中单个生物对其生存环境的适应能力称为个体的适应度。生物个体通过有性繁殖,基因的相互重组能产生新的基因组合,这对促进整个群体的适应度提高起着至关重要的作用,这也是有性繁殖生物出现以后能迅速适应地球环境并占据主导地位的关键因素。基因在交叉重组及复制过程中有可能产生一些"误差",如基因某个位置的核苷酸发生变化或者位置互换等,我们把这种现象称为变异。虽然变异发生的概率很小,但对整个群体的作用却是重要的。通过变异,生物有了除交叉重组以外的方式产生新的基因,有的基因甚至只能通过变异产生,这对保持生物的多样性和适应度的提高是一个重要的补充。生物染色体通过交叉重组、变异过程不断反复来实现生物种群的进化,新生物个体经过自然环境的检验,适应能力强的得以保留,适应能力弱的被淘汰,慢慢促使整个生物群体的适应程度提高。

虽然人们还没有完全揭开生物遗传进化的奥秘,但关于生物遗传进化的几个特点已得到共识。

(1)生物的遗传信息全部包含于染色体中,生物遗传进化的物质基础是染色体。

（2）生物进化是以群体为单位进行的,群体中适应能力强的个体得到更多的生存和繁衍下一代的机会,而适应能力弱的个体慢慢被淘汰。

（3）生物进化的外在动力是自然选择。

（4）染色体的交叉重组和变异是生物适应能力得到提高的根本原因。

## 6.1.2 遗传算法的特点

遗传算法起源于对生物系统的计算机模拟,借鉴了生物遗传进化的一些特征,主要体现为:

（1）生物遗传进化的物质基础是染色体。在遗传算法中,优化问题的一切性质都通过解的编码来表达。

（2）生物进化是以群体为单位进行的。在遗传算法中,优化问题的起点是随机产生的一组编码序列,优化问题的终点是符合停止准则的一组编码序列,优化过程中也始终是以编码序列组为单位进行的。

（3）生物进化的外在动力是自然选择。在遗传算法中,通过构造与目标函数相应的适应度函数,以个体的适应度值作为选择的依据来确保优良个体产生超过平均数的后代。

（4）染色体的交叉重组和变异是生物适应能力得到提高的根本原因。在遗传算法中,解的编码序列通过交叉算子、变异算子来实现相互的交叉重组和变异,以保持优化解的进化。

以上这些特征构成了遗传算法中的编码、选择复制、交叉和变异的过程。与其他的优化算法相比较,遗传算法主要有以下优点[16]:

（1）遗传算法是将决策变量的编码作为运算对象,而不是参数本身。编码运算的形式使得遗传算法可以非常方便地借鉴生物遗传进化的概念处理具有大量参数的优化问题。

（2）遗传算法仅以目标函数值作为搜索信息,不需要导数信息等其他辅助信息来搜索方向,这对目标函数是不可导或不可微的这类问题是非常重要的。遗传算法也不要求目标函数连续,对目标函数空间具有普适性,大大增强了遗传算法的鲁棒性。

（3）遗传算法使用多个搜索点的搜索信息同时搜索。传统的优化算法基本都是使用单点迭代搜索方法,根据预先指定的变化规则和其他辅助信息,从起始点开始通过反复迭代搜索到最优解,这种优化算法搜索效率不高,利用搜索点的信息少,对于多峰分面的目标函数容易陷入局部最优解而无法继续搜索。遗传算法能同时使用多个搜索点的搜索信息,内部隐含的并行性保证了遗传算法强大的全局搜索能力和很高的搜索效率,减少了陷入局部最优解的可能性,保证了遗传算法的全局优化能力。

(4) 遗传算法是概率搜索算法。传统的优化算法往往使用确定性的搜索方法,很可能使得搜索达不到最优解,因而限制了它的使用范围。遗传算法使用概率搜索技术,选择、交叉和变异算子都是以概率为指导的随机技术,虽然可能会产生一些适应能力差的个体,但经过一代代的遗传进化最终适应度高的个体肯定会得到更多的保留,使遗传算法最终收敛于全局最优解[17]。

### 6.1.3 遗传算法的数学理论基础

遗传算法的灵感来源于生物群体的遗传进化,随着遗传算法的影响及应用越来越广泛,遗传算法的理论基础也得到了越来越多的重视。遗传算法的机理可通过模式定理、积木块假设和 Markov 链来分析和讨论。关于模式定理,先介绍以下几个概念[2]。

**定义 1:**一个二进制串的位数,就是串的长度。如 0111000,这个二进制串的长度是 7。

**定义 2:**在某些位上具有一定的相似结构特征的个体编码串的子集,称为一个模式。

所有的模式并不是以同等机会产生的,有些模式比其他模式更确定,如与 $1****$ 模式相比,模式 $1***10$ 在相似性方面有更明确的表示,所以描述模式时需要另外两个参数:模式阶和模式的定义长度。

**定义 3:**模式 $H$ 中确定位置的个数称为模式 $H$ 的模式阶,记作 $O(H)$。

**定义 4:**模式 $H$ 中第一个确定位置和最后一个确定位置之间的距离称为模式的定义长度,记作 $\delta(H)$。

在比例选择算子、单点交叉算子和基本位变异算子的连续作用下,一个特定模式在下一代中期望出现的数目可以近似地表示为

$$m(H,t+1) \geqslant m(H,t) \cdot \frac{f(H)}{\bar{f}}\left[1-p_c\frac{\delta(H)}{l-1}-O(H)p_m\right] \tag{6.1}$$

式中    $m(H,t+1)$——在 $t+1$ 代种群中含有模式 $H$ 的个体数目;

           $m(H,t)$——在 $t$ 代种群中含有模式 $H$ 的个体数目;

           $f(H)$——在 $t$ 代种群中含有模式 $H$ 的个体平均适应度;

           $\bar{f}$——在 $t$ 代种群中所有个体的平均适应度;

           $l$——个体的长度;

$p_c$——交叉概率;

$p_m$——变异概率。

对于 $k$ 点交叉的情况,上式可以变换为

$$m(H,t+1) \geq m(H,t) \cdot \frac{f(H)}{\bar{f}}\left[1-p_c\frac{C_l^k-C_{l-1-\delta(H)}^k}{C_{l-1}^k}-O(H)p_m\right] \quad (6.2)$$

在上述基础上,可以得到遗传算法的一个非常重要的理论基础——模式定理。

**模式定理**[18]:遗传算法中,在选择、交叉和变异算子的作用下,具有低阶、短的定义长度,并且平均适应度高于群体平均适应度的模式在子代中将按指数级数增长。

模式定理是遗传算法的基本理论,保证了较优的模式数目呈指数增长,为解释遗传算法的机理提供了一种数学工具,但它未说明遗传算法一定可以达到最优解,积木块假设说明了遗传算法的这种能力。

**定义 5**:在模式定理中所指的具有低阶、短定义长度以及平均适应度高于种群平均适应度的模式称为积木块。

**积木块假设**[18]:遗传算法通过短定义长度、低阶以及高于平均适应度的模块,在遗传操作作用下相互结合,最终接近全局最优解。

**隐含并行性**[19]:在遗传算法中,每代都处理了 $M$ 个个体,但是由于一个个体编码中隐含有多种不同的模式,所以算法实质上处理了更多的模式。利用模式概念可以估计出,遗传算法处理的有效模式总数约与种群规模 $M$ 的立方成正比。

**遗传算法的收敛性**:在优化算法中,一个算法的收敛是指算法产生一个解或函数值数列,而这个解或函数值数列的极限情况为全局最优值。遗传算法可以用一个齐次的 Markov 链来表示,Goldberg[20] 首先使用 Markov 链分析了遗传算法,Eiben[21] 用 Markov 链证明保留最优个体的遗传算法概率性收敛于全局最优解,恽为民等人[17] 应用 Markov 链分析了基本遗传算法,结论是基本遗传算法能发现全局最优解,但不能保证每次都收敛于全局最优解;保优遗传算法能以概率 1 收敛于全局最优解。

模式理论、积木块假设、隐含并行性和遗传算法的收敛性共同组成了遗传算法的数学理论基础。

## 6.1.4 基本遗传算法的实现

在遗传算法的应用中,针对不同的优化问题,很多学者设计出了不同的编码方法,并发展了相应的各种遗传算子来模拟自然环境下生物的遗传进化特征。但这些遗传算法都具有共同点,即通过对自然界生物遗传和进化过程中选择、交叉和变异机理的模拟来完成对问题最优解的全局搜索过程。Goldberg 根据各种遗传算法的共同

点,总结出了一种最基本的遗传算法-基本遗传算法,其主要运行过程如图 6.1 所示。

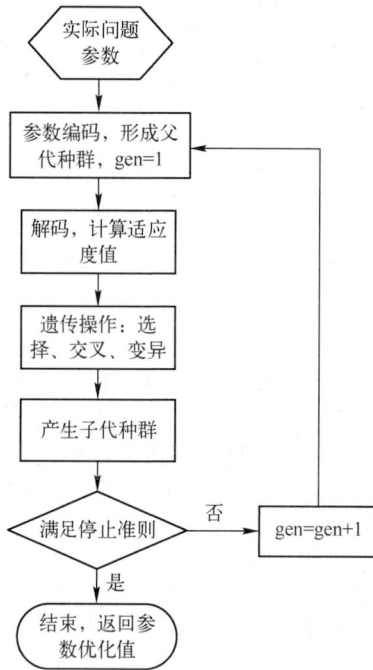

图 6.1 基本遗传算法运行流程

### 6.1.4.1 编码和解码

把一个问题的可行解从其解空间转换到遗传算法所能处理的搜索空间的转换过程称为编码。基本遗传算法使用二进制符号串来表示问题的参数,其符号串皆由{0,1}构成,编码串长度由算法的设计精度决定。设参数 $x$ 的取值范围为 $[U_1,U_2]$,用长度为 $k$ 的二进制编码串来表示该参数,则它总共有 $2^k$ 种不同编码,$x=b_k b_{k-1} b_{k-2} \cdots b_2 b_1$,其中 $b$ 值取 0 或 1,则该编码的精度为

$$\delta = \frac{U_2 - U_1}{2^k - 1} \tag{6.3}$$

对应的解码公式为

$$x = U_1 + \delta \sum_{i=1}^{k} b_i \cdot 2^{i-1} \tag{6.4}$$

对于多个优化设计参数的优化问题,个体的编码一般采用串联的方式连接。例如,对于有 3 个设计参数的问题进行编码,设编码长度分别为 $k,l,m$,那么二进制编码

97

形式为:$x = b_k b_{k-1} \cdots b_2 b_1 c_l c_{l-1} \cdots c_2 c_1 d_m d_{m-1} \cdots d_2 d_1$,其中 $b$、$c$、$d$ 值取 0 或 1。

二进制编码在遗传算法中应用广泛,也是较早开始采用的编码方法。随着问题的复杂化,参数的增多,编码本身占用了大量的计算机资源,大量的编码和解码操作也降低了计算机的运行速度,而且二进制编码不能直接反映当前解的状态,不能与现有的数值分析方法结合,这都限制了二进制编码的使用,于是人们提出了实数编码方法[16]。为了提高遗传算法的局部搜索能力,人们又相继提出了格雷编码[16]。另外还有很多其他的编码方法。遗传算法的编码方法对遗传算法的性能有着很大的影响,编码方法决定了遗传算子的选用和设计,所以选择编码方式时一定要慎重。

### 6.1.4.2 个体适应度评价函数

生物在自然界中,适应能力强的个体比适应能力弱的个体能赢得更多的生存和繁殖下一代的机会。与此类似,遗传算法中,适应度高的编码串也应该要有更大的概率传给下一代。遗传算法中,对各个个体的适应度进行衡量的方法称为个体适应度评价,基本遗传算法按与个体适应度成正比的概率来决定当前种群中每个个体遗传到下一代种群的可能性大小。适应度值是遗传算法唯一依靠的外部信息,对遗传算法的收敛速度和最后的优化结果有着至关重要的作用。大多数情况下,适应度函数都是由目标函数变换而来。

适应度评价函数的构造一般遵循以下原则[2]:

(1)单值、连续、非负。

(2)合理、一致性,要求适应度值反映对应解的优劣程度。

(3)计算量小,这样可以减少计算机的资源消耗,提高算法运行效率。

(4)通用性强,尽可能具有通用性,最好无需改变其中的参数。

常用的适应度函数构造办法有以下三种:

(1)目标函数为最大值问题:

$$Fit(f(x)) = f(x) \tag{6.5}$$

目标函数为最小值问题:

$$Fit(f(x)) = -f(x) \tag{6.6}$$

这种构造办法简单,但容易出现概率为负的情况,而且适应度值往往相差很大,不利于种群的整体进化,影响算法性能。

(2)目标函数为最大值问题:

$$Fit(f(x)) = \begin{cases} f(x) - C_{\min} & f(x) > C_{\min} \\ 0 & f(x) \leqslant C_{\min} \end{cases} \tag{6.7}$$

目标函数为最小值问题：

$$Fit(f(x)) = \begin{cases} C_{\max}-f(x) & f(x)<C_{\max} \\ 0 & f(x)\geqslant C_{\max} \end{cases} \quad (6.8)$$

第二种方法是对第一种方法的补充,可以称为"界限构造法"。

（3）目标函数为最大值问题：

$$Fit(f(x)) = \frac{1}{1+c+f(x)} \quad c\geqslant 0, c+f(x)\geqslant 0 \quad (6.9)$$

目标函数为最小值问题：

$$Fit(f(x)) = \frac{1}{1+c-f(x)} \quad c\geqslant 0, c-f(x)\geqslant 0 \quad (6.10)$$

这种方法与第二种类似,是第一种方法的发展。

运用不同的方法构造适应度评价函数,遗传算法的收敛速度会有所不同,所以选择恰当的适应度评价函数非常重要。遗传算法在运行后期,会出现适应度值很接近的情况,这样不利于算法的后期收敛。一般要对算法后期的适应度值进行适当扩大,以提高算法的搜索效率。在运算初期,经常会出现一些超常个体,这些个体的竞争力非常强,算法容易导致早期收敛,即"早熟"现象,所以要对种群个体的适应度值进行缩小,以免出现这种超强个体的早熟现象。为了克服这些不利因素,需要对适应度评价函数做一些相应的调整,即适应度函数的尺度变换。常用的尺度变换方法有:(1)线性变换法:$Fit'=a \cdot Fit+b$;(2)幂变换法:$Fit'=Fit^{k}$;(3)指数变换法:$Fit'=e^{-aFit}$。

### 6.1.4.3 遗传操作算子

遗传算法通过遗传操作算子模拟自然界生物的遗传和进化过程,基本遗传算法有三种遗传操作算子:选择算子、交叉算子、变异算子。

#### 1. 选择算子

遗传算法通过选择算子对群体中的个体进行选择操作,以模拟自然界的自然选择,实现种群的优胜劣汰。基本遗传算法常用的选择算子是比例选择算子,比例选择算子采用轮盘赌的方法,按正比于各个个体适应度的概率来选择复制当代种群中的优秀个体到下一代种群中。设种群中个体数为 $M$,个体 $i$ 的适应度值为 $Fit(i)$,则个体 $i$ 被选中的概率为

$$P_i = \frac{Fit(i)}{\sum_{j=1}^{M} Fit_j} \quad (6.11)$$

当各个个体的适应度值确定之后,按式(6.11)算出各个个体相应的选择概率,遗

99

传算法按各个个体的选择概率选择出相应的个体进行后继的交叉、变异遗传操作。很显然,概率大的个体被选中的次数会相应较多,它的编码串在子代群体中的比例也就相应增加;而概率小的个体被选中的次数就会相应减少,慢慢被淘汰出种群,种群产生相应的进化。

遗传算法还有其他的一些选择算子,如排序选择算子、最优保留选择算子、随机竞争选择算子等,在具体使用时,应根据问题求解的特点恰当采用或者混合使用。

### 2. 交叉算子

生物在遗传进化过程中,染色体之间通过交叉重组,产生新的染色体,以形成新的生物个体,遗传算法通过交叉算子实现对这一过程的模仿。遗传算法首先将种群中各个个体按一定的概率配对,配对的个体之间按一定方法交换两个编码串的部分编码,从而形成两个新的编码串。交叉产生的子代编码继承了部分父代的遗传特性,同时又产生了一些新的特征。交叉算子是遗传算法产生新的编码串的主要途径,也是遗传算法的一个重要标志。交叉算子是遗传算法强大的搜索能力的基础。

遗传算法中,交叉算子的设计主要包括两个方面的内容:交叉点位置的确定和编码串交叉重组的方法。交叉点位置的确定一般有随机确定和人工确定两种方式,编码串交叉重组的方法一般有单点交叉、两点交叉、多点交叉、均匀交叉和算术交叉等,基本遗传算法采用的是单点交叉方法。

单点交叉算子的具体操作过程为:从种群中随机选择两个个体进行配对,对每一组配对设置一个交叉点,按照设定的交叉概率在交叉点相互交换部分编码,从而形成两个新的个体。例如,随机选择两个编码串进行单点交叉,操作过程如下:

|  | 交叉前 | 交叉后 |
| --- | --- | --- |
| 个体 1 | 1011 \| 0010110 | 0101 0010110 |
| 个体 2 | 0101 \| 0110101 | 1011 0110101 |

其中"|"表示单点交叉位置。

### 3. 变异算子

自然界生物体的进化过程存在基因突变的情况,遗传算法的变异算子即是对生物的基因突变现象的模仿。遗传算法中变异算子的作用是以一个较小的概率对种群中各个个体的编码串上的某个或某些位置上的基因值进行变换,以形成新的编码串。变异算子是一个随机算子,存在一定的偶然性,但变异算子对遗传算法的性能有着重要意义。交叉算子是遗传算法产生新个体的主要方法,是遗传算法强大的全局搜索能力的基础;而变异算子是对交叉算子的重要补充,变异算子能够减少选择算子和交叉算子造成的优良基因流失现象,提高遗传算法的优化效果。另外,遗传算法在运行后期,由于种群中的个体趋于一致,种群多样性低,交叉算子重组为新的模式非常困难,通过变异算子产生一些新的不同模式的新个体,提高种群的多样性,这对提高遗传算法的局部搜索能力有着非常重要的意义。常用的变异算子有基本位变异、有效基因变异、概率自调整变异等。基本遗传算法采用基本位变异算子,基本位变异算子作用过程如下:

变异前:101101011001          变异后:101100011001

### 6.1.4.4 遗传算法的运行参数

基本遗传算法的运行参数包括编码串长度 $l$、种群规模 $M$、交叉概率 $P_c$、变异概率 $P_m$、终止代数 $T$、代沟 $G$。

(1)编码串长度 $l$。种群个体的编码长度由优化问题的求解精度、编码方式、优化参数共同确定。如对于二进制编码,有三个优化参数,取值范围皆为 $[1,3]$,求解精度为 0.01,由于 $\frac{3-1}{2^8-1}<0.01 \cup \frac{3-1}{2^7-1}>0.01$,一个优化参数的编码串为 8 位,所以二进制编码串长度 $l=3\times8=24$ 位。

(2)种群规模($M$)。遗传算法的种群规模表示种群中的个体数量,由具体的优化问题确定。一般来说,种群规模大,种群的多样性高,容易摆脱早熟问题。但也需要占用较大的计算机资源,计算效率低,算法收敛慢。种群规模小,可以提高遗传算法的计算效率,节约计算时间,但算法容易陷入早熟现象而无法搜索到全局最优解。种群规模一般取 20~100。

(3)交叉概率 $P_c$。编码串的交叉重组是遗传算法产生新个体的主要途径,所以交叉概率的选择至关重要。遗传算法的交叉概率一般较大,这有利于产生新的个体。但如果交叉概率过大,会对算法中已有的模式产生过大破坏,使算法陷入无序状态。交叉概率也不能过小,过小不利于新个体的产生,影响算法的搜索效率。一般遗传算法交叉概率 $P_c$ 取 0.4~0.99。

(4)变异概率 $P_m$。变异是遗传算法提高种群多样性,避免早熟现象的重要工具。变异概率一般较小,因为过大的变异概率会引起种群结构的不稳定,使遗传算法成了一种纯粹的随机搜索算法;但也不能选择过小,不然产生新个体新模式的能力太弱,无法增强种群的多样性,对早熟现象的抑止不力。一般遗传算法变异概率 $P_m$ 取 0.0001~0.1。

(5)终止代数 $T$。终止代数 $T$ 是遗传算法结束运算的一个重要参数,它表示遗传算法运行到指定的代数时会结束运行,并认为算法的搜索目标已经完成。一般遗传

算法终止代数 $T$ 取 100~1000。运用终止代数来控制算法的运行是一种常用的方法，但这种方法不够准确，有时进化代数没有达到终止代数算法已经找到了足够精度的最优解，以后的运行代数都是没有实际意义的，浪费计算资源。有时在达到终止代数时算法仍未找到符合要求的最优解，算法返回一个当前的次优解，不能满足计算要求。因此，人们设计了一些其他的终止准则，如算法连续几代的平均适应度的差异小于某一阈值或群体中所有个体适应度的方差小于某一阈值，认为算法已经找到最优解，可以终止运行。这些终止准则可以单独或结合使用。

（6）代沟 $G$。代沟 $G$ 是控制遗传算法选择算子的一个关键参数，它表示父代群体中被子代替换的个体所占的比例，可以与遗传算法的保优策略一起使用。遗传算法中代沟 $G$ 一般取 0.8~1。

### 6.1.4.5 遗传算法约束条件处理

遗传算法适用于无约束最大化优化问题，保证适应度值始终为正。而一般的优化问题都是带有约束的，这就要求将原来的优化问题转化为适合于遗传算法的形式。目前遗传算法还没有处理各种约束条件的一般方法，根据具体问题的不同和约束条件的特点，一般可以有三种约束处理方法：搜索空间限定法；可行解变换法；罚函数法。

（1）搜索空间限定法。搜索空间限定法的基本思想是对遗传算法的搜索空间的大小加以限制，使得搜索空间中的每一个搜索点都对应着解空间里的一个可行解。对一些简单约束问题，通过恰当的编码方案来限定算法的搜索空间，可以大大提高算法的运行效率，节约计算资源。在使用搜索空间限定法时还要保证交叉、变异产生的子代个体在解空间中也有对应可行解。

（2）可行解变换法。可行解变换法的基本思想是在遗传算法的解码表达过程中，加上使其满足约束条件的处理过程。可行解变换法不用对搜索空间进行处理，对交叉、变异运算也没有特殊要求，但搜索空间扩大，算法运算效率下降。

（3）罚函数法。罚函数法是常用的约束条件处理办法，其基本思想是在搜索空间中的点超出解空间范围时，对其加上一个处罚函数，降低该个体的适应度，使得其基因型遗传给下一代的概率减小，慢慢淘汰不可行解。将罚函数包含到适应度评价函数中，可以采用下列形式：

$$Fit'(x) = \begin{cases} Fit(x) \\ Fit(x) + rP(x) \end{cases} \tag{6.12}$$

式中　$Fit(x)$——原适应度评价函数；

　　　$P(x)$——罚函数；

　　　$r$——罚函数尺度系数。

## 6.2 改进的遗传算法–最优保存策略和移民策略的应用[22]

### 6.2.1 思路与流程

随着遗传算法本身的成熟,遗传算法的应用也越来越广泛。在遗传算法的实际应用过程中,人们发现基本遗传算法存在一些不足和缺陷,比较集中的问题有早期收敛、寻优时间较长及局部搜索能力差[23]的问题。

遗传算法在进化的早期,种群会以比较快的速度向最优解进化,但是算法运行到后期,随着种群的多样性程度降低,算法重组为新的模式较为困难,后期收敛速度明显降低,甚至出现子代最优个体劣于父代最优个体的退化现象。因此,很多学者都在努力寻找对遗传算法的合理改进方法,其中将遗传算法的控制参数与群体进化过程的某些指标联系起来,使遗传算法控制参数在种群进化的过程中自动地调整,以提高遗传算法的搜索能力是一种被广泛接受的改进思想[24,25]。Eiben[21]、恽为民等人[17]应用 Markov 链分别证明了基本遗传算法概率性收敛于全局最优解,保优遗传算法以概率 1 收敛于全局最优解,所以保优策略已作为一种保证遗传算法收敛的一般方法来使用。人们还提出了各种最优保存算子设计思想[26]。遗传算法进化后期种群多样性减少,种群结构趋于相似,算法重组为新的模式较为困难,遗传算法后期收敛速度较慢,容易陷入局部极值,产生早熟现象,移民策略[5]能很好地改善种群多样性问题,是解决早熟现象的有效方法。

(1)最优保存策略。基本遗传算法中,产生的子代,无论适应度值的高低,都会替换父代,父代只有一次生存机会,有的优良基因没有得到继承就被破坏或消失,不利于种群的进化。自然界中有的生物寿命比较长,基因常常不只一代的遗传机会。参照此类现象,遗传算法允许将上一代的优秀个体直接遗传到下一代中,以保护优良基因不被交叉或变异算子破坏。Eiben、恽为民等人已经证明,直接保留当前最佳值的遗传算法最终能收敛于全局最优解。最优保存策略具体操作如下:在父代种群中经过选择、交叉、变异算子的作用产生子代种群,将子代种群和父代种群分别按个体的适应度值的高低排序,再按照一定的比例($1-p_e$)从子代种群中挑选出优秀个体与父代中的优秀个体组成一个新的种群,作为产生下一代个体的父代种群。该种群中既包括了子代种群中大部分优秀个体,又保留了父代种群中的优秀个体,有利于优秀基因的保护,保证了遗传算法以概率 1 收敛于全局最优解。保优率 $p_e = b/M$,其中 $b$ 为改进遗传算法保留的父代中最优秀个体的数量,$M$ 为种群规模。

（2）移民策略。遗传算法运行到后期，种群中个体结构趋于一致，算法重组为新的模式较为困难，后期搜索速度明显降低，算法容易陷入局部最优点而产生早熟现象。在自然界，不同种群间的杂交有利于改善种群的遗传性状，促进生物群体的进化，避免近亲繁殖带来的种群进化停滞甚至退化。人类社会中，不同文明的交汇、外来文明的传入往往也能促进当地社会经济的发展。借鉴此种现象，在遗传算法陷入种群多样性减少的后期，以一定的比例（移民率 $p_i$）对种群实行外来个体的植入，并替换掉部分适应度值低的个体，打乱种群的模式结构以加强种群的多样性，增强遗传算法在搜索后期的搜索能力。移民率 $p_i = n/M$，其中 $n$ 为改进遗传算法植入外来个体的数量，$M$ 为种群规模。

首先要对算法是否陷入多样性减少做出判断。由于种群多样性的减少会表现为群体的个体适应度值接近，即种群的适应度值方差会减小。为便于计算，令

$$D = \sum_{i=1}^{N} |f_i - \bar{f}| \tag{6.13}$$

式中　$f_i$——种群中第 $i$ 个个体的适应度值；

　　　$\bar{f}$——种群的平均适应度值；

　　　$N$——种群个体数目。

当 $D$ 小于某一阀值时，即可认为种群陷入早熟现象，这时便可对其实施"移民策略"，$D$ 可以为一估计值。

（3）基于种群平均适应度值的自适应算子。遗传算法中，交叉概率（$P_c$）和变异概率（$P_m$）的选择对遗传算法搜索性能有着非常重要的影响，会直接影响遗传算法的搜索效率以及算法是否能找到全局最优解。$P_c$ 越大，遗传算法产生新个体的能力越强。但过大的交叉概率也会引起种群中模式的过大破坏，不利于适应能力强的个体的保护和优秀模式在种群中的扩散。但如果 $P_c$ 过小，则不利于新的个体的产生，算法收敛速度减慢，影响算法的效率。变异概率 $P_m$ 对遗传算法的局部搜索能力有着重要影响，选取恰当的 $P_m$ 值可以显著改善算法的局部搜索性能。$P_m$ 过小，不利于新的模式的产生，影响算法的局部搜索能力。但如果 $P_m$ 过大，会引起种群结构的不稳定，使遗传算法变成一种纯粹的随机搜索算法。在遗传算法的运行过程中，种群的状态是动态变化的，如何恰当地选择 $P_c$ 和 $P_m$，并且能适应种群的动态变化是一件繁琐的工作。

自适应遗传算法能够随着种群个体的适应度值自动调整变异概率和交叉概率。目前的自适应遗传算法研究中，自适应算子的设计基本都是基于种群中每个个体的适应度值，这种设计方法虽然对种群有明显的改善作用，但这种调整方法要求对每一

个体采用不同的变异概率和交叉概率,运算量大。而且这种自适应遗传算法不能充分利用整个种群的适应度消息。在进化初期,适应度高的个体较少参与交叉和变异,不利于模式重组,影响种群的进化,适应度值低的个体选择压力很大,容易造成优秀基因的缺失,加重问题的欺骗性。遗传算法必须依靠群体性能的改善才能最终稳定地收敛到全局最优解,我们设计了一种基于种群平均适应度信息的自适应算子,对遗传算法的交叉概率和变异概率进行动态调整,使算法依靠种群整体性能的改善快速稳定地收敛到全局最优解。基于种群平均适应度信息的 $P_c$ 和 $P_m$ 按如下公式进行自适应调整:

$$p_c = p_{c1} - \frac{(p_{c1} - p_{c2})\bar{f}}{\bar{f}_{max}}, \ p_m = p_{m1} - \frac{(p_{m1} - p_{m2})\bar{f}}{\bar{f}_{max}} \qquad (6.14)$$

式中 $p_{c1}$、$p_{c2}$——交叉概率的上下限;

$p_{m1}$、$p_{m2}$——变异概率的上下限;

$\bar{f}$——每代种群的平均适应度值;

$\bar{f}_{max}$——历代种群平均适应度值中的最大值,可以是一估计值。

当 $P_c > P_{c1}$ 时,取 $P_c = P_{c1}$;当 $P_m > P_{m1}$ 时,取 $P_m = P_{m1}$。

根据式(6.14)可知,基于种群平均适应度的自适应遗传算法,同一代的个体,不论适应度值的高低,交叉概率和变异概率为同一值,这有利于适应度值高的个体在进化初期就进入进化状态,促进整个种群的进化。当种群的平均适应度值较低时,种群处于进化初期,采用相对高的交叉概率和变异概率有利于新的个体的产生,促进遗传算法快速收敛到最优解区域附近。进化后期,种群已经接近全局最优解,群体的平均适应度值也较高,这时采用相对较低的交叉概率和变异概率,有利于改善算法的局部搜索性能,使算法稳定地收敛于全局最优解。改进遗传算法的运行流程如图6.2所示。

## 6.2.2　收敛性证明

关于遗传算法的收敛性分析问题,有以下的假设和定理[27]。

**假设1**:给定非空集合 $S$ 作为搜索空间,在每一进化代 $t$,对群体中的每个个体 $x$ 和任意的 $y \in S$,如果 $x \neq y$,则通过变异算子的一次作用使得 $x$ 变异到 $y$ 的概率大于等于 $p(t)$,这里 $p(t)$ 是一个可能与代数 $t$ 有关的大于0的常数。

**定理1**:设 $T$ 为首次获得全局极值点的时间,如果求解优化问题的遗传算法满足假设1,且对于遗传概率 $p(t)$ 有公式成立:$\prod_{t=1}^{\infty}(1 - P(t)) = 0$,则遗传算法以概率1在有限次进化后访问到全局极值点,亦即 $p\{T < \infty\} = 1$,且与初始分布无关。

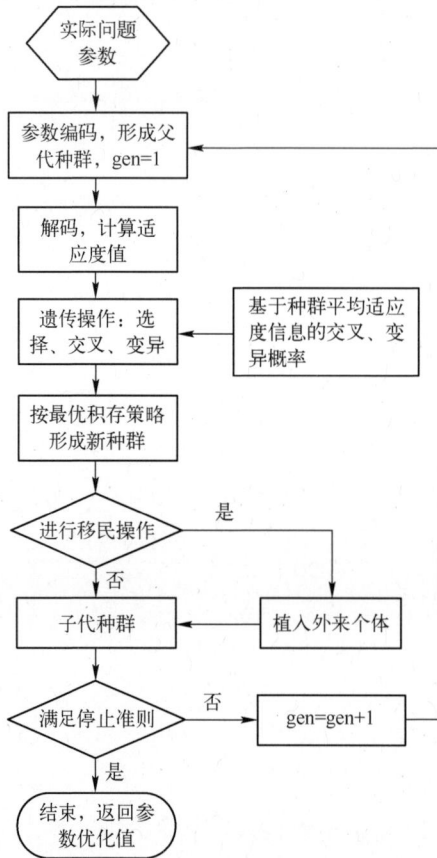

图 6.2　改进遗传算法运行流程

很明显,由于遗传算法的变异概率变化范围为 $0.0001\sim0.1$,所以 $\prod\limits_{t=1}^{\infty}(1-P(t))<$ $\prod\limits_{t=1}^{\infty}(1-0.0001)=0$;又因为 $P(t)<0.1$,所以 $1-P(t)>0.9$,即 $\prod\limits_{t=1}^{\infty}(1-P(t))>0$,由夹逼准则得 $\prod\limits_{t=1}^{\infty}(1-P(t))=0$,结合定理 1,可以得出结论,即我们所提出的改进自适应遗传算法在有限次进化后收敛于全局极值点。

## 6.2.3　搜索性能测试

为了测试遗传算法的搜索性能,人们设计了许多测试函数,其中常用的为 5 个 De Jong 测试函数。我们对上述改进遗传算法的搜索性能进行了测试,并与基本遗传算法、采用最优保存策略和移民策略的遗传算法(EMGA)的搜索性能进行比较。测试

106

函数为：$f(x) = \sum_{i=1}^{n} x_i^2, x_i \in [-5.12, 5.12]$，这里 $n$ 为变量 $x$ 的维数。很明显，该函数只有一个全局最小点，即 $f(0,0,\cdots,0) = 0$。

取变量维数 $n = 20$，采用进化代数固定的终止策略，连续 50 次实验。运算参数为：种群规模 $M = 40$，代沟 $G = 1.0$；基本遗传算法交叉概率 $P_c = 0.65$，变异概率 $P_m = 0.05$；EMGA 交叉概率 $P_c = 0.65$，变异概率 $P_m = 0.05$，保优率 $P_e = 20\%$，移民率 $P_i = 12.5\%$；改进遗传算法交叉概率 $P_c \in [0.5, 0.9]$，变异概率 $P_m \in [0.005, 0.1]$，保优率 $P_e = 20\%$，移民率 $P_i = 12.5\%$。基本遗传算法、EMGA 及改进遗传算法的搜索性能测试结果见表 6.1。

表 6.1　三种遗传算法搜索性能比较

| 进化代数 gen | 基本遗传算法最优结果 | 基本遗传算法平均结果 | EMGA 最优结果 | EMGA 平均结果 | 改进遗传算法最优结果 | 改进遗传算法平均结果 |
|---|---|---|---|---|---|---|
| 25 | 25.1270 | 29.5806 | 14.1333 | 16.7592 | 9.5496 | 11.7032 |
| 50 | 21.0663 | 25.9770 | 4.7634 | 7.0898 | 2.3243 | 3.7921 |
| 100 | 15.6030 | 20.5410 | 2.7787 | 4.3616 | 0.1227 | 0.4862 |
| 200 | 12.2308 | 19.1586 | 1.1326 | 1.8161 | 0.0089 | 0.0216 |
| 300 | 13.1559 | 17.3503 | 0.8800 | 1.2985 | 0.0012 | 0.0032 |
| 400 | 12.1714 | 16.7694 | 0.5526 | 0.7532 | $1.4116 \times 10^{-4}$ | $4.8045 \times 10^{-4}$ |
| 500 | 13.3302 | 16.2023 | 0.4833 | 0.6277 | $5.1870 \times 10^{-5}$ | $1.1845 \times 10^{-4}$ |

虽然该函数在其定义域内只具有一个全局最小值 0，但因为 $n = 20$，变量维数较多，搜索空间较大。从表 6.1 可以看出，基本遗传算法在种群进化初期尚能对目标函数进行有效搜索，但在第 100 代以后算法搜索效率下降明显，收敛速度减慢，在进化后期基本处于停滞不前的状态，陷入明显的早熟现象，搜索结果较大地偏离全局最优解。采用最优保存策略和移民策略的遗传算法（EMGA）搜索性能虽然比基本遗传算法要提高很多，但进化后期收敛速度仍较慢，搜索结果仍较大地偏离了全局最优解，无法得到令人满意的结果。而我们提出的结合保优策略和移民策略的改进自适应遗传算法，在第 100 代时的搜索结果已经超过基本遗传算法和 EMGA 进化 500 代时的搜索结果，明显提高了算法的搜索效率。在进化后期，算法仍然以比较高的速度稳定地趋于全局最优解，有效避免了遗传算法容易出现的早熟现象，使算法能以很高的精度趋近于全局最优值。

进化代数 gen = 200 时三种遗传算法的搜索过程见图 6.3。从图中可以看出，EMGA、改进遗传算法相比于基本遗传算法有着稳定的进化方向，而且改进遗传算法在进化后期，种群方差 $D$ 值突破阈值，算法采取了移民策略以增强进化后期种群的多样性,克服了早熟现象。

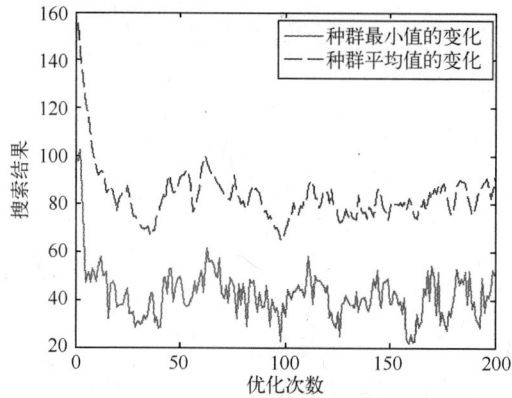

(a) 基本遗传算法搜索过程

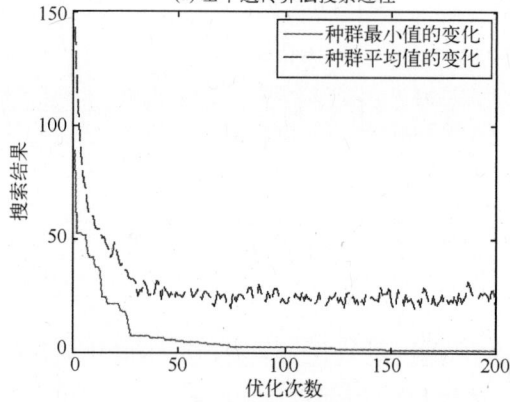

(b) EMGA搜索过程

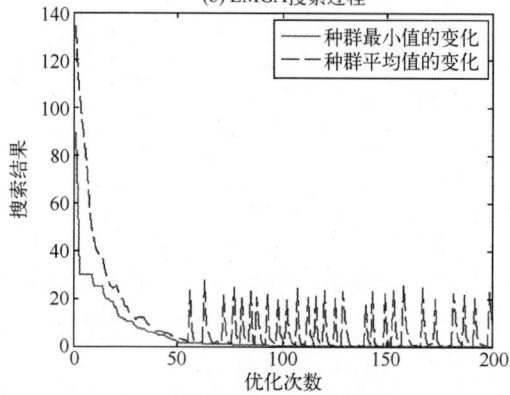

(c) 改进遗传算法搜索过程

图 6.3　遗传算法的搜索过程

### 6.2.4 小结

根据基本遗传算法的生物学基础、数学理论基础及遗传算法的特点,介绍了基本遗传算法的运行流程、编码解码、适应度评价函数、遗传操作算子、运行参数和约束条件的处理。针对基本遗传算法的不足和缺陷,特别是常出现的早熟、寻优时间长和局部搜索能力差的问题,结合最优保存策略和移民策略,提出了一种基于种群平均适应度值的改进自适应遗传算法,并对改进自适应遗传算法的收敛性予以了证明,对其搜索性能进行了仿真测试。测试结果表明,改进的自适应遗传算法在搜索精度、搜索效率、改善种群多样性及克服早熟现象方面具有明显的优越性,得到了令人满意的最优解。

## 6.3 改进的遗传算法–乘幂适应度函数的应用[28]

### 6.3.1 函数优化的应用举例

在基本遗传算法中,一个初始种群遗传进化多代后,种群中个体适应度较低的被淘汰,而适应度较高的个体会生存下来并继续遗传下去。对于测试函数来说,目标解集中在所求问题最优解附近,迭代多次后,计算出最优解。图 6.4、图 6.5 及图 6.6 中峰值上的黑点表示最优解(极大值)的集中趋势。

(1) 函数 1 定义为

$$f_1(x,y) = y\sin(2\pi x) + x\cos(2\pi y) \tag{6.15}$$

该函数是一个较为复杂的、非对称的、连续的多峰函数,其中 $x,y$ 的区间均为 $[-2,2]$。波峰处较为平滑,极值较少,找到最优解有一定难度。其三维形状如图 6.4 所示。

(2) Shubert 函数,定义为

$$f_2(x,y) = -\sum_{i=1}^{5} i\sin[(i+1)x+i] - \sum_{i=1}^{5} i\sin[(i+1)y+i] \tag{6.16}$$

该函数是一个复杂的多峰函数,$x,y$ 的区间均为 $[-10,10]$,可以看出有很多的极大值点,由于该函数具有强烈的振荡形态,所以找到全局极大值有一定的困难,其三维形状如图 6.5 所示。

(3) Rastrigin 函数,定义为

$$f_3(x,y) = 20 + x^2 - 10\cos(2\pi x) + y^2 - 10\cos(2\pi y) \tag{6.17}$$

该函数是复杂的二维函数,有很多波峰,即具有很多的极值点,$x,y$ 的区间均为

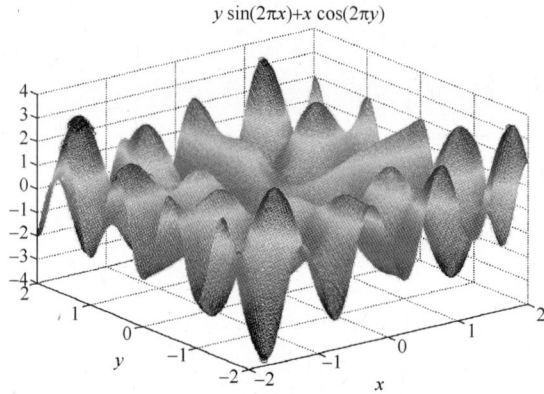

$$y\sin(2\pi x)+x\cos(2\pi y)$$

图 6.4　函数 1 的分布图

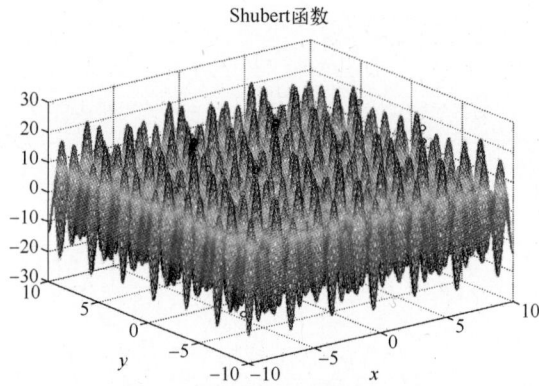

Shubert函数

图 6.5　Shubert 函数的分布图

[−5,5]，三维形状如图 6.6 所示。

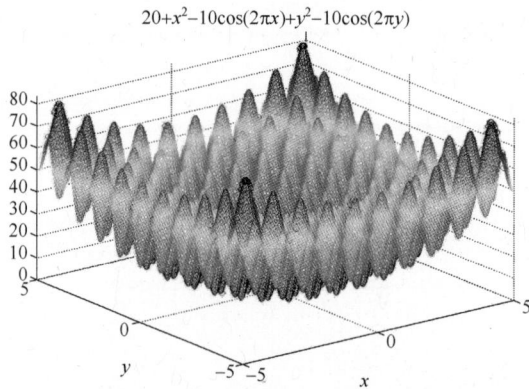

$$20+x^2-10\cos(2\pi x)+y^2-10\cos(2\pi y)$$

图 6.6　Rastrigrin 函数的分布图

110

### 6.3.2 乘幂适应度函数的应用

尽管基本遗传算法相比于其他优化算法具有许多优点,但是面对实际领域中多种多样的复杂优化问题,依然存在缺陷。

#### 6.3.2.1 算法的缺陷

(1)遗传算法虽然具备很强的鲁棒性,但是局部搜索效率较低。大量经典测试函数证明,基本遗传算法能以很快的速度找到较优解,但要找到理想解仍需要较长时间,甚至不一定能够收敛。

(2)经常出现过早收敛现象。在选择进化初期,种群里往往会出现一些超常的个体,其适应度相对很高,如果按照正常选择个体遗传的话,这些个体被选中而遗传到下一代的概率非常大。因此,两个适应度很高的子代进行交叉运算便没有了意义。随着种群遗传进化的继续,一定程度上减少了种群的多样性,从而影响算法的优化性能。当种群进化到中后期,这时种群的个体适应度较为平均,差异较小,种群继续优化的潜能降低,很难得到全局最优解,或许只能得到局部优化解。

#### 6.3.2.2 算法改进的机理

在遗传算法中,种群中个体遗传到下一代的概率受该个体适应度大小的影响。研究测试表明,当只使用目标函数或仅仅使用基本遗传算法的适应度函数计算个体适应度时,有些算法可能会收敛得较快,而有些较慢。不难理解,如果可以合适地控制种群个体适应度之间的差异,对算法的优化性能有很大的帮助。为了提高遗传算法的优化能力,需要通过一种转换关系来对适应度进行适当变化。结合保优和采样选择策略,对个体适应度作适度的扩大或缩小的尺度变换,提出一种改进的乘幂适应度函数自适应遗传算法。

**1. 乘幂适应度函数(EGA)**

乘幂尺度变换。其变换的公式为

$$F' = F^k \tag{6.18}$$

式(6.18)中,经过乘幂变换后得到的新的适应度为 $F'$,$F$ 是原适应度,幂指数 $k$ 与所优化的问题有关。在算法程序的运算测试中,需要不断对 $k$ 进行调整和修正,经多次循环试用,最后才能得出较为合适的幂指数,使尺度变换满足所需要求。

**2. 改进的乘幂适应度函数(MGA)**

改进的新适应度函数如下

$$F' = (F + c_{max})^k$$

111

$$k = \frac{\sqrt[n]{t}}{F_{avg} + \xi}$$

$$n = 1 + \lg(T) \tag{6.19}$$

式中  $F'$——经过乘幂变换后得到的新适应度;

$F$——原适应度;

$c_{max}$——最大估计值,可直接取目标函数;

$k$——一个随遗传进化代数进行而非线性动态变化的正数;

$t$——当前的进化代数;

$T$——最大的遗传代数;

$F_{avg}$——当代种群的平均值;

$\xi$——适当大小的数。

### 6.3.3  改进后的自适应遗传算法性能测试

为了检测改进后的遗传算法搜索的性能,使用了 MATLAB 遗传算法工具箱来实现算法程序[29]。选取 6.3.1 节中的函数 1、Shubert 函数及 Rastrigrin 函数做测试实验。选择种群规模为 100;进化代数为 60;交叉概率 $P_c = 0.7$;变异概率 $P_m = 0.01$;保优率 $P_e = 10\%$,移民率 $P_i = 8\%$,代沟 GGAP $= 0.92$。对三个测试函数分别用 3 种算法运行 50 次,实验测试的结果保留 4 位有效数。基本适应度函数(BGA)、乘幂适应度函数(EGA)以及改进后的乘幂适应度函数(MGA)的优化性能测试结果见表 6.2。

表 6.2  测试实验的最优结果

| 测试函数 | 遗传算法 | 变量 $x$ | 变量 $y$ | 函数最优解 | 得到最优解代数 |
|---|---|---|---|---|---|
| $f_1(x,y)$ | BGA | 1.7623 | −1.9998 | 3.7561 | 51 |
| | EGA | 1.7625 | −1.9997 | 3.7561 | 42 |
| | MGA | 1.7634 | −1.9999 | 3.7563 | 18 |
| $f_2(x,y)$ | BGA | −1.1139 | 5.1693 | 29.6750 | 35 |
| | EGA | −1.1154 | −1.1144 | 29.6756 | 24 |
| | MGA | −1.1144 | 5.1688 | 29.6759 | 12 |
| $f_3(x,y)$ | BGA | −4.5175 | −4.5541 | 80.6975 | 49 |
| | EGA | −4.5432 | −4.5091 | 80.6633 | 50 |
| | MGA | 4.5253 | −4.5230 | 80.7066 | 20 |

表 6.2 的数据是在算法分别运行 50 次后,选取其中最好的一次测试结果。可以

看出,对于测试函数 $f_1(x,y)$、$f_2(x,y)$、$f_3(x,y)$,BGA、EGA 和 MGA 都能搜寻到函数最优解,但 MGA 在收敛速度方面明显优于 EGA 和 BGA,分别在遗传进化到 18、12、20 代就获得了最优解。从测试函数 $f_1(x,y)$ 和 $f_3(x,y)$ 可知,BGA 和 EGA 的寻优时间较长,已经到了进化后期。下面通过图形分析讨论 MGA、EGA 和 BGA 之间的优化精度和优化稳定性的情况。

图 6.7、图 6.9 和图 6.11 分别为测试函数 $f_1(x,y)$、$f_2(x,y)$ 和 $f_3(x,y)$ 在不同算法下解的变化对比。从图 6.7 可以得知,虽然 BGA、EGA 和 MGA 最后都能收敛到最优解,但 MGA 的收敛速度要明显快于 BGA 和 EGA。由图 6.9 及图 6.11 知道,MGA 很快收敛到最优解,而 EGA 和 BGA 收敛波动性较大,且它们在遗传进化的后期才收敛于最优解。

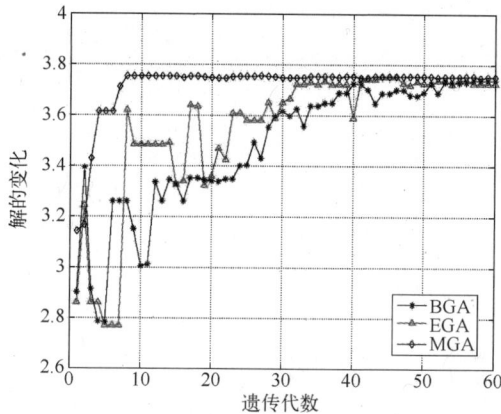

图 6.7    函数 $f_1(x,y)$ 在不同算法下解的变化对比

图 6.8、图 6.10 和图 6.12 分别为函数 $f_1(x,y)$、$f_2(x,y)$ 和 $f_3(x,y)$ 在不同算法下运算 50 次得到的最优解变动对比。从图 6.8 中可以看出,BGA 和 EGA 算法每次运行得到的最优解变动非常大,尤其是 BGA,它们的最优解的精确度不高。在优化的精度和稳定性方面,EGA 比 BGA 好,MGA 比 BGA 和 EGA 好。类似的结论反映在图 6.10 和图 6.12 上,MGA 算法每次运行所得的最优解几乎在一条直线上,而 EGA 和 BGA 的波动较大。

结合保优和选择采样策略,BGA、EGA 和 MGA 都能收敛到最优解。结合图表可以得出如下结论,在收敛速度、收敛精度以及收敛稳定性方面,MGA 具有明显优势。MGA 对个体适应度做适当的缩小或放大,使遗传算法在运行的初期及后期种群中的个体适应度维持在合适的范围内,以解决早期可能发生的早熟和后期的无竞争性

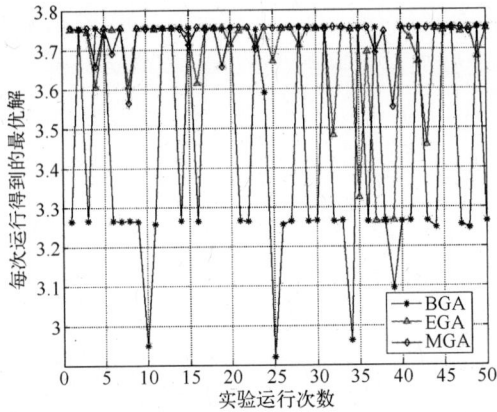

图 6.8　函数 $f_1(x,y)$ 在不同算法下最优解的变动对比

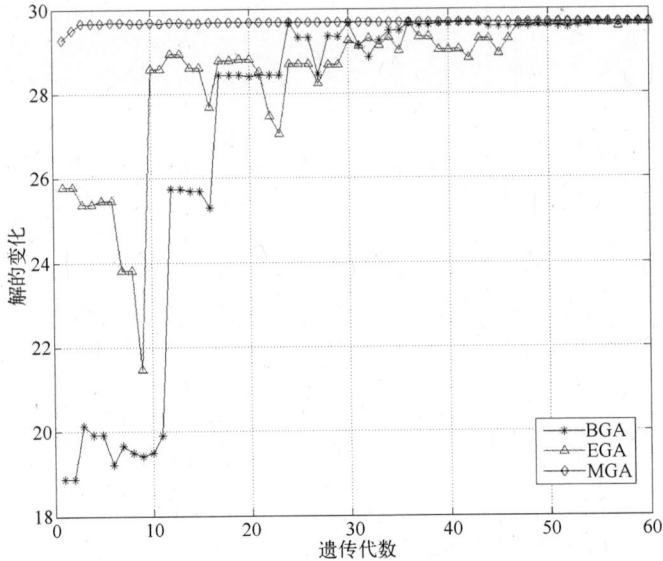

图 6.9　函数 $f_2(x,y)$ 在不同算法下解的变化对比

问题。

　　需要特别指出的是,图 6.8 和图 6.12 相对于图 6.10 而言,其最优解的变动明显较大,可能的原因有:

　　(1) 测试函数 $f_2(x,y)$ 的局部极大值点太多,且极值相差不大,因此对一般的适应度函数较容易找出局部最优解。从图 6.4 和图 6.6 可以看出,图中极值点相对较少,且差距明显,好的适应度函数会更容易找到最优解。

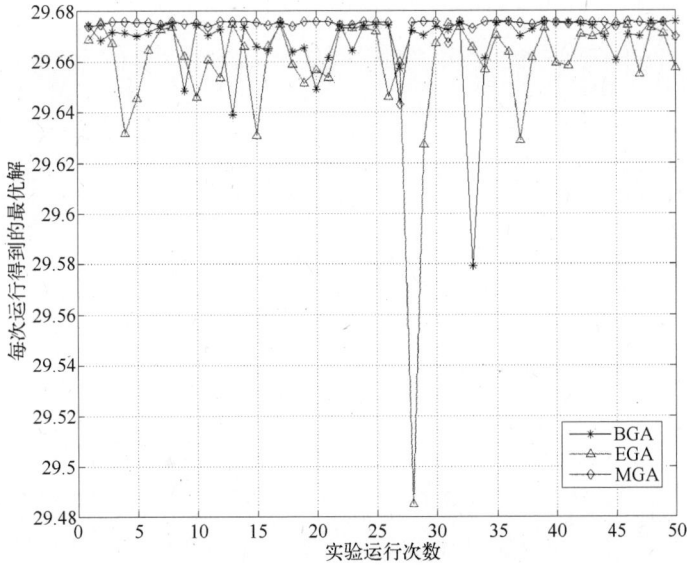

图 6.10 函数 $f_2(x, y)$ 在不同算法下最优解的变动对比

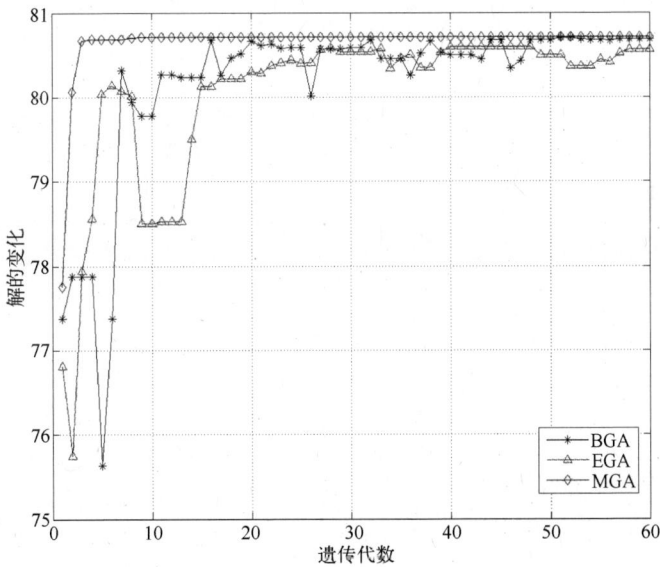

图 6.11 函数 $f_3(x, y)$ 在不同算法下解的变化对比

（2）乘幂变换法对于幂指数及一些相关参数有一定的选择要求，这就需要在算法程序执行过程中通过分析选取不同的幂指数。

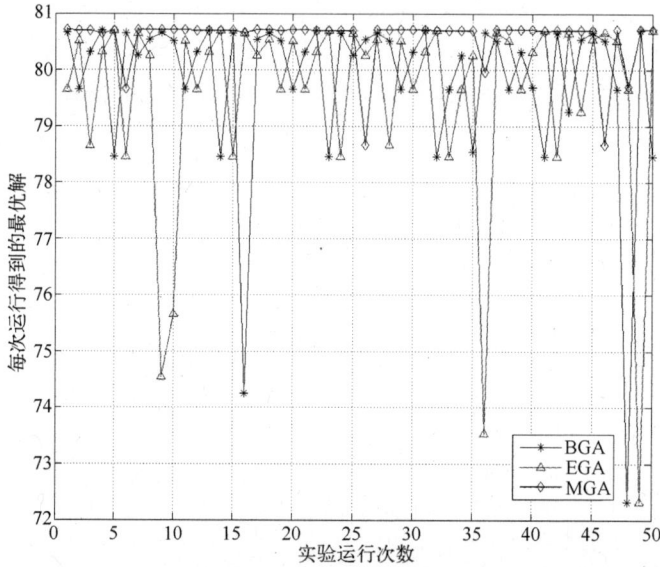

图 6.12　函数 $f_3(x,y)$ 在不同算法下最优解的变动对比

### 6.3.4　小结

通过三种测试函数对改进的遗传算法的性能进行测试,以一般适应度函数 (BGA、EGA)遗传算法和改进的乘幂适应度函数(MGA)遗传算法进行性能比较,得到以下结论:

(1) MGA 算法很快地找到了精确最优解,而 BGA 和 EGA 算法基本是在遗传进化后期搜寻到较精确最优解;在收敛速度方面,MGA 算法明显提高。

(2) 对每种算法运行 50 次,MGA 算法运行所得的最优解变动很小,而 BGA 和 EGA 算法得到的最优解变动幅度明显,说明在收敛精度和收敛稳定性方面,MGA 算法优势明显。

(3) 适应度函数标定只是遗传算法优化问题的改进措施之一,还需注重编码方案、遗传操作方式及相关控制参数等。

# 参 考 文 献

[1]　Holland J H. Concerning Efficient adaptive systems. In Yovits, M. C. , Eds, Self - organizing Systems,1962:215-230.

[2]　王小平,曹立明. 遗传算法——理论、应用与软件实现[M]. 西安:西安交通大学出版社,2002.

[3]　罗志军,乔新. 基于遗传算法的复合材料层压板固有频率的铺层顺序优化[J]. 复合材料学报,1997,14(4):114-118.

[4]　Chung Hae Park,Woo Il Lee,et al. Improved genetic algorithm for multidisciplinary optimization of composite laminates[J]. Computers and Structures,2008,86(19):1894-1903.

[5]　曹俊. 遗传算法及其在复合材料层合板设计中的应用的研究[D]. 南京航空航天大学,2003.

[6]　程文渊,崔德刚. 基于Pareto遗传算法的复合材料机翼优化设计[J]. 北京航空航天学报,2007,33(2):145-148.

[7]　Holland J H. Adaptation In Natural And Artificial Systems. The University of Michigan press,1975,2nd ed. ,Cambridge,MA:MIT press,1992.

[8]　Bremermann H J. Optimization through evolution and recombination in self-organizing systems,Yovits,M. C. ,Jacobi,G. T. And Goldstine,G. D. ,EDS. ,Spartan Books,1962,93-106.

[9]　Bagley J D. The behavior of adaptive systems which employ genetic and correlation algorithms[D]. University of Michigan,No,68-7556,1967.

[10]　Goldberg D E. Genetic algorithms in search,optimization and machine learning. Addison Wesley. Reading,MA. 1989.

[11]　Davis L. Handbook of Genetic Algorithms[M]. Van Nostrand Reinhold,New York,1991.

[12]　Koza J R. Genetic Programming,on the Programming of Computers by Means of Natural selection. MIT Press,1992.

[13]　Han Yingshi,Guo pengfei. A Hybrid genetic algorithm for Structural optimization with discrete variables. Proceedings of the First China-Japan-Korea Joint Symposium on Optimization of Structural and Mechanical System. Xi'an,China,Xidian University,1999.

[14]　Jenkins W M. Towards structural optimization via the genetic algorithm. Computer & Structurals [J],1991,40(5):1321-1327.

[15]　Davis J J. ,et al. Training Product Unit Neural Netwonds With Genetic Algorithms. IEEE Expert,1993,8(5):26-33.

[16]　周明,孙树栋. 遗传算法原理及应用[M]. 北京:国防工业出版社,1999.

[17]　恽为民,席裕庚. 遗传算法的全局收敛性和计算效率分析[J]. 控制理论与应用,1996,13(4):455-460.

[18]　Holland J H. Adaptation in natural and artificial systems. 1st ed. 1975;2nd ed. Cambridge,MA:MIT press,1992.

[19]　李为吉,宋笔锋,等. 飞行器结构设计[M]. 国防工业出版社,2005.

[20]　Goldberg D E,Segrest P. Finite markov chain analysis of genetic algorithm. In:genetic algorithms

and their application, the 2<sup>nd</sup> ICGA, 1987:1–8.

[21] Eiben A E, Aarts E H, Van Hee K M. Global convergence of genetic algorithms: an infinite markov chain analysis. Berlin: Springer-Verlag, 1991:4–12.

[22] 张义长,杨加明,鲁宇明. 结合保优策略和移民策略的自适应遗传算法[J]. 计算机工程与应用. 2010,46(31):36–38.

[23] Wen Shaochu, Luo Fei, Mo Hongqiang, et al. The analysis of the local search efficiency of genetic neural networks and the improvement of algorithm [C]. Proceeding of the 4th World Congress on Intelligent Control and Automation, 2002:1789 – 1793.

[24] 江瑞,胡铁松. 一种基于种群熵估计的自适应遗传算法[J]. 清华大学学报, 2002,42(3): 358–361.

[25] Baker Barrie M, Ayechew M A. A genetic algorithm for the vehicle routing problem[J]. Computers and Operation Research, 2003, 30(5):787–800.

[26] 毕惟红,任红民,吴庆标. 一种新的遗传算法最优保存策略[J]. 浙江大学学报(理学版), 2006,33(1):32–35.

[27] 郭毓,林喜波,胡维礼. 基于代沟信息的自适应遗传算法[J]. 东南大学学报(自然科学版), 2004,34(增刊):53–57.

[28] 杨水清,杨加明,孙超. 改进的乘幂适应度函数在遗传算法中的应用[J]. 计算机工程与应用,2014,50(17):40–43.

[29] 史峰,王辉,郁磊,等. MATLAB 智能算法 30 个案例分析[M]. 北京:北京航空航天大学出版社,2011.

# 第7章 黏弹性复合材料结构的 优化设计

黏弹性材料阻尼减振技术很早就应用于工程实际中,1927年Kimban和Lovell提出黏弹性材料的吸振是由材料的内摩擦引起的[1]。美国NASA的科研机构[2,3]对各向同性约束黏弹性复合结构做了大量的理论研究和应用开发工作。随着各向异性复合材料板的广泛应用,特别是在航空工业中的广泛使用,复合材料层板本身的阻尼性能也引发了人们很大的研究兴趣。Kaliske等人[4]应用代表性体积单元这一微观分析工具建立了复合材料的阻尼模型。Hwang[5]运用有限单元法和应变能法建立了单向复合材料阻尼的微观模型。Adams和Bacon[6,7]制作了首台用于测量复合材料阻尼的装置,建立了一套理论模型,并把它用于分析纤维铺设角度和层板的几何尺寸对材料动态特性的影响[8]。此外,复合材料阻尼性能的宏观力学研究[9]和细观力学研究[10]也都相继展开。

由于复合材料层板的各向异性和可设计性,黏弹性复合材料结构优于传统复合结构的阻尼性能逐渐被人们所认识。Fujimoto[11]分析了带有一个中心阻尼层的黏弹性复合材料结构的阻尼性能;Yim等人[12]研究了0°铺设的多层黏弹性复合材料梁的阻尼性能;Kristensen等人[13]通过Timoshenko梁理论及二维有限元模型对带有约束阻尼层的复合材料梁的阻尼性能进行了分析;李明俊[14]对黏弹性层厚度及位置变化对复合材料结构阻尼性能的影响进行了实验研究;Berthelot等人在文献[15,16]中详细分析了黏弹性复合材料结构的应变能,并对多种模态下的阻尼性能进行了研究;黄争鸣[17,18]对复合材料结构受横向荷载作用的强度问题也进行了很多的研究。这些研究工作为黏弹性复合材料结构的力学性能分析打下了坚实的基础。

基于遗传算法具备良好的鲁棒性能,遗传算法的应用领域不断扩大,目前已广泛应用于复合材料结构的优化设计中。罗志军[19]以复合材料层合板的固有频率为优化目标,对复合材料层合板的铺层顺序进行优化设计;Chung[20]对遗传算法的交叉算子进行改进并运用于复合材料层合板的优化设计;曹俊[21]运用遗传算法对复合材料层合板进行了一系列的优化设计,如泊松比、强度、膨胀系数等;程文渊[22]运用遗传算法对复合材料机翼进行多目标优化设计。遗传算法在复合材料层合板优化设计的应用中取得了很好效果。

# 7.1　黏弹性复合材料结构阻尼性能优化设计

黏弹性复合材料结构是由复合材料层和黏弹性阻尼材料层复合而成的一种结构形式。由于复合材料层的各向异性及可设计性,使它更有利于黏弹性层阻尼性能的发挥,因此黏弹性复合材料较传统层合板具有更好的阻尼性能,有利于工程中的减振降噪,具有广阔的应用前景。另外,黏弹性复合材料结构的阻尼性能受多种因素的影响,如铺层顺序、比厚度等,对黏弹性复合材料结构进行优化设计可使其具有更好的阻尼性能。黏弹性复合材料结构阻尼性能可以用应变能损耗因子表示,结合经典层合板理论,应用 Ritz 法建立黏弹性复合材料结构应变能损耗因子计算模型,并应用 6.2 节的"改进的遗传算法–最优保存策略和移民策略",以损耗因子最大化为优化目标,对三层及五层黏弹性复合材料结构进行优化设计。

## 7.1.1　理论假设

经典层合板理论是在直法线假设的基础上建立起来的。为简化计算,忽略黏弹性层材料性能与温度、频率的相关性,具体做如下假设:

（1）黏弹性复合材料板各层黏结理想,没有分层现象,可以作为一个整体,并且黏结层很薄,各层板的变形连续。

（2）黏弹性复合材料板的总厚度仍然符合薄板假设。

（3）黏弹性复合材料板变形前后垂直于中面的直线段保持不变,仍然垂直于中面,即直法线假设。

（4）整个黏弹性复合材料板是等厚度的,变形前后中面法线长度保持不变,即 $\varepsilon_z = 0$。

（5）黏弹性复合材料板中面内的各点没有平行于中面的位移,即 $u_{z=0} = 0$,$v_{z=0} = 0$,也就是中面的任意一部分,在弯曲变形前后在 $xy$ 面上的投影形状保持不变。

（6）黏弹性复合材料板的变形符合板的小挠度弯曲理论,即发生小变形。

## 7.1.2　层合板的应力应变关系

由以上假设,复合材料层合板的位移场可表示为

$$\begin{cases} u(x,y,z)=u_0(x,y)-z\dfrac{\partial w_0}{\partial x} \\[2mm] v(x,y,z)=v_0(x,y)-z\dfrac{\partial w_0}{\partial y} \\[2mm] w(x,y,z)=w_0(x,y) \end{cases} \tag{7.1}$$

式中 $u_0(x,y)$、$v_0(x,y)$、$w_0(x,y)$——复合材料层合板中面的位移函数,由假设(5),$u_0(x,y)=v_0(x,y)=0$。

由几何方程,可得如下应变–位移关系[23]:

$$\begin{cases} \varepsilon_x=\dfrac{\partial u}{\partial x}=-z\dfrac{\partial^2 w_0}{\partial x^2} \\[2mm] \varepsilon_y=\dfrac{\partial v}{\partial y}=-z\dfrac{\partial^2 w_0}{\partial y^2} \\[2mm] \varepsilon_z=\dfrac{\partial w}{\partial z}=0 \\[2mm] \gamma_{xy}=\dfrac{\partial u}{\partial x}+\dfrac{\partial v}{\partial y}=-2z\dfrac{\partial^2 w_0}{\partial x\partial y} \end{cases} \tag{7.2}$$

复合材料层合板第 $k$ 层的应力–应变关系为

$$\begin{bmatrix} \sigma_x^k \\ \sigma_y^k \\ \tau_{xy}^k \end{bmatrix}= \begin{bmatrix} \overline{Q}_{11}^k & \overline{Q}_{12}^k & \overline{Q}_{16}^k \\ \overline{Q}_{12}^k & \overline{Q}_{22}^k & \overline{Q}_{26}^k \\ \overline{Q}_{16}^k & \overline{Q}_{26}^k & \overline{Q}_{66}^k \end{bmatrix} \begin{bmatrix} \varepsilon_x \\ \varepsilon_y \\ \gamma_{xy} \end{bmatrix} \tag{7.3}$$

式中 $\overline{Q}_{ij}^k$——第 $k$ 层的折算刚度,具体定义为

$$\begin{cases} \overline{Q}_{11}^k=Q_{11}\cos^4\theta_k+2(Q_{12}+2Q_{66})\cos^2\theta_k\sin^2\theta_k+Q_{22}\sin^4\theta_k \\[2mm] \overline{Q}_{12}^k=Q_{12}\cos^4\theta_k+(Q_{11}+Q_{22}-4Q_{66})\cos^2\theta_k\sin^2\theta_k+Q_{12}\sin^4\theta_k \\[2mm] \overline{Q}_{16}^k=(Q_{11}-Q_{12}-2Q_{66})\cos^3\theta_k\sin\theta_k+(Q_{12}-Q_{22}+2Q_{66})\cos\theta_k\sin^3\theta_k \\[2mm] \overline{Q}_{22}^k=Q_{22}\cos^4\theta_k+2(Q_{12}+2Q_{66})\cos^2\theta_k\sin^2\theta_k+Q_{11}\sin^4\theta_k \\[2mm] \overline{Q}_{26}^k=(Q_{12}-Q_{22}+2Q_{66})\cos^3\theta_k\sin\theta_k+(Q_{11}-Q_{12}-2Q_{66})\cos\theta_k\sin^3\theta_k \\[2mm] \overline{Q}_{66}^k=(Q_{11}+Q_{22}-2Q_{12}-2Q_{66})\cos^2\theta_k\sin^2\theta_k+Q_{66}(\cos^4\theta_k+\sin^4\theta_k) \end{cases} \tag{7.4}$$

由式(7.1)~式(7.4)得到复合材料层合结构第 $k$ 层板面内应力分量为

$$\begin{cases} \sigma_x^k = -z\left( \overline{Q}_{11}^k \dfrac{\partial^2 w_0}{\partial x^2} + \overline{Q}_{12}^k \dfrac{\partial^2 w_0}{\partial y^2} + 2\overline{Q}_{16}^k \dfrac{\partial^2 w_0}{\partial x \partial y} \right) \\[2mm] \sigma_y^k = -z\left( \overline{Q}_{12}^k \dfrac{\partial^2 w_0}{\partial x^2} + \overline{Q}_{22}^k \dfrac{\partial^2 w_0}{\partial y^2} + 2\overline{Q}_{26}^k \dfrac{\partial^2 w_0}{\partial x \partial y} \right) \\[2mm] \tau_{xy}^k = -z\left( \overline{Q}_{16}^k \dfrac{\partial^2 w_0}{\partial x^2} + \overline{Q}_{26}^k \dfrac{\partial^2 w_0}{\partial y^2} + 2\overline{Q}_{66}^k \dfrac{\partial^2 w_0}{\partial x \partial y} \right) \end{cases} \qquad (7.5)$$

由弹性力学理论,空间平衡微分方程为

$$\begin{cases} \dfrac{\partial \sigma_x}{\partial x} + \dfrac{\partial \tau_{xy}}{\partial y} + \dfrac{\partial \tau_{xz}}{\partial z} + f_x = 0 \\[2mm] \dfrac{\partial \sigma_y}{\partial y} + \dfrac{\partial \tau_{xy}}{\partial x} + \dfrac{\partial \tau_{yz}}{\partial z} + f_y = 0 \\[2mm] \dfrac{\partial \sigma_z}{\partial z} + \dfrac{\partial \tau_{xz}}{\partial x} + \dfrac{\partial \tau_{yz}}{\partial y} + f_z = 0 \end{cases} \qquad (7.6)$$

复合材料板第 $k$ 层的横向切应力-切应变关系为[24]

$$\begin{Bmatrix} \gamma_{yz} \\ \gamma_{xz} \end{Bmatrix} = \begin{Bmatrix} S_{44}^k & S_{45}^k \\ S_{45}^k & S_{55}^k \end{Bmatrix} \begin{Bmatrix} \tau_{yz}^k \\ \tau_{xz}^k \end{Bmatrix} \qquad (7.7)$$

其中 $S_{ij}^k$ 定义如下:

$$\begin{cases} S_{44}^k = \dfrac{\cos^2 \theta_k}{Q_{44}} + \dfrac{\sin^2 \theta_k}{Q_{55}} \\[2mm] S_{45}^k = \left( \dfrac{1}{Q_{44}} - \dfrac{1}{Q_{55}} \right) \cos\theta_k \sin\theta_k \\[2mm] S_{55}^k = \dfrac{\sin^2 \theta_k}{Q_{44}} + \dfrac{\cos^2 \theta_k}{Q_{55}} \end{cases} \qquad (7.8)$$

式(7.8)中,$\theta_k$ 为第 $k$ 层的材料主轴与 $x$ 坐标轴的夹角,$Q_{ij}$ 定义为

$$\begin{cases} Q_{11} = \dfrac{E_1}{1-\mu_{12}\mu_{21}}, \quad Q_{12} = \dfrac{\mu_{12}E_2}{1-\mu_{12}\mu_{21}} = \dfrac{\mu_{21}E_1}{1-\mu_{12}\mu_{21}} \\[2mm] Q_{22} = \dfrac{E_2}{1-\mu_{12}\mu_{21}}, \quad Q_{44} = G_{23} \\[2mm] Q_{55} = G_{13}, \quad Q_{66} = G_{12} \end{cases} \qquad (7.9)$$

由式(7.3)~式(7.8)可得出复合材料板任意方向上的应力应变分布情况。由转轴公式:

122

$$\left\{\begin{array}{c} \varepsilon_1^k \\ \varepsilon_2^k \\ \gamma_{12}^k \end{array}\right\} = \left[\begin{array}{ccc} \cos^2\theta_k & \sin^2\theta_k & \sin\theta_k\cos\theta_k \\ \sin^2\theta_k & \cos^2\theta_k & -\sin\theta_k\cos\theta_k \\ -2\sin\theta_k\cos\theta_k & 2\sin\theta_k\cos\theta_k & \cos^2\theta_k-\sin^2\theta_k \end{array}\right]\left\{\begin{array}{c} \varepsilon_x^k \\ \varepsilon_y^k \\ \gamma_{xy}^k \end{array}\right\} \quad (7.10)$$

复合材料板主方向应力–应变关系为

$$\left\{\begin{array}{c} \sigma_1^k \\ \sigma_2^k \\ \tau_{12}^k \end{array}\right\} = \left[\begin{array}{ccc} Q_{11}^k & Q_{12}^k & 0 \\ Q_{12}^k & Q_{22}^k & 0 \\ 0 & 0 & Q_{66}^k \end{array}\right]\left\{\begin{array}{c} \varepsilon_1^k \\ \varepsilon_2^k \\ \gamma_{12}^k \end{array}\right\} \quad (7.11)$$

结合式(7.10)~式(7.11)可得出复合材料板主方向上的应力应变分布情况。

### 7.1.3 黏弹性复合材料结构总应变能计算

黏弹性复合材料结构应变能由复合材料层应变能和黏弹性层应变能共同组成,现在以三层黏弹性复合材料结构为例,说明黏弹性复合材料结构应变能的计算方法。

两层厚度为 $e/2$ 的复合材料面板夹杂一厚度为 $e_0$ 的黏弹性材料层组成三层黏弹性复合材料结构(简称"复合结构"),各层尺寸见图 7.1。

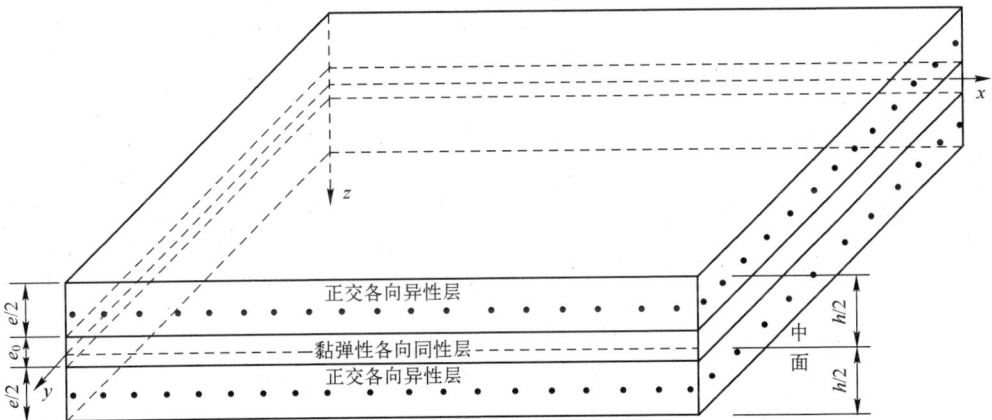

图 7.1 三层黏弹性复合材料结构及各层尺寸

对于线弹性体,由于 $\varepsilon_z=0$,其总的应变能为[25]

$$U = \iiint_V \left[\frac{1}{2}(\sigma_x\varepsilon_x + \sigma_y\varepsilon_y + \tau_{xy}\gamma_{xy} + \tau_{yz}\gamma_{yz} + \tau_{xz}\gamma_{xz})\right]dxdydz \quad (7.12)$$

式中,前三项为面内应变能,后两项为切应力应变能。

复合结构总应变能包括面内应变能和横向剪切应变能两部分,具体的计算过程详见第 4 章。这两部分能量满足叠加原理,复合结构总的应变能为

123

$$U = U_p^{uni} + U_p^v + U_{xz}^{uni} + U_{yz}^{uni} + U_{xz}^v + U_{yz}^v = \sum_{m=1}^{M} \sum_{n=1}^{N} \sum_{i=1}^{M} \sum_{j=1}^{N} A_{mn} A_{ij} F_{minj} \qquad (7.13)$$

其中

$$F_{minj} = k_p^{uni} F_p^{uni}(\theta) + k_p^v F_p^v + F_{xz}^{uni}(\theta) + F_{xz}^v + F_{yz}^{uni}(\theta) + F_{yz}^v \qquad (7.14)$$

$k_p^{uni}$ 见式(4.6),$k_p^v$ 见式(4.13),$F_p^{uni}(\theta)$ 见式(4.7),$F_p^v$ 见式(4.14),$F_{xz}^{uni}(\theta)$ 见式(4.47),$F_{xz}^v$ 见式(4.51),$F_{yz}^{uni}(\theta)$ 见式(4.64),$F_{yz}^v$ 见式(4.68)。

横向均布荷载作用下,运用 Ritz 法:

$$\frac{\partial U}{\partial A_{mn}} = \iint_A f_z u_m \mathrm{d}x \mathrm{d}y + \int_{s_\sigma} \bar{f_z} u_m \mathrm{d}s = \int_0^a \int_0^b q_0 X_m(x) Y_n(y) \mathrm{d}x \mathrm{d}y$$

$$\qquad (7.15)$$

$$= q_0 \int_0^a X_m(x) \mathrm{d}x \int_0^b Y_n(y) \mathrm{d}y$$

分别求出 $\int_0^a X_m(x) \mathrm{d}x$ 和 $\int_0^b Y_n(y) \mathrm{d}y$ :

$$\int_0^a X_m(x) \mathrm{d}x = \int_0^a \left( \sin \frac{\lambda_m x}{a} - \sinh \frac{\lambda_m x}{a} - \alpha_m \cos \frac{\lambda_m x}{a} + \alpha_m \cosh \frac{\lambda_m x}{a} \right) \mathrm{d}x$$

$$= \frac{a}{\lambda_m} \left( -\cos \frac{\lambda_m x}{a} - \cosh \frac{\lambda_m x}{a} - \alpha_m \sin \frac{\lambda_m x}{a} + \alpha_m \sinh \frac{\lambda_m x}{a} \right) \Big|_0^a$$

$$= \frac{a}{\lambda_m} (2 - \cos\lambda_m - \cosh\lambda_m - \alpha_m \sin\lambda_m + \alpha_m \sinh\lambda_m) \qquad (7.16)$$

$$\int_0^b Y_n(y) \mathrm{d}y = \frac{b}{\lambda_n} (2 - \cos\lambda_n - \cosh\lambda_n - \alpha_n \sin\lambda_n + \alpha_n \sinh\lambda_n) \qquad (7.17)$$

即

$$\frac{\partial U}{\partial A_{mn}} = \frac{abq_0}{\lambda_m \lambda_n} (2 - \cos\lambda_m - \cosh\lambda_m - \alpha_m \sin\lambda_m + \alpha_m \sinh\lambda_m) \cdot$$

$$\qquad (7.18)$$

$$(2 - \cos\lambda_n - \cosh\lambda_n - \alpha_n \sin\lambda_n + \alpha_n \sinh\lambda_n)$$

又 $U = \sum_{m=1}^{M} \sum_{n=1}^{N} \sum_{i=1}^{M} \sum_{j=1}^{N} A_{mn} A_{ij} F_{minj}$ ,对 $A_{mn}$ 求偏导数,可以得到

$$\frac{\partial U}{\partial A_{mn}} = \sum_{i=1}^{M} \sum_{j=1}^{N} A_{ij} F_{minj} + \sum_{i=1}^{M} \sum_{j=1}^{N} A_{ij} F_{imjn} = \sum_{i=1}^{M} \sum_{j=1}^{N} A_{ij} (F_{minj} + F_{imjn}) \qquad (7.19)$$

由式(7.18)和式(7.19)能得到包含 $A_{mn}$ 的联立方程组,解这个方程组即可求出 $A_{mn}$ ,这样就能写出完整的挠度函数表达式,求出复合结构各组能量分布及总能量。

### 7.1.4　黏弹性复合材料结构应变能损耗因子计算

结构的阻尼性能可以用应变能损耗因子来表示,Ungar 和 Kerwin 将应变能损耗

124

因子定义为一个振动周期内结构耗散的能量与结构总应变能之比。根据这个定义，Berthelot[15]将黏弹性复合结构应变能损耗因子记作：

$$\eta = \Delta U / U \tag{7.20}$$

式中 $\Delta U$——黏弹性复合材料结构一个振动周期内耗散的能量，见式(7.21)；

$U$——黏弹性复合材料结构总的应变能，见式(7.13)。

黏弹性复合材料结构损耗的应变能分为两部分：

$$\Delta U = \Delta U^{uni} + \Delta U^{v} \tag{7.21}$$

$\Delta U^{uni}$ 为复合材料面板损耗的能量，其表达式为

$$\Delta U^{uni} = \eta_{11} U_{11}^{uni} + 2\eta_{12} U_{12}^{uni} + \eta_{22} U_{22}^{uni} + \eta_{66} U_{66}^{uni} + \eta_{13} U_{13}^{uni} + \eta_{23} U_{23}^{uni} \tag{7.22}$$

$\Delta U^{v}$ 为黏弹性层损耗的能量，其表达式为

$$\Delta U^{v} = \eta_{v} ( U_{11}^{v} + 2U_{12}^{v} + U_{22}^{v} + U_{66}^{v} + U_{13}^{v} + U_{23}^{v} ) = \eta_{v} ( U_{p}^{v} + U_{xz}^{v} + U_{yz}^{v} ) \tag{7.23}$$

式中 $\eta_{ij}$——复合材料层对应于 $U_{ij}$ 方向的损耗因子；

$\eta_{v}$——黏弹性材料的损耗因子。

$U_{p}^{v}$ 见式(4.12)、$U_{xz}^{v}$ 见式(4.50)、$U_{yz}^{v}$ 见式(4.67)。运用转轴公式(7.10)和式(7.11)，可得到复合材料层各主方向上的应变能分量 $U_{11}^{uni}$、$U_{12}^{uni}$、$U_{22}^{uni}$、$U_{66}^{uni}$、$U_{13}^{uni}$、$U_{23}^{uni}$：

$$U_{11}^{uni} = \iiint_{V} \frac{1}{2} \sigma_{11}^{uni} \varepsilon_{11}^{uni} \mathrm{d}x\mathrm{d}y\mathrm{d}z$$

$$= K_{p}^{uni} Q_{11} \sum_{m=1}^{M} \sum_{n=1}^{N} \sum_{i=1}^{M} \sum_{j=1}^{N} A_{mn} A_{ij} [ \cos^4\theta \cdot C_{minj}^{2200} + \sin^4\theta \cdot \lambda^4 C_{minj}^{0022} + 4\sin^2\theta\cos^2\theta \cdot \lambda^2 C_{minj}^{1111} + 2\sin^2\theta\cos^2\theta \cdot \lambda^2 C_{minj}^{2002} + 4\sin^3\theta\cos\theta \cdot \lambda^3 C_{minj}^{1012} + 4\sin\theta\cos^3\theta \cdot \lambda C_{minj}^{2101} ] \tag{7.24}$$

$$U_{12}^{uni} = \iiint_{V} \frac{1}{2} \sigma_{12}^{uni} \varepsilon_{12}^{uni} \mathrm{d}x\mathrm{d}y\mathrm{d}z$$

$$= K_{p}^{uni} Q_{12} \sum_{m=1}^{M} \sum_{n=1}^{N} \sum_{i=1}^{M} \sum_{j=1}^{N} A_{mn} A_{ij} [ \sin^2\theta\cos^2\theta \cdot C_{minj}^{2200} + ( \sin^4\theta + \cos^4\theta ) \cdot \lambda^2 C_{minj}^{2002} - 2\sin\theta\cos^3\theta \cdot \lambda C_{minj}^{2101} + \sin^2\theta\cos^2\theta \cdot \lambda^4 C_{minj}^{0022} - ( 2\cos\theta\sin^3\theta - 2\sin\theta\cos^3\theta ) \cdot \lambda^3 C_{minj}^{1012} + 2\sin^3\theta\cos\theta \cdot \lambda C_{minj}^{2101} - 4\sin^2\theta\cos^2\theta \cdot \lambda^2 C_{minj}^{1111} ] \tag{7.25}$$

$$U_{22}^{uni} = \iiint_{V} \frac{1}{2} \sigma_{22}^{uni} \varepsilon_{22}^{uni} \mathrm{d}x\mathrm{d}y\mathrm{d}z$$

$$= K_{p}^{uni} Q_{22} \sum_{m=1}^{M} \sum_{n=1}^{N} \sum_{i=1}^{M} \sum_{j=1}^{N} A_{mn} A_{ij} [ \sin^4\theta \cdot C_{minj}^{2200} + \cos^4\theta \cdot \lambda^4 C_{minj}^{0022} + 4\sin^2\theta\cos^2\theta \cdot \lambda^2 C_{minj}^{1111} + 2\sin^2\theta\cos^2\theta \cdot \lambda^2 C_{minj}^{2002} - 4\sin\theta\cos^3\theta \cdot \lambda^3 C_{minj}^{1012} - 4\cos\theta\sin^3\theta \cdot \lambda C_{minj}^{2101} ] \tag{7.26}$$

$$U_{66}^{uni} = \iiint_{V} \frac{1}{2} \sigma_{66}^{uni} \varepsilon_{66}^{uni} \mathrm{d}x\mathrm{d}y\mathrm{d}z$$

$$= 4K_p^{uni}Q_{66}\sum_{m=1}^{M}\sum_{n=1}^{N}\sum_{i=1}^{M}\sum_{j=1}^{N}A_{mn}A_{ij}\big[\sin^2\theta\cos^2\theta\cdot C_{minj}^{2200}+\sin^2\theta\cos^2\theta\cdot\lambda^4 C_{minj}^{0022}+$$

$$(\cos^2\theta-\sin^2\theta)2\cdot\lambda^2 C_{minj}^{1111}-2\sin^2\theta\cos^2\theta\cdot\lambda^2 C_{minj}^{2002}-$$

$$2\cos\theta\sin\theta(\cos^2\theta-\sin^2\theta)\cdot\lambda C_{minj}^{2101}+2\cos\theta\sin\theta(\cos^2\theta-\sin^2\theta)\cdot\lambda^3 C_{minj}^{1012}$$

$$(7.27)$$

$U_{13}^{uni}=U_{xz}^{uni}$ 见式(4.46)，$U_{23}^{uni}=U_{yz}^{uni}$ 见式(4.63)。

### 7.1.5 三层黏弹性复合材料结构应变能损耗因子优化设计

黏弹性复合材料结构的阻尼性能受多种因素的影响，如板的长宽比 $\lambda$、面板纤维铺设角度 $\theta$、面板 1、2 主方向的弹性模量比 $\gamma_E$ 等。对复合结构进行优化设计，有利于发挥黏弹性材料的阻尼潜能，改善复合结构的阻尼性能。这里以三层黏弹性复合结构为例，对其进行优化设计，提高阻尼性能。

三层黏弹性复合材料结构的材料参数如下[27]：复合材料面板的 $E_1=29.9\text{GPa}$，$\mu_{12}=0.24$，$G_{12}=2.45\text{GPa}$，$G_{13}=G_{12}$，$G_{23}=2.25\text{GPa}$。假定纤维方向与 $x$ 轴夹角为 $\theta$。黏弹性材料层弹性常数 $E=150\text{MPa}$，$\mu=0.49$。矩形复合结构总厚度 $h=0.01\text{m}$，黏弹性层厚度 $e_0=0.005\text{m}$。其长为 0.5m，承受均布荷载。复合材料和黏弹性材料的损耗因子如下 $\eta_{11}=0.40\%$，$\eta_{22}=1.50\%$，$\eta_{12}=0$，$\eta_{66}=\eta_{13}=\eta_{23}=2.00\%$；$\eta_v=30\%$。边界条件为四边夹紧。

取优化设计参数 $\chi=[\theta,\lambda,\gamma_E]$，即优化设计变量为 3 个。约束条件的取值范围为：$\theta\in[0,90°]$；$\lambda=a/b\in[1/3,3]$；$\gamma_E=E_1/E_2\in[2,10]$。复合结构的边长 $a=0.5\text{m}$，$b=a/\lambda$；$E_1=29.9\text{GPa}$，$E_2=E_1/\gamma_E$。采用"结合最优保存策略和移民策略的改进自适应遗传算法"，对各设计变量均采用二制编码，长度分别为：40，10，15，这样种群中每个个体的长度为 65 位。种群规模为 40，交叉概率 $P_c\in[0.5,0.9]$，变异概率 $P_m\in[0.005,0.1]$，保优率为 10%，移民个数为 5 个。采用进化代数固定的终止策略，进化代数取 100 次。文献[27]的原始设计与优化设计的参数对比情况见表 7.1。

表 7.1 原始设计与优化设计的参数对比

| 设计方案 | 设计变量 | | | 损耗因子 $\eta$ |
|---|---|---|---|---|
| | $\theta$ | $\lambda$ | $\gamma_E$ | |
| 原始设计[27] | 0° | 1.00 | 5.11 | 0.114 |
| 优化设计 | 90° | 3.00 | 2.00 | 0.252 |

由表 7.1 可以看出,文献[27]中黏弹性复合材料结构损耗因子为 0.114,经过优化设计后,损耗因子达到 0.252,效果非常明显。优化后的 3 个设计变量值同原始设计值相比变化也较大。具体优化过程如图 7.2 所示,图中虚线代表种群平均值的变化,实线代表种群中最优值变化。从图中清楚地看出,种群最优值随优化次数的增加缓慢提高,最后稳定在 0.252。

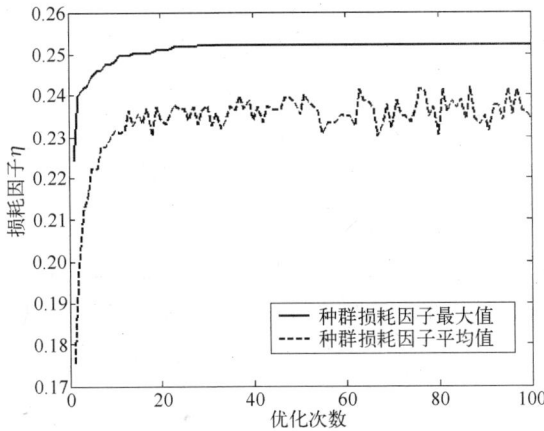

图 7.2　三层复合结构应变能损耗因子优化过程

## 7.1.6　五层黏弹性复合材料结构应变能损耗因子优化设计[28]

长为 $a$、宽为 $b$ 的五层黏弹性复合结构由三层正交各向异性层和二层黏弹性层组成,其结构见图 7.3。中间层也称为芯层,为正交各向异性复合材料层 1,设其厚度为 $d_1$,材料主方向与 $x$ 轴的夹角为 $\theta_1$。紧贴芯层的为两层黏弹性材料层,其厚度均为 $e_0$。上下表面为正交各向异性复合材料层 2,设其厚度为 $d_2$,材料主方向与 $x$ 轴的夹角为 $\theta_2$。

五层黏弹性复合材料结构应变能分为复合材料层应变能和黏弹性层应变能,其中复合材料层应变能包括上下表面层应变能和中间芯层应变能两部分,黏弹性层应变能为对称的两层黏弹性层应变能之和。五层黏弹性复合材料结构应变能损耗因子计算过程类似于三层黏弹性复合材料结构,详细的计算过程见第 5 章。

与三层黏弹性复合材料结构一样,五层黏弹性复合材料结构的阻尼性能也受多种因素的影响,如芯层复合材料板纤维铺设角度 $\theta_1$、复合材料面板的纤维铺设角度 $\theta_2$、复合结构的长宽比 $\lambda$、正交各向异性复合材料层 1、2 主方向的弹性模量比 $\gamma_E$ 等。现以文献[29]中算例为优化对象,对五层黏弹性复合材料结构阻尼性能分别进行单

127

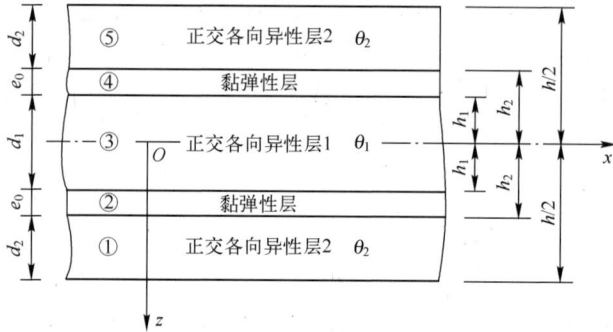

图 7.3 五层黏弹性复合结构

变量和多变量优化设计。

五层黏弹性复合结构的有关参数如下[29]:复合材料面板弹性常数 $E_1 = 29.9\text{GPa}$,
$\mu_{12} = 0.24$,$G_{12} = 2.45\text{GPa}$,$G_{13} = G_{12}$,$G_{23} = 2.25\text{GPa}$。黏弹性材料层弹性常数为 $E = 7.0\text{MPa}$,$\mu = 0.25$。黏弹性层厚度为 0.4mm,芯层复合材料厚度为 0.8mm,复合结构总厚度为 2.8mm,长为 0.2m。复合材料层的损耗因子 $\eta_{11} = 0.40\%$,$\eta_{22} = 1.50\%$,$\eta_{12} = 0$,$\eta_{66} = \eta_{13} = \eta_{23} = 2.00\%$。黏弹性材料的损耗因子 $\eta_v = 30\%$。边界条件为四边夹紧,承受均布荷载。

以 $\theta_1$、$\theta_2$、$\lambda$ 及 $\gamma_E$ 为设计变量,同样应用 6.2 节的"改进的遗传算法-最优保存策略和移民策略",对五层黏弹性复合结构应变能损耗因子进行优化设计。对各设计变量均采用二进制编码,长度分别为:40,40,10,15。种群规模为 40,交叉概率 $P_c \in [0.5, 0.9]$,变异概率 $P_m \in [0.005, 0.1]$,移民个数为 5,保优率为 10%。采用进化代数固定的终止策略,进化代数取 100 次。约束条件为:$\theta_1$,$\theta_2 \in [0, 90°]$;$\lambda = a/b \in [1/3, 3]$,$\gamma_E = E_1/E_2 \in [2, 10]$,即复合结构的边长 $a = 0.2\text{m}$,$b = a/\lambda$;$E_1 = 29.9\text{GPa}$,$E_2 = E_1/\gamma$。以上 4 个参数依次作为变量,当其为非变量时取值为:$\theta_1 = 0°$,$\theta_2 = 0°$,$\lambda = 1.00$,$\gamma_E = 5.11$。单变量优化结果见表 7.2,原始设计与多变量优化设计对比见表 7.3。

表 7.2　单变量优化设计结果

| 变量 | 优化后的变量值 | 非变量参数取值 | | | | 损耗因子 $\eta$ |
|---|---|---|---|---|---|---|
| | | $\theta_1$ | $\theta_2$ | $\lambda$ | $\gamma_E$ | |
| $\theta_1$ | 34.56° | — | 0° | 1.00 | 5.11 | 0.212 |
| $\theta_2$ | 0° | 0° | — | 1.00 | 5.11 | 0.184 |
| $\lambda$ | 3.00 | 0° | 0° | — | 5.11 | 0.250 |
| $\gamma_E$ | 2.00 | 0° | 0° | 1.00 | — | 0.215 |

128

表 7.3　原始设计与多变量优化设计对比

| 设计方案 | 变 量 值 | | | | 损耗因子 $\eta$ |
| --- | --- | --- | --- | --- | --- |
| | $\theta_1$ | $\theta_2$ | $\lambda$ | $\gamma_E$ | |
| 原始设计[28] | 0° | 0° | 1.00 | 5.11 | 0.184 |
| 优化设计 | 29.22° | 89.99° | 3.00 | 2.00 | 0.287 |

由表 7.3 可以看出,原始设计中黏弹性复合结构损耗因子为 0.184,经过优化设计后,损耗因子达到 0.287,优化效果非常明显。对比表 7.2 和表 7.3 的损耗因子可以发现,多变量优化结果优于单变量优化结果,这也体现了遗传算法可以很好地处理多变量系统优化的特点。多变量优化设计具体优化过程如图 7.4 所示,图中虚线代表种群平均值的变化,实线代表种群中最优值变化。从图中清楚地看出,种群最优值随优化次数的增加稳步提高,最后稳定在 0.287 附近。

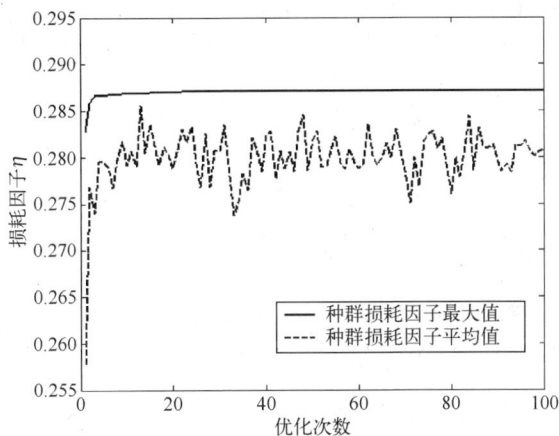

图 7.4　五层复合结构应变能损耗因子多变量优化过程

## 7.1.7　小结

以经典层合板理论和弹性力学理论为基础,结合 Ritz 法用双重级数表示复合结构的挠度函数,以形成黏弹性复合材料结构应变能计算模型。以应变能损耗因子表征黏弹性复合材料结构的阻尼性能,以黏弹性复合材料结构的应变能损耗因子最大化为优化目标,用改进遗传算法对三层和五层黏弹性复合结构的阻尼性能分别进行单变量及多变量优化设计,优化设计结果表明:

(1) 运用遗传算法对黏弹性复合结构的阻尼性能进行优化设计,效果非常明显,复合结构损耗因子得到了很大提高,阻尼性能明显改善,达到了优化的目标。

（2）复合结构多变量优化的结果优于单变量优化的结果,体现了复合结构进行系统优化的必要性。遗传算法可以很好地处理函数的多变量优化,能适应黏弹性复合材料结构的阻尼性能优化设计要求。

## 7.2　黏弹性复合材料结构强度优化设计

强度是评价材料力学性能的一个重要参数,复合材料也是如此。复合材料结构多数作为承力构件,一般承受横向荷载作用,因此对复合材料在横向荷载作用下的强度问题进行研究显得相当必要。黏弹性复合材料作为一种夹杂着黏弹性材料层的复合结构,由于黏弹性层的加入,复合结构表现出良好的阻尼性能,但同时由于黏弹性层的存在,黏弹性复合材料结构的强度也必然与一般复合材料板有所区别,黏弹性复合材料结构的强度问题值得引起人们的关注。只有同时具有良好的阻尼性能和强度,黏弹性复合材料结构才具有真正的工程应用意义。复合材料的破坏是一个动态发展和应力重分布的过程,复合材料的强度也分为初始层破坏强度和最终层破坏强度[30]。本章我们在前面几章研究的基础上,对黏弹性复合材料结构在横向荷载作用下的初始层破坏强度(以下简称"强度")进行分析并建立优化模型,应用改进遗传算法对复合结构的强度进行优化设计。

### 7.2.1　正交各向异性材料的强度指标

单向纤维增强复合材料是正交各向异性材料,正交各向异性材料在不同的方向上的强度特征是不一样的。当外荷载沿材料主方向作用时称为主方向荷载,其对应的应力称为主方向应力。如果荷载作用方向不在材料主方向上,则可以通过转轴公式,将荷载作用方向的应力转换为材料主方向的应力。与各向同性材料不同,正交各向异性材料一般需要 5 个强度指标才能对复杂应力状态下的单层板进行面内强度的分析,这 5 个指标是:

（1）$X_t$——纤维方向(纵向)的拉伸极限强度;

（2）$X_c$——纤维方向(纵向)的压缩极限强度;

（3）$Y_t$——横方向的拉伸极限强度;

（4）$Y_c$——横方向的压缩极限强度;

（5）$S$——面内剪切极限强度。

以上指标中 $X_c$、$Y_c$ 均指绝对值。这 5 个强度指标可以通过实验测得,在测得这 5

个强度指标后,就可以选择合适的强度理论,对单层板进行强度分析。

## 7.2.2　正交各向异性材料的强度理论

强度理论对于判定材料在复杂应力状态下是否发生破坏是必需的,不同的强度理论对材料是否会发生破坏也会产生不同的判断结果。大多数的试验测定的材料强度是建立在单向应力状态基础上的,所以一般讨论正交各向异性材料的强度问题都是在平面应力的基础上进行的,而且假设材料宏观上是均匀的,不考虑此细观破坏机理。下面介绍几种常见的强度理论[30]。

### 7.2.2.1　最大应力理论

最大应力理论认为,材料主轴方向的各应力分量必须小于各自的强度,否则就会发生破坏,即

$$\begin{cases} \sigma_1 < X_t & (拉伸) \\ \sigma_2 < Y_t & (拉伸) \\ |\sigma_1| < X_c & (压缩) \\ |\sigma_2| < Y_c & (压缩) \\ \tau_{12} < S & (剪切) \end{cases} \tag{7.28}$$

最大应力理论不考虑破坏模式之间的耦合作用,只将各个方向上的应力与各自方向的强度进行比较,实际上为 5 个分别不等式。这里的 $\sigma_1$、$\sigma_2$ 是指复合材料第 1、2 主方向上的应力,而不是各向同性材料中的主应力。另外,$S$ 与 $\tau_{12}$ 的符号无关。在应用最大应力理论时,所考虑材料中的应力必须转换为材料主方向的应力。

应用该理论分析几种典型复合材料的力学性能时,可以发现该理论与实验结果不一致,因此需要建立新的强度理论。

### 7.2.2.2　最大应变理论

最大应变理论与最大应力理论相类似,这里所比较的是应变。对于正交各向异性材料,最大应变理论表达如下:

$$\begin{cases} \varepsilon_1 < \varepsilon_{1t} & (拉伸) \\ \varepsilon_2 < \varepsilon_{2t} & (拉伸) \\ |\varepsilon_1| < \varepsilon_{1c} & (压缩) \\ |\varepsilon_2| < \varepsilon_{2c} & (压缩) \\ \gamma_{12} < \gamma_S & (剪切) \end{cases} \tag{7.29}$$

式中　$\varepsilon_{1t}$、$\varepsilon_{1c}$——是 1 方向的拉伸和压缩极限应变；

　　　　$\varepsilon_{2t}$、$\varepsilon_{2c}$——2 方向的拉伸和压缩极限应变；

　　　　$\gamma_S$——剪切极限应变。

式(7.29)也是 5 个不等式,只要其中一个不成立,就可以认为材料发生了破坏。在应用最大应变理论时,同样必须转换为材料主方向的应变。

应用该理论分析几种典型复合材料的力学性能时,可以发现该理论与实验结果差异比最大应力理论差异更大,因此仍然不是一种准确的理论。

### 7.2.2.3　Tsai-Hill 理论

Tsai-Hill 理论考虑各个应力分量之间的相互影响,其表达式为

$$F.I. = \left(\frac{\sigma_1}{X}\right)^2 + \left(\frac{\sigma_2}{Y}\right)^2 + \left(\frac{\tau_{12}}{S}\right)^2 - \frac{\sigma_1\sigma_2}{X^2} < 1 \qquad (7.30)$$

其中,当 $\sigma_1$ 为拉应力时,$X = X_t$,当 $\sigma_1$ 为压应力时,$X = X_c$;当 $\sigma_2$ 为拉应力时,$Y = Y_t$,当 $\sigma_2$ 为压应力时,$Y = Y_c$。当 F.I. <1 时,材料不发生破坏;当 F.I. =1 时,材料处于临界状态;当 F.I. >1 时,材料发生破坏。

Tsai-Hill 理论是一个统一的强度理论,不同于最大应力理论和最大应变理论,该理论考虑了各应力分量之间的互影响。几种典型复合材料的强度实验证明,此理论与实验结果吻合得较好,是比较精确的强度理论。Tsai-Hill 理论同样适用于各向同性材料强度判断[23]。

### 7.2.2.4　Hoffman 理论

Tsai-Hill 理论没有从根本上考虑材料拉伸强度和压缩强度的区别,为此 Hoffman 提出了如下新的理论:

$$F.I. = \frac{\sigma_1^2}{X_t X_c} - \frac{\sigma_1\sigma_2}{X_t X_c} + \frac{\sigma_2^2}{Y_t Y_c} + \frac{X_c - X_t}{X_t X_c}\sigma_2 + \frac{Y_c - Y_t}{Y_t Y_c}\sigma_2 + \left(\frac{\tau_{12}}{S}\right)^2 < 1 \qquad (7.31)$$

该理论也是一种相互作用理论。

### 7.2.2.5　Tsai-Wu 理论

上述各强度理论与实际实验结果之间有不同程度的不一致,改善两者之间不一致性的明显方法是增加理论方程中的项数,为此 Tsai-Wu 提出了新的强度理论,表达式为

$$F.I. = F_1\sigma_1 + F_2\sigma_2 + F_{11}\sigma_1^2 + F_{22}\sigma_2^2 + F_{66}\tau_{12}^2 + 2F_{12}\sigma_1\sigma_2 < 1 \qquad (7.32)$$

其中,$F_1 = \dfrac{1}{X_t} - \dfrac{1}{X_c}$,$F_2 = \dfrac{1}{Y_t} - \dfrac{1}{Y_c}$,$F_{11} = \dfrac{1}{X_t X_c}$,$F_{22} = \dfrac{1}{Y_t Y_c}$,$F_{66} = \dfrac{1}{S^2}$,

$F_{12} = F_{12}^* / \sqrt{X_t X_c Y_t Y_c}$，$F_{12}^* \in [-1,1]$，一般取值为$-1/2$。

### 7.2.3  黏弹性复合材料结构强度计算

Tsai-Hill 强度理论考虑了各个应力分量之间的相互影响，是一个统一的强度理论，而且几种典型复合材料的强度实验已经证明，此理论与实验结果吻合得较好，是比较精确的强度理论，因此 Tsai-Hill 理论经常被用作复合材料的强度分析。同时，Tsai-Hill 理论可以进行简化得到各向同性材料的结果，适用于各向同性材料强度分析，因此本书应用 Tsai-Hill 强度理论分析黏弹性复合材料结构受横向荷载作用时的弯曲强度问题。

在第 3 章的内容中，已经说明了用 Ritz 法求解黏弹性复合材料结构的挠度函数问题。在挠度函数已知的情况下，可以写出复合结构的应力、应变及应变能的分布情况，代入 Tsai-Hill 强度理论即可以判断出复合结构所处的状态及确定临界横向荷载。

由式(7.2)，可以写出由挠度函数 $w(x,y)$ 表示的黏弹性复合材料结构的应变场，代入式(7.10)和式(7.11)，可以得到复合结构主方向上的应力分布表达式：

$$
\sigma_1 = -z Q_{11} \left( \cos^2\theta \cdot \frac{\partial^2 w}{\partial x^2} + \sin^2\theta \cdot \frac{\partial^2 w}{\partial y^2} + 2\sin\theta\cos\theta \frac{\partial^2 w}{\partial x \partial y} \right) -
$$
$$
z Q_{12} \left( \sin^2\theta \cdot \frac{\partial^2 w}{\partial x^2} + \cos^2\theta \cdot \frac{\partial^2 w}{\partial y^2} - 2\sin\theta\cos\theta \frac{\partial^2 w}{\partial x \partial y} \right) \tag{7.33}
$$

$$
\sigma_2 = -z Q_{12} \left( \cos^2\theta \cdot \frac{\partial^2 w}{\partial x^2} + \sin^2\theta \cdot \frac{\partial^2 w}{\partial y^2} + 2\sin\theta\cos\theta \frac{\partial^2 w}{\partial x \partial y} \right) -
$$
$$
z Q_{22} \left( \sin^2\theta \cdot \frac{\partial^2 w}{\partial x^2} + \cos^2\theta \cdot \frac{\partial^2 w}{\partial y^2} - 2\sin\theta\cos\theta \frac{\partial^2 w}{\partial x \partial y} \right) \tag{7.34}
$$

$$
\tau_{12} = -z Q_{66} \left[ -2\sin\theta\cos\theta \cdot \frac{\partial^2 w}{\partial x^2} + 2\sin\theta\cos\theta \cdot \frac{\partial^2 w}{\partial y^2} + 2(\cos^2\theta - \sin^2\theta) \frac{\partial^2 w}{\partial x \partial y} \right] \tag{7.35}
$$

因为 $w(x,y) = \sum_{m=1}^{M} \sum_{n=1}^{N} A_{mn} X_m(x) Y_n(y)$，对 $w(x,y)$ 进行求导，可以得到 $w$ 关于 $x$、$y$ 的各阶导数表达式。

$$
\frac{\partial w}{\partial x} = \sum_{m=1}^{M} \sum_{n=1}^{N} A_{mn} \cdot \frac{\lambda_m}{a} \left[ \cos(\lambda_m \xi) - \cosh(\lambda_m \xi) + \alpha_m \sin(\lambda_m \xi) + \alpha_m \sinh(\lambda_m \xi) \right] \cdot
$$
$$
\left[ \sin(\lambda_n \zeta) - \sinh(\lambda_n \zeta) - \alpha_n \cos(\lambda_n \zeta) + \alpha_n \cosh(\lambda_n \zeta) \right] \tag{7.36}
$$

$$
\frac{\partial w}{\partial y} = \sum_{m=1}^{M} \sum_{n=1}^{N} A_{mn} \cdot \frac{\lambda_n}{b} \left[ \sin(\lambda_m \xi) - \sinh(\lambda_m \xi) - \alpha_m \cos(\lambda_m \xi) + \alpha_m \cosh(\lambda_m \xi) \right] \cdot
$$

$$[\cos(\lambda_n\zeta)-\cosh(\lambda_n\zeta)+\alpha_n\sin(\lambda_n\zeta)+\alpha_n\sinh(\lambda_n\zeta)] \tag{7.37}$$

$$\frac{\partial^2 w}{\partial x^2}=\sum_{m=1}^{M}\sum_{n=1}^{N}A_{mn}\cdot\left(\frac{\lambda_m}{a}\right)^2[-\sin(\lambda_m\xi)-\sinh(\lambda_m\xi)+\alpha_m\cos(\lambda_m\xi)+\alpha_m\cosh$$
$$(\lambda_m\xi)]\cdot[\sin(\lambda_n\zeta)-\sinh(\lambda_n\zeta)-\alpha_n\cos(\lambda_n\zeta)+\alpha_n\cosh(\lambda_n\zeta)] \tag{7.38}$$

$$\frac{\partial^2 w}{\partial y^2}=\sum_{m=1}^{M}\sum_{n=1}^{N}A_{mn}\cdot\left(\frac{\lambda_n}{b}\right)^2[\sin(\lambda_m\xi)-\sinh(\lambda_m\xi)-\alpha_m\cos(\lambda_m\xi)+\alpha_m\cosh$$
$$(\lambda_m\xi)]\cdot[-\sin(\lambda_n\zeta)-\sinh(\lambda_n\zeta)+\alpha_n\cos(\lambda_n\zeta)+\alpha_n\cosh(\lambda_n\zeta)] \tag{7.39}$$

$$\frac{\partial^2 w}{\partial x\partial y}=\sum_{m=1}^{M}\sum_{n=1}^{N}A_{mn}\cdot\frac{\lambda_m}{a}\cdot\frac{\lambda_n}{b}[\cos(\lambda_m\xi)-\cosh(\lambda_m\xi)+\alpha_m\sin(\lambda_m\xi)+\alpha_m\sinh$$
$$(\lambda_m\xi)]\cdot[\cos(\lambda_n\zeta)-\cosh(\lambda_n\zeta)+\alpha_n\sin(\lambda_n\zeta)+\alpha_n\sinh(\lambda_n\zeta)] \tag{7.40}$$

其中,$\xi=x/a,\zeta=y/b$。

把式(7.38)~式(7.40)代入式(7.33)~式(7.35),可以得到黏弹性复合材料结构的应力场函数。黏弹性复合材料结构各个方向上的强度极限值可由实验测得,此时应用 Tsai-Hill 强度理论即可建立黏弹性复合结构在横向荷载作用下的强度计算模型,再应用改进遗传算法对复合结构在横向荷载作用下的强度进行优化设计。

### 7.2.4 黏弹性复合材料结构强度优化设计

以三层黏弹性复合结构为例,对其在横向荷载作用下的强度进行优化设计。由 7.1.1 的假设(6),黏弹性复合材料结构板的变形控制在小挠度的范围内,如果薄板的弯曲刚度过小或者横向荷载过大,使得挠度与厚度属于同阶大小,则须应用大挠度理论。这里讨论的复合结构最大挠度与厚度比控制在 8%以内,故使用小挠度变形理论。

黏弹性复合材料结构有关参数如下:复合材料面板弹性常数 $E_1=140\text{GPa}$,$E_2=10\text{GPa}$,$\mu_{12}=0.3$,$G_{12}=G_{13}=G_{23}=5\text{GPa}$;$X_t=1128\text{MPa}$,$X_c=785\text{MPa}$,$Y_t=27.5\text{MPa}$,$Y_c=98.1\text{MPa}$,$S=44.7\text{MPa}$;纤维方向与 $x$ 轴夹角为 $\theta$。黏弹性材料层弹性常数 $E=3.2\text{GPa}$,$\mu=0.34$;$X_t=Y_t=85\text{MPa}$,$X_c=Y_c=110\text{MPa}$,$S=64\text{MPa}$。矩形复合结构总厚度 $h=6\text{mm}$,黏弹性层厚度为 $e_0$,边长 $a=0.3\text{m}$,$b=0.2\text{m}$。承受均布荷载,边界条件为四边夹紧。

以黏弹性复合结构中面板纤维铺设角度 $\theta$、黏弹性材料层厚度 $e_0$ 与结构总厚度 $h$ 之比 $\gamma_h=e_0/h$ 两个参数为优化设计变量,对复合结构受横向均布荷载作用的强度进行优化设计。

优化设计参数 $\chi=[\theta,\gamma_h]$,即优化设计变量为 2 个。约束条件为:$\theta\in[0,90°]$;

$\gamma_h = e_0/h \in [0.1, 0.9]$, $w_{max} \le h \cdot 8\%$。采用结合保优策略和移民策略的改进自适应遗传算法,对设计变量采用二进制编码,长度分别为:20,10,这样种群中每个个体的长度为 30 位。种群规模为 40,交叉概率 $P_c \in [0.5, 0.9]$,变异概率 $P_m \in [0.005, 0.1]$,保优率为 10%,移民个数为 5。采用进化代数固定的终止策略,进化代数取 100 次。

经过理论计算和遗传算法优化设计,原始设计与优化设计的参数对比情况见表 7.4。

表 7.4  原始设计与优化设计的参数对比

| 设计方案 | 设计变量 | | 极限横向均布荷载 $P_u$/kPa |
|---|---|---|---|
| | $\theta$ | $\gamma_h$ | |
| 原始设计 | 0° | 0.2 | 74 |
| 优化设计 | 90° | 0.1 | 334 |

由表 7.4 可以看出,优化设计前后黏弹性复合结构的极限横向荷载承载力由 74kPa 增加到 334kPa,承载能力得到了很大的提高。复合材料面板的纤维铺设角度由 0° 变为 90°,即由原始设计的平行于长边方向铺设变为优化设计后的平行于短边方向铺设;黏弹性材料层的比厚度也由原始设计的 0.2 变为优化设计后的比厚度的最小值 0.1。由分析可以知道,三层黏弹性复合材料结构中复合材料面层的纤维铺设角度平行短边方向、黏弹性层比厚度取最小值时,黏弹性复合材料结构承受横向荷载作用能力最强。原始设计与优化设计在极限横向荷载作用下的变形见图 7.5 和图 7.6。

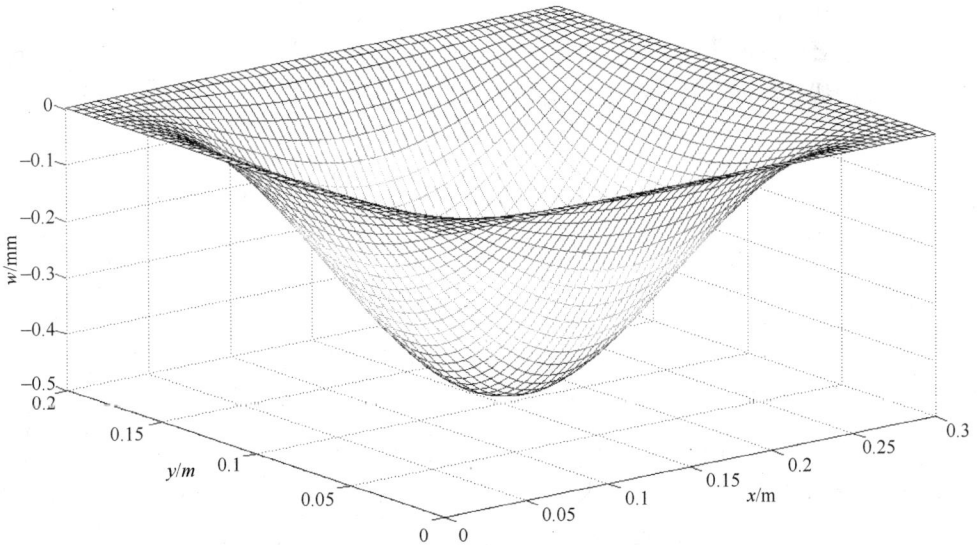

图 7.5  原始设计的复合结构在极限荷载 $P_u = 74$kPa 作用下的变形图

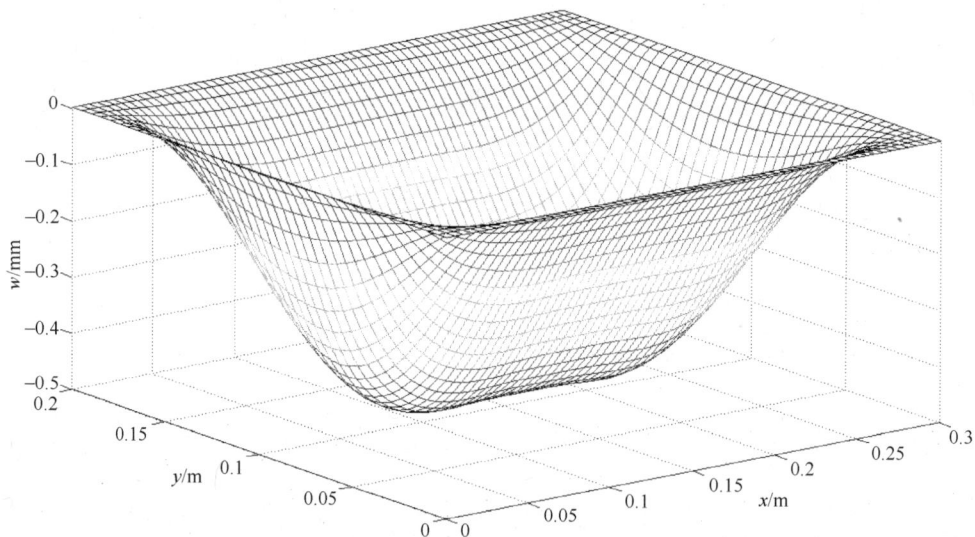

图 7.6　优化设计后复合结构在极限荷载 $P_u = 334\text{kPa}$ 作用下的变形图

### 7.2.5　小结

本节介绍了正交各向异性材料的强度指标和常用强度理论。应用转轴公式得到复合结构各主方向上的应力分布函数,结合 Tsai-Hill 强度理论,建立黏弹性复合材料结构强度计算模型。应用改进遗传算法对三层黏弹性复合结构受横向均布荷载作用下的强度进行优化设计。设计变量为面层纤维铺设角度和黏弹性层比厚度,优化设计使得复合结构的横向承载能力得到了很大的提高,达到了优化设计的目的。

## 7.3　黏弹性复合材料结构阻尼-强度优化设计

7.1 节和 7.2 节分别对黏弹性复合材料结构的阻尼性能和受横向荷载作用下的强度进行了优化设计,但都是单目标优化设计。事实上,黏弹性复合材料结构只有同时具有良好的强度性能和平衡的阻尼性能,才能满足工程要求,而这就涉及到复合结构的多目标优化设计问题。多目标优化问题相对比较复杂,因为大部分情况下这些目标往往是不一致的,有的甚至是相互矛盾的,这时就需要找到最大化满足各目标的设计方案。利用遗传算法可以解决多目标优化问题[31]。

### 7.3.1 多目标优化的概念

解决含多个目标和多个约束的优化问题称为多目标优化问题。在实际应用中，工程优化问题大多数是多目标优化问题，有时需要在多个设计方案中权衡，尽可能地满足各个优化目标的要求。对于这样的多目标优化问题，一般可用如下数学模型描述。

$$
\begin{cases}
V_{-\min} & f(x) = [f_1(x), f_2(x), \cdots, f_n(x)]^T \\
\text{s. t.} & x \in X \\
& X \subseteq R^m
\end{cases} \tag{7.41}
$$

其中，$V_{-\min}$ 表示各个优化目标极小化，即目标函数 $f(x) = [f_1(x), f_2(x), \cdots, f_n(x)]^T$ 中的各个子目标函数都尽可能达到最小值。

多目标优化问题中的最优解与单目标优化问题的最优解有着本质的不同，下面介绍多目标优化问题中的最优解和 Pareto 最优解的定义。

**定义 1** 设 $X \subseteq R^m$ 是多目标优化模型的约束集，$f(x) \in R^n$ 是多目标优化时的向量目标函数，有 $x_1 \in X, x_2 \in X$。若

$$
f_k(x_1) \leqslant f_k(x_2) \qquad \forall k = 1, 2, \cdots, n \tag{7.42}
$$

并且

$$
f_k(x_1) < f_k(x_2) \qquad \exists k = 1, 2, \cdots, n \tag{7.43}
$$

则称解 $x_1$ 比解 $x_2$ 优越。

**定义 2** 设 $X \subseteq R^m$ 是多目标优化模型的约束集，$f(x) \in R^n$ 是多目标优化时的向量目标函数，若有解 $x_1 \in X$，并且 $x_1$ 比 $X$ 中的所有其他解都优越，则称解 $x_1$ 是多目标优化模型的最优解。

由上述定义可知，解 $x_1$ 使得所有的 $f_k(x)$ 都达到最优，但实际工程中往往不存在这样的最优解。

**定义 3** 设 $X \subseteq R^m$ 是多目标优化模型的约束集，$f(x) \in R^n$ 是多目标优化时的向量目标函数，若有解 $x_1 \in X$，并且不存在比 $x_1$ 更优越的解 $x$，则称 $x_1$ 是多目标优化模型的 Pareto 最优解，或者称为非劣解。

由上述定义可知，Pareto 最优解只是多目标优化问题中一个可以接受的折衷解，多目标优化问题一般都有多个这样的 Pareto 最优解。一个多目标优化问题，如果存在最优解，则最优解必然是满意解。但大多数情况下，最优解并不存在，这个时候就需要求出尽量多的 Pareto 最优解供人们挑选，以获得符合实际生产需要的令人满意的折衷解。

## 7.3.2 多目标优化的遗传算法

对于确定多目标优化问题的 Pareto 最优解集问题,一般来说,常用的遗传算法有如下几种[32]:

(1)权重系数变换法。多目标优化设计中,各个子目标互相制约,往往没有最优解。对于各个子目标来说,设计者也往往有所偏好,希望有的目标优化值更理想一些,而有的不需要特别优化。对于这种情况,人们就提出了权重系数变换法,通过给各个子目标函数 $f_i(x)$ $(i=1,2,\cdots,n)$ 赋予不同的权重 $w_i$,把各个子目标统一为一个各子目标加权和函数,再对加权和函数进行优化,其中 $w_i$ 为相应子目标在多目标优化问题中的重要程度。

加权和函数表示为:$\mathrm{Sum} = \sum\limits_{i=1}^{n} w_i \cdot f_i(x)$,把 Sum 作为多目标优化问题的评价函数,则多目标优化问题转化为单目标优化问题,这样就可以利用单目标优化的遗传算法求解多目标优化问题。权重系数变换法可以通过改变各子目标的权重系数求得多目标优化问题的 Pareto 最优解集。本节就是选用该方法处理多目标优化设计问题。

(2)并列选择法。并列选择法的思想可以概括为"分门别类,合并最优"。其基本操作过程为:把群体中的全部个体按子目标个数分割成几个子群体,每个子群体分别对应一个子目标函数,各个子群体以对应的子目标函数作为适应度评价函数独立地进行选择操作,挑选出各个子群体中的优秀个体,然后把选出的优秀个体重新合并为一个大的种群,对这个合并后的种群进行交叉和变异操作以产生下一代种群体,如此"分割—选择—合并—交叉变异"循环操作,最终产生多目标优化问题的 Pareto 最优解集。

(3)排列选择法。排列选择法的基本思想是:首先在产生的种群中挑选出 Pareto 最优解,称为 0 级。然后在去除 0 级后的种群剩余个体中再挑选出 Pareto 最优解,称为 1 级。如此继续直至整个种群中的个体被选完,这样整个群体中的个体就被分成了若干个等级,依据这个等级排序进行选择操作,排在前面的个体被选择的概率就大,就有越多的机会遗传到下一代群体中。对选择出的群体进行交叉、变异操作,产生下一代的种群,如此往复循环最后可以得到多目标优化问题的 Pareto 最优解集。排列选择法一般和小生境技术[2]配合使用。

(4)共享函数法。求出多目标优化问题的 Pareto 最优解时,我们希望求出的解尽可能地分布在整个 Pareto 最优解集上,而不是集中在某一个区域。为了达到这个

138

目的,借助小生境环境概念来构造小生境遗传算法就能达到这个目的,其中常用方法为共享函数法,共享函数法对相同个体或相似个体的数量加以限制,以便维持种群的多样性,创造出小生境的进化环境。

用共享函数衡量两个个体的相似程度,其表达式如下:

$$S_i = \sum_{j=1}^{n} S(d(i,j)) \tag{7.44}$$

式中　$d(i,j)$——个体 $i$ 和个体 $j$ 的海明距离;

　　$S(d)$——共享函数,与 $d(i,j)$ 成反比例变化;

　　$S_i$——第 $i$ 个体的个体共享度。

在计算出各个体的共享度以后,可以使小的共享度的个体有更大的机会被选择,遗传给下一代。即个体差异大的个体有更大的机会遗传到下一代,这样就增加了遗传算法种群的多样性,也就增加了解的多样性,使得求得的解尽可能地分布在整个Pareto 解集中。

以上各种方法都是多目标优化问题的常用方法,可以单独使用,也可以混合使用。混合使用的基本操作是:遗传算法的选择操作算子的主体使用并列选择法,然后结合最优保存策略和共享函数法来弥补并列选择法的不足,共同提高多目标优化遗传算法的优化性能。

### 7.3.3　适应度函数的构建

遗传算法在搜索过程中基本不利用其他外部信息,仅以适应度函数值来衡量各个个体适应度,并以此为依据指导算法的搜索方向。不恰当的适应度函数将严重影响遗传算法的搜索性能,甚至导致算法不能找到令人满意的最优解,因此适应度函数的构造非常重要。本节的两个优化目标—应变能损耗因子和极限横向均布荷载值一般相差 7 个数量级左右,二者差距非常大,如果不用合适的适应度函数处理的话,则优化过程中较小的优化目标非常容易丢失,最终造成双目标优化变成单目标优化而失去双目标优化的意义。因此,必须构造合适的适应度函数,使得每一个优化目标都能在优化过程中得到体现,真正实现多个目标的同时优化。

为了解决优化目标值相差过大的问题,构造如下适应度函数:

$$Fit(f_i(x)) = \frac{2f_i(x)}{f_i^{min}(x) + f_i^{max}(x)} \tag{7.45}$$

式中　$f_i(x)$——第 $i$ 个优化目标的实际值;

　　$f_i^{min}(x)$——第 $i$ 个优化目标在定义域内的最小值;

$f_i^{\max}(x)$——第 $i$ 个优化目标在定义域内的最大值, $f_i^{\min}(x)$、$f_i^{\max}(x)$ 可以通过试算估计确定。

很明显,在目标函数值均非负的情况下,如此构造的适应度函数值的取值范围为 $(0,2)$,而与优化目标的实际值变化范围无关,这样就能避免各个优化目标实际值相距过大引起的较小的目标在优化过程中被忽略的情况,即避免优化结果偏移。

### 7.3.4 黏弹性复合材料结构阻尼–强度优化设计[33,34]

本节应用多目标优化遗传算法中的权重系数变换法,以三层黏弹性复合材料结构板为例,对黏弹性复合材料结构应变能损耗因子和横向荷载作用强度进行优化设计。挠度变形控制在复合结构板厚的 8% 以内,以满足小挠度假设。

黏弹性复合材料结构有关参数如下:复合材料面板层 $E_1 = 140\text{GPa}$, $E_2 = 10\text{GPa}$, $\mu_{12} = 0.3$, $G_{12} = G_{13} = G_{23} = 5\text{GPa}$; $X_t = 1128\text{MPa}$, $X_c = 785\text{MPa}$, $Y_t = 27.5\text{MPa}$, $Y_c = 98.1\text{MPa}$, $S = 44.7\text{MPa}$; $\eta_{11} = 0.40\%$, $\eta_{22} = 1.50\%$, $\eta_{12} = 0$, $\eta_{66} = \eta_{13} = \eta_{23} = 2.00\%$; 纤维方向与 $x$ 轴夹角为 $\theta$。黏弹性材料层 $E = 3.2\text{GPa}$, $\mu = 0.34$; $X_t = Y_t = 85\text{MPa}$, $X_c = Y_c = 110\text{MPa}$, $S = 64\text{MPa}$; $\eta_v = 30\%$。矩形复合结构总厚度 $h = 6\text{mm}$,黏弹性层厚度为 $e_0$,边长 $a = 0.3\text{m}$, $b = 0.2\text{m}$。承受均布荷载,边界条件为四边夹紧。

以黏弹性复合材料结构中面板纤维铺设角度 $\theta$、黏弹性材料层厚度 $e_0$ 与结构总厚度 $h$ 比 $\gamma_h = e_0/h$ 两个参数为优化设计变量,对黏弹性复合材料结构应变能损耗因子和横向荷载作用下的强度进行优化设计。双目标优化函数用权重系数变换法表示为

$$S = w_1 \cdot Fit(\eta(x)) + w_2 \cdot Fit(P_u(x)) \tag{7.46}$$

其中, $w_1 + w_2 = 1$。

优化设计参数 $\chi = [\theta, \gamma_h]$,即优化设计变量为 2 个。约束条件为: $\theta \in [0, 90°]$; $\gamma_h = e_0/h \in [0.1, 0.9]$, $w_{\max} \leqslant h \cdot 8\%$。采用结合保优策略和移民策略的改进自适应遗传算法,对设计变量采用二制编码,长度分别为:20,10,这样种群中每个个体的长度为 30 位。种群规模为 40,交叉概率 $P_c \in [0.5, 0.9]$,变异概率 $P_m \in [0.005, 0.1]$,保优率为 10%,移民个数为 5 个,采用进化代数固定的终止策略,进化代数取 100 次,目标权重 $w_1 = w_2 = 0.5$。对复合结构的强度、阻尼分别进行单目标优化和双目标优化,优化结果见表 7.5。

表 7.5　黏弹性复合材料结构单目标优化和双目标优化结果

| 设计方案 | 设计变量 | | 损耗因子 $\eta$ | 极限横向均布荷载 $P_u$/kPa |
|---|---|---|---|---|
| | $\theta(°)$ | $\gamma_h$ | | |
| 原始设计 | 0 | 0.200 | 0.0263 | 74 |
| 强度优化设计 | 90 | 0.100 | 0.0274 | 334 |
| 应变能损耗因子优化设计 | 18.4 | 0.900 | 0.0947 | 27 |
| 应变能损耗因子-强度优化设计 | 90 | 0.541 | 0.0686 | 312 |

由表 7.5 中可以看出,在单目标强度优化设计中,复合结构的损耗因子和极限横向均布荷载相对原始设计均有提高,特别是极限横向均布荷载值提高的幅度相当大,由 74kPa 提高到 334kPa,复合结构的强度得到了明显的提高。在单目标应变能损耗因子优化设计中,黏弹性层相对厚度增大到 0.9,复合结构的应变能损耗因子明显增大,但同时极限横向均布荷载减小到 27kPa,强度大为减弱。在应变能损耗因子和强度的双目标优化设计中,应变能损耗因子由强度优化中的 0.0274 增加到 0.0686,损耗因子有较明显的提高,而且极限横向均布荷载由应变能损耗因子优化设计中的 27kPa 增加到 312kPa,只略低于强度优化设计中的 334kPa,可以认为(90°,0.541)是可以接受的一组折衷解。

在表 7.5 的优化设计中,强度优化设计可以认为是权重 $w_1 = 0, w_2 = 1$ 的双目标优化,应变能损耗因子优化设计可以认为是权重 $w_1 = 1, w_2 = 0$ 的双目标优化,应变能损耗因子—强度优化设计则是 $w_1 = w_2 = 0.5$ 的双目标优化。优化设计解(90°,0.1)、(18.4°,0.9)、(90°,0.541)均为双目标优化的 Pareto 最优解,而解(0,0.2)则不是双目标优化的 Pareto 最优解,因为解(90°,0.1)、(90°,0.541)均比其优越。

### 7.3.5　小结

本节介绍了多目标优化的遗传算法和 Pareto 最优解的概念,在应变能损耗因子优化设计和强度优化设计的基础上,运用权重系数变换法建立黏弹性复合材料结构应变能损耗因子—强度双目标优化模型。提出一种新的适应度函数构造办法以解决多目标优化问题中容易出现的优化结果偏移问题。对黏弹性复合材料结构的应变能损耗因子和极限横向均布荷载值进行了单目标和多目标优化设计。优化结果表明,遗传算法适用于黏弹性复合材料结构的多目标优化设计,可以得到令人满意的 Pareto 最优解。

# 参 考 文 献

[1]  陈前. 弹性—黏弹性复合结构动力学研究[D]. 南京:南京航空学院,1987.

[2]  Derby T F,Ruzicka J E. Loss factor and resonant frequency of viscoelastic shear-damped structural composites[J],《NASA CR-1269》,1969.

[3]  Ruzicka J E,Derby T E,Schubertand D W,Pewi J S. Damping of structural composites with viscoelastic shear-damping mechanisms[J],《NASA CR-1269》,1969.

[4]  Kaliske M,Rother H. Damping characterization of unidirectional fiber-reinforced composite[J]. Composites Engineering,1995,5(5):551-567.

[5]  Hwang S J,Gibson R F. Prediction of fiber-matrix inter-phase effects on damping of composites using a micromechanical strain energy/finite element approach[J]. Composites Engineering,1993,3(10):975-984.

[6]  Adams R D. The dynamic properties of unidirectional carbon and glass fiber reinforced plastics in torsion and flexure[J]. Journal of Composite Materials,1969,3:594-603.

[7]  Adams R D,Bacon. D. G. C. Measurement of the flexural damping capacity and dynamic Young's modulus of metals and reinforced plastics[J]. Appl Phys,1973,6:27-41.

[8]  Adams R D,Bacon. D. G. C. Effect of fibre orientation and laminate geometry on the dynamic properties of CFRP[J],Journal of Composite Materials,1973,7:402-408.

[9]  Saravanos D A,Chamis C C. Unified micromechanics of damping for unidirectional and off-axis fiber composites [J]. Journal of Composite Technology & Research,1990,12(1):31-40.

[10]  Crane R M,Gillespe J. Analytical modal for prediction of the damping loss factor of composite materials[J]. Polymer Composites,1992,13(3):179-190.

[11]  Fujimoto. Mechanical properties for CFRP/damping-material laminates[J]. Journal of Reinforced Plastics and composites,1993,12(7):738-751.

[12]  Yim,J H,Cho,S Y,Seo,Y J,Jang,B Z. A study on material damping of 0° laminated composite sandwich cantilever beams with a viscoelastic layer[J]. Composite Structures,2003,60:367-374.

[13]  Kristensen R F,Nielsen K L,Mikkelsen L P. Numerical studies of shear damped composite beams using a constrained damping layer[J]. Composite Structures,2008,83(3):304-311.

[14]  李明俊,刘桂武,徐泳文,等. 黏接层对各向异性层合阻尼结构内耗特性的影响[J]. 复合材料学报,2005,22(4):96-99.

[15]  Berthelot J. Damping analysis of laminated beams and plates using the Ritz method[J]. Composite Structures,2006,74(2):186-201.

[16]  Berthelot J,Mustapha Assarar,et al. Damping analysis of composite materials and structures [J]. Composite Structures,2008,85(3):189-204.

[17] 黄争鸣,张若京.复合材料结构受横向荷载作用的强度问题[J].复合材料学报,2005,22(2):148-159.

[18] Huang Z M,Teng X C. Ramakrishna S. Progressive failure analysis of laminated knitted fabric composites under bending[J]. J of Thermoplastic Composite materials,2001,14(6):499-522.

[19] 罗志军,乔新.基于遗传算法的复合材料层压板固有频率的铺层顺序优化[J].复合材料学报,1997,14(4):114-118.

[20] Chung Hae Park,Woo Lee,et al. Improved genetic algorithm for multidisciplinary optimization of composite laminates[J]. Computers and Structures,2008,86(19):1894-1903.

[21] 曹俊.遗传算法及其在复合材料层合板设计中的应用的研究[D].南京航空航天大学,2003.

[22] 程文渊,崔德刚.基于Pareto遗传算法的复合材料机翼优化设计[J].北京航空航天学报,2007,33(2):145-148.

[23] 沈观林,胡更开.复合材料力学[M].北京:清华大学出版社,2006.

[24] 蔡四维.复合材料结构力学[M].北京:人民交通出版社,1989.

[25] 徐芝纶.弹性力学(上册)[M].北京:高等教育出版社,2006.

[26] 张少辉,陈花玲.国外纤维增强树脂基复合材料阻尼研究综述[J].航空材料学报,2002,22(1):58-62.

[27] 杨加明,钟小丹,李明俊.用Ritz法分析复合材料夹杂黏弹性阻尼材料的应变能[J].复合材料学报,2009,26(2):206-209.

[28] 杨加明,张义长,吴丽娟.多层黏弹性复合材料结构阻尼性能优化设计[J].航空学报,2011,32(2):265-270.

[29] 杨加明,钟小丹.复合材料夹杂双层黏弹性材料的应变能和阻尼性能分析[J].工程力学,2010,27(3):212-216.

[30] 陈建桥.复合材料力学概论[M].北京:科学出版社,2006.

[31] 林松,徐超,吴斌.共固化黏弹性复合材料的结构多目标进化优化设计[J].宇航学报,2010,31(8):1900-1905.

[32] 雷英杰,张善文,李续武,等.Matlab遗传算法工具箱及应用[M].西安:西安电子科技大学出版社,2005.

[33] 杨加明,盛佳,张义长.黏弹性复合材料结构的多目标优化设计[J].工程力学,2013,30(2),19-23.

[34] 张义长,杨加明.黏弹性复合材料结构阻尼性能优化设计[C].第十二届中国科协年会(新能源与复合材料),福州,2010,105-110.

# 第 8 章　黏弹性复合材料结构的
# 动态阻尼性能及优化设计

先进复合材料在轻型、高性能飞行器上的使用起着至关重要的作用。飞机结构的设计[1],从木材、织布到 20 世纪 30 年代的全金属结构,飞机性能不断提升。20 世纪 60 年代,复合材料迅速发展,英国的碳纤维、美国的硼纤维使复合材料开始广泛应用于先进飞行器结构中。美国研制的 B-2 隐身轰炸机,其复合材料用量达到 60% 以上;美国的 RAH-66"科曼奇"直升机和 V-22 倾转旋翼攻击运输机的复合材料用量超过了 50%[2]。尽管先进复合材料大量应用到航空航天领域,解决飞行器产生的振动和噪声问题仍然是进一步提升其性能的关键。

复合材料结构因在外界及自身激励下会产生振动和噪声,严重降低其力学性能。对于一些大功率推进装置和流体摩擦,像飞机、运载火箭以及导弹在其飞行过程中,很容易成为结构振动的振源,产生强烈的振动和噪声,若不妥善解决,因谐振响应,轻则影响系统工作,缩短疲劳寿命,重则引起结构损坏甚至断裂。舰艇性能的优异很大程度上取决于其隐蔽及抗干扰性能,而振动和噪声是直接影响该性能的主要因素,也是影响潜艇声纳探测能力的关键。卫星的大多数故障也与振动和噪声有关[3]。

根据结构中振动和噪声的传播途径不同,其治理的方法也会不同,但都可以采用减振降噪材料来治理。基于阻尼材料的耗能减振特性,可以将结构的部分振动机械能转变为热能耗散掉,以阻止振动和噪声在结构中的传播。阻尼减振是控制振动和噪声传播的重要技术手段[4],也是较为经济、简便和有效的方法。

黏弹性阻尼材料是一种能抑制结构振动的材料[5],通过吸收和散热消耗掉结构振动的能量。阻尼机理是自身高分子聚合物受外力作用产生形变,作用于弹性部位的机械能被吸收直到外力消除被释放,形变恢复。作用于黏性部位的振动机械能使阻尼材料的高分子链段发生位移,机械能由高分子间的内部摩擦转变为热能耗散掉。能量的吸收、转换和耗散的循环过程,是结构减振的体现。

若将黏弹性阻尼材料的阻尼性能用动态力学性能表征,其基本参数为动态模量和损耗因子,损耗因子是能量损耗和阻尼能力的直接度量,即

144

$$\begin{cases} M^* = M' + iM'' = M'(1+i\eta) \\ \eta = \tan\theta = \dfrac{M''}{M'} \end{cases} \tag{8.1}$$

式中　$M^*$——复数模量；

　　　$M''$——复数模量的虚部；

　　　$M'$——复数模量的实部；

　　　$\eta$——损耗因子；

　　$i = \sqrt{-1}$。

在实际应用中,某些源于振动系统中的阻力会让振动逐渐衰减至停止。阻力通常有两方面,一是系统内部的固有阻尼,如系统各构件之间的摩擦阻力、系统内气体的阻力等;二是外部附加阻尼,阻尼材料一般不用于承载,而是附加到振动结构上,从而形成阻尼复合结构。就复合材料层合板而言,其系统的固有阻尼难以起到减振作用。将黏弹性阻尼材料添加到复合材料结构中,能显著提高结构阻尼,从而可以控制稳态的共振,削弱振动和噪声在结构中的传播,使结构振动迅速衰减,辐射的结构噪声得以控制[6]。黏弹性复合材料结构兼顾了复合材料高比强度、比刚度及可设计性的优点和黏弹性阻尼材料良好的阻尼性能。

对于复合材料层合板的非线性问题(非线性弯曲、振动以及后屈曲等),Chia[7]进行了深入的研究分析。基于 Ritz 法,Narita[8]讨论了在多种边界条件下各向异性矩形板自由振动的频率参数情况。Harras[9]利用经典板壳理论研究了四边固定复合材料板的自由振动问题。Reissne[10]和 Mindlin[11]在考虑横向受剪应力的情况下,提出了一阶剪切变形理论,后来人们将该理论拓展到各向异性复合材料板[12-14]。基于一阶剪切变形理论,文献[15]对铰支复合材料夹层板的非线性弯曲进行了研究。Reddy[16]在 1984 年发表了高阶剪切变形理论的文章,基于这一理论,文献[17-19]分别研究了在横向载荷下复合材料板的弯曲、屈曲和振动频率。对于正交各向异性矩形板的非线性弯曲问题,Savithri 和 Varada[20]利用高阶剪切变形理论进行了研究分析。

关于中间夹杂了黏弹性阻尼材料的复合结构,Fujimoto[21]对其阻尼性能进行了研究。以黏弹性复合材料板为研究对象,Cupial 和 Nizio[22]对其振动和阻尼特性进行了分析。基于黏弹性复合材料结构动态非线性,Saravanos 和 Pereira[23]对结构的阻尼性能进行了分析。

随着遗传算法越来越完善,其涉及的领域也越来越广泛,目前已广泛应用到复合材料结构的优化设计中。结合模态应变能法和 Nelder-Mead 简化方法,Lepoittevin[24]对阻尼复合材料梁进行优化;利用梯度优化法,Arauj[25]对阻尼复合结构的振动频率进行了优化设计和参数估值;Marco Montemurro[26]用全局优化策略对阻尼复合材料板进行了优化设计;Jinqiang Li 和 Yoshihiro Naritaz[27]对常见边界条件下的黏弹性复合材料板用能量法进行了分析和优化设计。本章用乘幂适应度函数的自适应遗传算法对复合材料层合板的动态非线性及动态阻尼性能进行优化设计。

## 8.1　复合材料层合板的动态非线性分析及优化设计

### 8.1.1　理论准备

#### 8.1.1.1　理论的基本假设[28]

本节在文献[29]的基础上,基于剪切变形理论,求出复合材料层合板自由振动的固有频率,以复合材料板基频最大化对其进行优化设计。为便于简化问题,对复合材料层合板作如下假设:

(1) 复合材料层合板的厚度远小于其他方向尺寸,变形小且服从胡克定律。

(2) 垂直于复合材料层合板中面的法线,在板发生变形的前后始终垂直于中面且保持直线。

(3) 垂直该板中面的法线长度保持不变,即 $\varepsilon_z = 0$。

(4) 复合材料层合板各层之间无缝隙,可看作一个整体,且黏结层很薄,各层之间没有相互错动。

#### 8.1.1.2　层合板的位移场

假设有一个任意铺设的复合材料层合板,板的厚度为 $h$;以板的中面建立 $xoy$ 坐标系,以 $u,v,w$ 表示坐标系中板内任一点的位移,假设位移场为

$$\begin{cases} u(x,y,z,t) = u_0(x,y,t) + z\left[\varphi_x(x,y,t) - c_0\dfrac{\partial w_0(x,y,t)}{\partial x}\right] - z^3 c_1 \varphi_x(x,y,t) \\[3mm] v(x,y,z,t) = v_0(x,y,t) + z\left[\varphi_y(x,y,t) - c_0\dfrac{\partial w_0(x,y,t)}{\partial y}\right] - z^3 c_1 \varphi_y(x,y,t) \\[3mm] w(x,y,z,t) = w_0(x,y,t) \end{cases} \tag{8.2}$$

其中,$u_0$、$v_0$ 和 $w_0$ 分别代表中面的位移;$\varphi_y$ 和 $\varphi_x$ 分别表示中面的法线相对 $x$ 轴和 $y$ 轴的转角。$c_0$ 和 $c_1$ 为参数,$c_0 = 1$,$\varphi_x = \varphi_y = 0$,可以还原到经典板壳理论;$c_0 = c_1 = 0$,可以得到一阶剪切变形理论;令 $c_0 = 1$,$c_1 = 4/3h^2$,可以得到 Reddy 的高阶剪切变形理论。高阶剪切理论不需要剪切修正因子,计算精度高,满足上下切应力为零的边界条件。

#### 8.1.1.3　层合板的应力-应变关系

由式(8.2)转变为经典板壳理论位移场,即 $c_0 = 1$,$\varphi_x = \varphi_y = 0$,对应的动态几何非

线性应变关系为

$$
\begin{Bmatrix} \varepsilon_{xx} \\ \varepsilon_{yy} \\ \gamma_{xy} \\ \gamma_{yz} \\ \gamma_{xz} \end{Bmatrix} = \begin{Bmatrix} \varepsilon_{xx}^0 \\ \varepsilon_{yy}^0 \\ \gamma_{xy}^0 \\ 0 \\ 0 \end{Bmatrix} + z \begin{Bmatrix} \varepsilon_{xx}^1 \\ \varepsilon_{yy}^1 \\ \gamma_{xy}^1 \\ 0 \\ 0 \end{Bmatrix} = \begin{Bmatrix} \dfrac{\partial u_0}{\partial x} + \dfrac{1}{2}\left(\dfrac{\partial w_0}{\partial x}\right)^2 \\ \dfrac{\partial v_0}{\partial y} + \dfrac{1}{2}\left(\dfrac{\partial w_0}{\partial y}\right)^2 \\ \dfrac{\partial u_0}{\partial y} + \dfrac{\partial v_0}{\partial x} + \dfrac{\partial w_0}{\partial y}\dfrac{\partial w_0}{\partial x} \\ 0 \\ 0 \end{Bmatrix} + z \begin{Bmatrix} -\dfrac{\partial^2 w_0}{\partial x^2} \\ -\dfrac{\partial^2 w_0}{\partial y^2} \\ -2\dfrac{\partial^2 w_0}{\partial x \partial y} \\ 0 \\ 0 \end{Bmatrix} \tag{8.3}
$$

由式(8.2)转变为一阶剪切变形理论位移场,即 $c_0 = c_1 = 0$,对应的动态非线性应变关系则为

$$
\begin{Bmatrix} \varepsilon_{xx} \\ \varepsilon_{yy} \\ \gamma_{xy} \\ \gamma_{yz} \\ \gamma_{xz} \end{Bmatrix} = \begin{Bmatrix} \varepsilon_{xx}^0 \\ \varepsilon_{yy}^0 \\ \gamma_{xy}^0 \\ \gamma_{yz}^0 \\ \gamma_{xz}^0 \end{Bmatrix} + z \begin{Bmatrix} \varepsilon_{xx}^1 \\ \varepsilon_{yy}^1 \\ \gamma_{xy}^1 \\ \gamma_{yz}^1 \\ \gamma_{xz}^1 \end{Bmatrix} = \begin{Bmatrix} \dfrac{\partial u_0}{\partial x} + \dfrac{1}{2}\left(\dfrac{\partial w_0}{\partial x}\right)^2 \\ \dfrac{\partial v_0}{\partial y} + \dfrac{1}{2}\left(\dfrac{\partial w_0}{\partial y}\right)^2 \\ \dfrac{\partial u_0}{\partial y} + \dfrac{\partial v_0}{\partial x} + \dfrac{\partial w_0}{\partial y}\dfrac{\partial w_0}{\partial x} \\ \dfrac{\partial w_0}{\partial y} + \varphi_y \\ \dfrac{\partial w_0}{\partial x} + \varphi_x \end{Bmatrix} + z \begin{Bmatrix} \dfrac{\partial \varphi_x}{\partial x} \\ \dfrac{\partial \varphi_y}{\partial y} \\ \dfrac{\partial \varphi_x}{\partial y} + \dfrac{\partial \varphi_y}{\partial x} \\ 0 \\ 0 \end{Bmatrix} \tag{8.4}
$$

由式(8.2)转变为高阶剪切变形理论位移场,即 $c_0 = 1, c_1 = 4/3h^2$,对应的动态非线性应变关系则为

$$
\begin{Bmatrix} \varepsilon_{xx} \\ \varepsilon_{yy} \\ \gamma_{xy} \end{Bmatrix} = \begin{Bmatrix} \varepsilon_{xx}^0 \\ \varepsilon_{yy}^0 \\ \gamma_{xy}^0 \end{Bmatrix} + z \begin{Bmatrix} \varepsilon_{xx}^1 \\ \varepsilon_{yy}^1 \\ \gamma_{xy}^1 \end{Bmatrix} + z^3 \begin{Bmatrix} \varepsilon_{xx}^3 \\ \varepsilon_{yy}^3 \\ \gamma_{xy}^3 \end{Bmatrix}
$$

$$
= \begin{Bmatrix} \dfrac{\partial u_0}{\partial x} + \dfrac{1}{2}\left(\dfrac{\partial w_0}{\partial x}\right)^2 \\ \dfrac{\partial v_0}{\partial y} + \dfrac{1}{2}\left(\dfrac{\partial w_0}{\partial y}\right)^2 \\ \dfrac{\partial u_0}{\partial y} + \dfrac{\partial v_0}{\partial x} + \dfrac{\partial w_0}{\partial x}\dfrac{\partial w_0}{\partial y} \end{Bmatrix} + z \begin{Bmatrix} \dfrac{\partial \varphi_x}{\partial x} \\ \dfrac{\partial \varphi_y}{\partial y} \\ \dfrac{\partial \varphi_x}{\partial y} + \dfrac{\partial \varphi_y}{\partial x} \end{Bmatrix} - \dfrac{4z^3}{3h^2} \begin{Bmatrix} \dfrac{\partial \varphi_x}{\partial x} + \dfrac{\partial^2 w_0}{\partial x^2} \\ \dfrac{\partial \varphi_y}{\partial y} + \dfrac{\partial^2 w_0}{\partial y^2} \\ \dfrac{\partial \varphi_x}{\partial y} + \dfrac{\partial \varphi_y}{\partial x} + 2\dfrac{\partial^2 w_0}{\partial x \partial y} \end{Bmatrix} \tag{8.5}
$$

$$\left\{\begin{matrix} \gamma_{yz} \\ \gamma_{xz} \end{matrix}\right\} = \left\{\begin{matrix} \gamma_{yz}^0 \\ \gamma_{xz}^0 \end{matrix}\right\} + z^2 \left\{\begin{matrix} \gamma_{yz}^2 \\ \gamma_{xz}^2 \end{matrix}\right\} = \left\{\begin{matrix} \varphi_y + \dfrac{\partial w_0}{\partial y} \\ \varphi_x + \dfrac{\partial w_0}{\partial x} \end{matrix}\right\} - \dfrac{4z^2}{h^2} \left\{\begin{matrix} \varphi_y + \dfrac{\partial w_0}{\partial y} \\ \varphi_x + \dfrac{\partial w_0}{\partial x} \end{matrix}\right\} \tag{8.6}$$

在平面应力状态下,对正交各向异性的第 $k$ 层单层板,材料主方向的应力-应变关系[30]表示为

$$\left\{\begin{matrix} \sigma_{xx} \\ \sigma_{yy} \\ \tau_{yz} \\ \tau_{xz} \\ \tau_{xy} \end{matrix}\right\}^k = \left\{\begin{matrix} \overline{Q}_{11}^k & \overline{Q}_{12}^k & 0 & 0 & \overline{Q}_{16}^k \\ \overline{Q}_{12}^k & \overline{Q}_{22}^k & 0 & 0 & \overline{Q}_{26}^k \\ 0 & 0 & \overline{Q}_{44}^k & \overline{Q}_{45}^k & 0 \\ 0 & 0 & \overline{Q}_{45}^k & \overline{Q}_{55}^k & 0 \\ \overline{Q}_{16}^k & \overline{Q}_{26}^k & 0 & 0 & \overline{Q}_{66}^k \end{matrix}\right\}^k \left\{\begin{matrix} \varepsilon_{xx} \\ \varepsilon_{yy} \\ \gamma_{yz} \\ \gamma_{xz} \\ \gamma_{xy} \end{matrix}\right\}^k \tag{8.7}$$

式(8.7)中的 $k$ 表示层合板第 $k$ 层,$\overline{Q}_{ij}^k$ 表示变换刚度系数,与第 $k$ 层单层板的纤维铺设角 $\theta_k$ 的关系表示为

$$\left\{\begin{aligned} &\overline{Q}_{11}^k = Q_{11}\cos^4\theta_k + 2(Q_{12}+2Q_{66})\cos^2\theta_k\sin^2\theta_k + Q_{22}\sin^4\theta_k \\ &\overline{Q}_{12}^k = Q_{12}\cos^4\theta_k + (Q_{11}+Q_{22}-4Q_{66})\cos^2\theta_k\sin^2\theta_k + Q_{12}\sin^4\theta_k \\ &\overline{Q}_{16}^k = (Q_{11}-Q_{12}-2Q_{66})\cos^3\theta_k\sin\theta_k + (Q_{12}-Q_{22}+2Q_{66})\cos\theta_k\sin^3\theta_k \\ &\overline{Q}_{22}^k = Q_{22}\cos^4\theta_k + 2(Q_{12}+2Q_{66})\cos^2\theta_k\sin^2\theta_k + Q_{11}\sin^4\theta_k \\ &\overline{Q}_{26}^k = (Q_{12}-Q_{22}+2Q_{66})\cos^3\theta_k\sin\theta_k + (Q_{11}-Q_{12}-2Q_{66})\cos\theta_k\sin^3\theta_k \\ &\overline{Q}_{66}^k = (Q_{11}+Q_{22}-2Q_{12}-2Q_{66})\cos^2\theta_k\sin^2\theta_k + Q_{66}(\cos^4\theta_k+\sin^4\theta_k) \end{aligned}\right. \tag{8.8}$$

式(8.8)中 $\theta_k$ 为第 $k$ 层单层板的材料主轴与 $x$ 坐标轴的夹角,$Q_{ij}$ 定义为

$$\left\{\begin{aligned} &Q_{11} = \frac{E_1}{1-\mu_{12}\mu_{21}}, Q_{12} = \frac{\mu_{12}E_2}{1-\mu_{12}\mu_{21}} = \frac{\mu_{21}E_1}{1-\mu_{12}\mu_{21}} \\ &Q_{22} = \frac{E_2}{1-\mu_{12}\mu_{21}}, Q_{44} = G_{23} \\ &Q_{55} = G_{13}, Q_{66} = G_{12} \end{aligned}\right. \tag{8.9}$$

### 8.1.2 控制方程的推导

根据应力应变关系和式(8.2),使用虚位移原理:

$$\int_0^T (\delta U + \delta V - \delta K)\,\mathrm{d}t = 0 \qquad (8.10)$$

其中

$$\begin{cases} \delta U = \int_{\Omega_0} \int_{-\frac{h}{2}}^{\frac{h}{2}} (\sigma_{\alpha\beta}\delta\varepsilon_{\alpha\beta} + \tau_{\alpha\beta}\delta\gamma_{\alpha\beta})\,\mathrm{d}z\mathrm{d}x\mathrm{d}y \\[2mm] \delta V = \int_{\Omega_0} q\delta w\,\mathrm{d}x\mathrm{d}y \\[2mm] \delta K = \int_{\Omega_0} \int_{-\frac{h}{2}}^{\frac{h}{2}} \rho \left( \frac{\partial u}{\partial t}\frac{\partial \delta u}{\partial t} + \frac{\partial v}{\partial t}\frac{\partial \delta v}{\partial t} + \frac{\partial w}{\partial t}\frac{\partial \delta w}{\partial t} \right)\mathrm{d}z\mathrm{d}x\mathrm{d}y \end{cases} \qquad (8.11)$$

式中　$\delta U$——虚应变能;

$\delta V$——外力所做的虚功;

$\delta K$——虚动能;

$q$——横向外加荷载;

$\rho$——层合板的密度(假设层合板各层质量均匀);

$\alpha,\beta$ 分别可取 $x,y$。

将式(8.3)、式(8.7)代入式(8.10),分别对 $u_0$、$v_0$、$w_0$ 求变分,可得到经典板理论的 3 个动态非线性振动控制方程,即

$$\begin{cases} \delta u_0: \dfrac{\partial N_{xx}}{\partial x} + \dfrac{\partial N_{xy}}{\partial y} = I_0 \dfrac{\partial^2 u_0}{\partial t^2} - I_1 \dfrac{\partial^2}{\partial t^2}\left( \dfrac{\partial w_0}{\partial x} \right) \\[4mm] \delta v_0: \dfrac{\partial N_{xy}}{\partial x} + \dfrac{\partial N_{yy}}{\partial y} = I_0 \dfrac{\partial^2 v_0}{\partial t^2} - I_1 \dfrac{\partial^2}{\partial t^2}\left( \dfrac{\partial w_0}{\partial y} \right) \\[4mm] \delta w_0: \dfrac{\partial^2 M_{xx}}{\partial x^2} + 2\dfrac{\partial^2 M_{xy}}{\partial x\partial y} + \dfrac{\partial^2 M_{yy}}{\partial y^2} + N(w_0) + q \\[4mm] \quad = I_0 \dfrac{\partial^2 w_0}{\partial t^2} - I_2 \dfrac{\partial^2}{\partial t^2}\left( \dfrac{\partial^2 w_0}{\partial y^2} + \dfrac{\partial^2 w_0}{\partial x^2} \right) + I_1 \dfrac{\partial^2}{\partial t^2}\left( \dfrac{\partial u_0}{\partial y} + \dfrac{\partial u_0}{\partial x} \right) \end{cases} \qquad (8.12)$$

将式(8.4)、式(8.7)代入式(8.10),分别对 $u_0$、$v_0$、$w_0$、$\varphi_x$、$\varphi_y$ 求变分,可得到一阶剪切变形理论的 5 个动态非线性振动控制方程,即

$$\begin{cases} \delta u_0: \dfrac{\partial N_{xx}}{\partial x} + \dfrac{\partial N_{xy}}{\partial y} = I_0 \dfrac{\partial^2 u_0}{\partial t^2} + I_1 \dfrac{\partial^2 \varphi_x}{\partial t^2} \\[2mm] \delta v_0: \dfrac{\partial N_{xy}}{\partial x} + \dfrac{\partial N_{yy}}{\partial y} = I_0 \dfrac{\partial^2 v_0}{\partial t^2} + I_1 \dfrac{\partial^2 \varphi_y}{\partial t^2} \\[2mm] \delta w_0: \dfrac{\partial Q_x}{\partial x} + \dfrac{\partial Q_y}{\partial y} + N(w_0) + q = I_0 \dfrac{\partial^2 w_0}{\partial t^2} \\[2mm] \delta\varphi_x: \dfrac{\partial M_{xx}}{\partial x} + \dfrac{\partial M_{xy}}{\partial y} - Q_x = I_2 \dfrac{\partial^2 \varphi_x}{\partial t^2} + I_1 \dfrac{\partial^2 u_0}{\partial t^2} \\[2mm] \delta\varphi_y: \dfrac{\partial M_{xy}}{\partial x} + \dfrac{\partial M_{yy}}{\partial y} - Q_y = I_2 \dfrac{\partial^2 \varphi_y}{\partial t^2} + I_1 \dfrac{\partial^2 v_0}{\partial t^2} \end{cases} \tag{8.13}$$

将式(8.5)、式(8.6)、式(8.7)代入式(8.10),分别对 $u_0$、$v_0$、$w_0$、$\varphi_x$、$\varphi_y$ 求变分,可得到高阶剪切变形理论的 5 个动态非线性控制方程,即

$$\begin{cases} \delta u_0: \dfrac{\partial N_{xx}}{\partial x} + \dfrac{\partial N_{xy}}{\partial y} = I_0 \dfrac{\partial^2 u_0}{\partial t^2} + J_1 \dfrac{\partial^2 \phi_x}{\partial t^2} - \dfrac{4}{3h^2} I_3 \dfrac{\partial}{\partial x}\left( \dfrac{\partial^2 w_0}{\partial t^2} \right) \\[3mm] \delta v_0: \dfrac{\partial N_{xy}}{\partial x} + \dfrac{\partial N_{yy}}{\partial y} = I_0 \dfrac{\partial^2 v_0}{\partial t^2} + J_1 \dfrac{\partial^2 \varphi_y}{\partial t^2} - \dfrac{4}{3h^2} I_3 \dfrac{\partial}{\partial y}\left( \dfrac{\partial^2 w_0}{\partial t^2} \right) \\[3mm] \delta w_0: \dfrac{\partial \overline{Q}_x}{\partial x} + \dfrac{\partial \overline{Q}_y}{\partial y} + \dfrac{\partial}{\partial x}\left( N_{xx} \dfrac{\partial w_0}{\partial x} + N_{xy} \dfrac{\partial w_0}{\partial y} \right) + q \\[3mm] \qquad + \dfrac{\partial}{\partial y}\left( N_{xy} \dfrac{\partial w_0}{\partial x} + N_{yy} \dfrac{\partial w_0}{\partial y} \right) + c_1\left( \dfrac{\partial^2 P_{xx}}{\partial x^2} + 2\dfrac{\partial^2 P_{xy}}{\partial x \partial y} + \dfrac{\partial^2 P_{yy}}{\partial y^2} \right) \\[3mm] \qquad = I_0 \dfrac{\partial^2 w_0}{\partial t^2} - c_1 I_6\left[ \dfrac{\partial}{\partial x^2}\left( \dfrac{\partial^2 w_0}{\partial t^2} \right) + \dfrac{\partial}{\partial y^2}\left( \dfrac{\partial^2 w_0}{\partial t^2} \right) \right] \\[3mm] \qquad + c_1\left\{ I_3\left[ \dfrac{\partial}{\partial x}\left( \dfrac{\partial^2 u_0}{\partial t^2} \right) + \dfrac{\partial}{\partial y}\left( \dfrac{\partial^2 v_0}{\partial t^2} \right) \right] + J_4\left[ \dfrac{\partial}{\partial x}\left( \dfrac{\partial^2 \varphi_x}{\partial t^2} \right) + \dfrac{\partial}{\partial y}\left( \dfrac{\partial^2 \varphi_y}{\partial t^2} \right) \right] \right\} \\[3mm] \delta\varphi_x: \dfrac{\partial \overline{M}_{xx}}{\partial x} + \dfrac{\partial \overline{M}_{xy}}{\partial y} - \overline{Q}_x = J_1 \dfrac{\partial^2 u_0}{\partial t^2} + K_2 \dfrac{\partial^2 \varphi_x}{\partial t^2} - \dfrac{4}{3h^2} J_4 \dfrac{\partial}{\partial x}\left( \dfrac{\partial^2 w_0}{\partial t^2} \right) \\[3mm] \delta\varphi_y: \dfrac{\partial \overline{M}_{xy}}{\partial x} + \dfrac{\partial \overline{M}_{yy}}{\partial y} - \overline{Q}_y = J_1 \dfrac{\partial^2 v_0}{\partial t^2} + K_2 \dfrac{\partial^2 \varphi_y}{\partial t^2} - \dfrac{4}{3h^2} J_4 \dfrac{\partial}{\partial y}\left( \dfrac{\partial^2 w_0}{\partial t^2} \right) \end{cases} \tag{8.14}$$

由式(8.12)～式(8.14):

$$\begin{cases} \begin{Bmatrix} N_{\alpha\beta} \\ M_{\alpha\beta} \\ P_{\alpha\beta} \end{Bmatrix} = \int_{-\frac{h}{2}}^{\frac{h}{2}} \sigma_{\alpha\beta} \begin{Bmatrix} 1 \\ z \\ z^3 \end{Bmatrix} \mathrm{d}z, \begin{Bmatrix} Q_\alpha \\ R_\alpha \end{Bmatrix} = \int_{-\frac{h}{2}}^{\frac{h}{2}} \sigma_{\alpha z} \begin{Bmatrix} 1 \\ z^2 \end{Bmatrix} \mathrm{d}z \\[3mm] I_i = \int_{-\frac{h}{2}}^{\frac{h}{2}} \rho z^i \mathrm{d}z, J_i = I_i - \frac{4}{3h^2}I_{i+2}, K_2 = I_2 - \frac{8}{3h^2}I_4 + \frac{16}{9h^2}I_6 (i = 1,2,3,\cdots,6) \\[3mm] \overline{M}_{\alpha\beta} = M_{\alpha\beta} - \frac{4}{3h^2}P_{\alpha\beta}, \overline{Q}_\alpha = Q_\alpha - \frac{4}{h^2}R_\alpha \\[3mm] N(w_0) = \frac{\partial}{\partial x}\left(N_{xx}\frac{\partial w_0}{\partial x} + N_{xy}\frac{\partial w_0}{\partial y}\right) + \frac{\partial}{\partial y}\left(N_{xy}\frac{\partial w_0}{\partial x} + N_{yy}\frac{\partial w_0}{\partial y}\right) \end{cases} \tag{8.15}$$

式(8.15)中的 $\alpha,\beta$ 可分别取 $x,y$。

### 8.1.3 层合板的自由振动

考虑四边简支复合材料矩形板的自由振动,此时横向外加载荷 $q=0$,设层合板的长、宽、高分别为 $a$、$b$、$h$,四边简支的边界条件为

当 $x=0,a$：$u_0 = 0, v_0 = 0, w_0 = 0, \varphi_y = 0, M_y = 0$

当 $y=0,b$：$u_0 = 0, v_0 = 0, w_0 = 0, \varphi_x = 0, M_x = 0$

为满足边界条件,$u_0,v_0,w_0,\varphi_x,\varphi_y$ 分别用 Navier 双三角函数来表示：

$$\begin{cases} u_0 = \sum_{m,n=1}^{\infty} U_{mn} \cos\frac{m\pi x}{a}\sin\frac{n\pi y}{b}\mathrm{e}^{j\omega_{mn}t} \\[3mm] v_0 = \sum_{m,n=1}^{\infty} V_{mn} \sin\frac{m\pi x}{a}\cos\frac{n\pi y}{b}\mathrm{e}^{j\omega_{mn}t} \\[3mm] w_0 = \sum_{m,n=1}^{\infty} W_{mn} \sin\frac{m\pi x}{a}\sin\frac{n\pi y}{b}\mathrm{e}^{j\omega_{mn}t} \\[3mm] \varphi_x = \sum_{m,n=1}^{\infty} X_{mn} \cos\frac{m\pi x}{a}\sin\frac{n\pi y}{b}\mathrm{e}^{j\omega_{mn}t} \\[3mm] \varphi_y = \sum_{m,n=1}^{\infty} Y_{mn} \sin\frac{m\pi x}{a}\cos\frac{n\pi y}{b}\mathrm{e}^{j\omega_{mn}t} \end{cases} \tag{8.16}$$

其中,$j=\sqrt{-1}$；$\omega_{mn}$ 为四边简支板的第 $(m,n)$ 阶固有频率。

将式(8.16)分别代入到式(8.12)~式(8.14)中,可以得到

$$[S] - \omega_{mn}^2[M_a]\{U\} = 0 \tag{8.17}$$

式中 $[S]$——对称的刚度矩阵；

151

$[M_a]$——对称的质量矩阵。

经典板壳理论得到 $3×3$ 的刚度矩阵和质量矩阵,对应的 $\{U\} = \{U_{mn}, V_{mn}, W_{mn}\}^{\mathrm{T}}$; 一阶剪切变形理论和高阶剪切变形理论得到 $5×5$ 的刚度矩阵和质量矩阵,对应的 $\{U\} = \{U_{mn}, V_{mn}, W_{mn}, X_{mn}, Y_{mn}\}^{\mathrm{T}}$。$\{U\}$ 为 $x, y, z$ 方向的位移向量。$[S]$ 和 $[M_a]$ 的具体元素详见附录 I。

### 8.1.4 算例与分析

以正交各向异性对称铺设的四层四边简支复合材料方板($0°/90°$),为例,层合板长度为 $a$,厚度为 $h$,板的每一层厚度和材料参数都相同,材料参数如下:

材料 1:$E_1/E_2 = 25$,$G_{12} = G_{13} = G_{23} = 0.5E_2$,$\mu_{12} = 0.25$,$\rho = 1×10^3 \mathrm{kg/m}^3$

材料 2:$E_1/E_2 = 40$,$G_{12} = G_{13} = G_{23} = 0.6E_2$,$\mu_{12} = 0.25$,$\rho = 1×10^3 \mathrm{kg/m}^3$

对固有频率无量纲化:

$$\varpi_{mn} = \omega_{mn} \left( \frac{a^2}{h} \right) \sqrt{\frac{\rho}{E_2}} \tag{8.18}$$

在表 8.1、表 8.2 中,CLPT 表示经典板理论解,FSDT 表示一阶剪切变形理论解,HSDT 表示高阶剪切变形理论解,$\varpi_{11}$ 表示 $m=1$,$n=1$ 时的无量纲固有频率。

表 8.1　本文解与其他文献解的一阶无量纲固有频率 $\varpi_{11}$ 结果对比(材料 1)

| 跨厚比($a/h$) | 文献[31] | 文献[32] | CLPT | FSDT | HSDT |
|---|---|---|---|---|---|
| 5 | 8.472 | 8.831 | 14.750 | 9.693 | 8.887 |
| 10 | 12.295 | 12.380 | 15.104 | 12.891 | 12.402 |
| 20 | / | / | 15.197 | 14.508 | 14.489 |
| 40 | / | / | 15.220 | 15.037 | 15.240 |
| 100 | 15.481 | 15.474 | 15.227 | 15.187 | 15.477 |

表 8.2　本文解与其他文献解的一阶无量纲固有频率 $\varpi_{11}$ 结果对比(材料 2)

| 跨厚比($a/h$) | 文献[31] | 文献[32] | CLPT | FSDT | HSDT |
|---|---|---|---|---|---|
| 5 | 9.871 | 9.896 | 18.299 | 11.134 | 10.169 |
| 10 | 14.494 | 13.451 | 18.738 | 15.358 | 14.660 |
| 20 | / | / | 18.853 | 17.749 | 17.652 |
| 40 | / | / | 18.882 | 18.582 | 18.822 |
| 100 | 18.190 | 19.959 | 18.889 | 18.841 | 19.002 |

表 8.1 和表 8.2 为本书 CLPT、FSDT 和 HSDT 解同文献[31]及文献[32]的一阶无量纲固有频率$\varpi_{11}$结果对比。文献[31]是复合材料固有频率的有限元解,文献[32]是根据分层理论所求的解,都具有较高的精度。当跨厚比 $a/h \leq 10$ 时,层合板视为厚板。从表中的数据可以看出,CLPT 同文献的结果相差很大,FSDT 也有一定差距。当 $a/h$ 从 10 逐渐增大时,CLPT 相差的结果减小,此时,FSDT 和 HSDT 具有较好的精度。当 $a/h \geq 40$ 时,可视为薄板,本文三种解与文献解的相差均很小。由数据分析可知,HSDT 的精度最高。

从图 8.1、图 8.2、图 8.3 中可以看出,当复合材料板的跨厚比 $a/h$ 不变时,$\varpi_{11}$ 随着弹性模量比 $E_1/E_2$ 的增大而增大,但是增大的幅度有所减小,所以此时选择弹性模量比 $E_1/E_2$ 较高的复合材料,其对应的固有频率也较大,从而有效地降低共振概率;当弹性模量 $E_1/E_2$ 不变时,随着跨厚比 $a/h$ 增大,$\varpi_{11}$ 也逐渐增大。

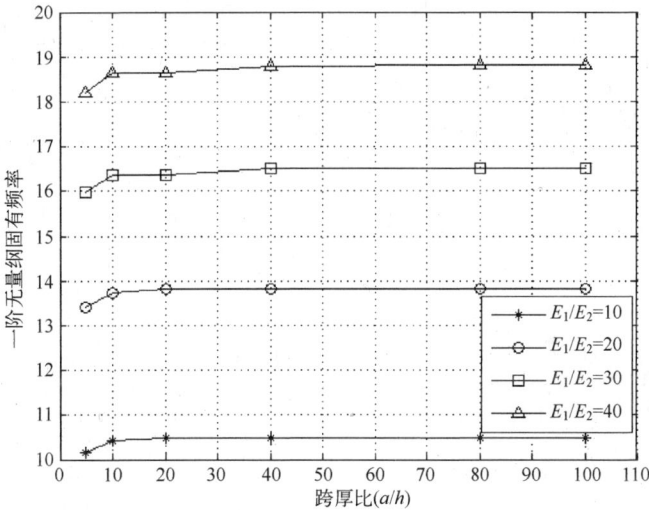

图 8.1　不同弹性模量的层合板在经典板壳理论下随跨厚比变化的$\varpi_{11}$结果对比

由图 8.2、图 8.3 比较可知,当 $a/h < 20$ 时,$\varpi_{11}$ 变化较大;随着跨厚比的继续增加,即层合板越来越薄,$\varpi_{11}$ 的变化范围不断收窄。比较图 8.1 与图 8.3 可以得知,当 $a/h < 20$ 时,$\varpi_{11}$ 值相差较大,说明此时横向剪切变形的影响较大,分析计算时需考虑其影响。

按照一阶剪切变形理论,沿板厚方向剪应变为常数,这同弹性力学的理论不符,因此一阶剪切变形理论常常采用剪切因子来进行修正,而高阶剪切变形理论则不需要修正系数,且计算精度较高。

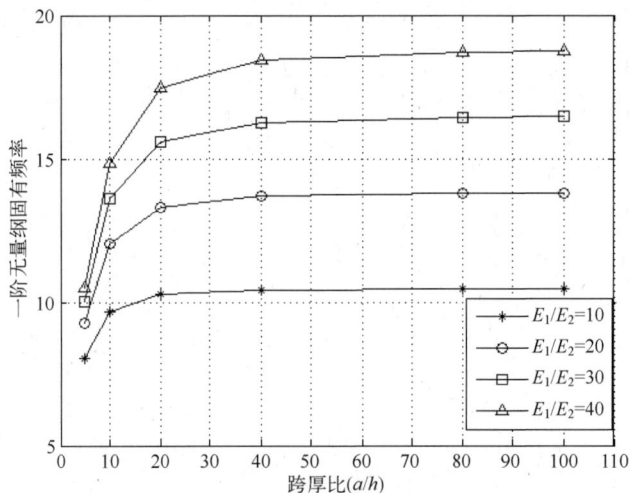

图 8.2　不同弹性模量的层合板在一阶剪切变形理论下随跨厚比变化的 $\varpi_{11}$ 结果对比

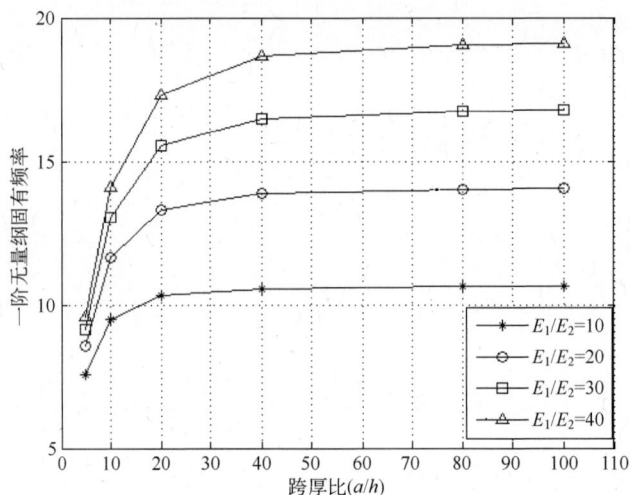

图 8.3　不同弹性模量的层合板在高阶剪切变形理论下随跨厚比变化的 $\varpi_{11}$ 结果对比

## 8.1.5　复合材料层合板基频的优化设计

### 1. 优化模型建立及设计变量

基于高阶剪切变形理论,建立层合板固有频率计算模型,对复合材料层合板固有频率进行优化设计。我们知道,固有频率与很多因素有关,如铺设角度、跨厚比、弹性模量比、湿热等。以上一节中的层合方板为例,其材料 1 的参数不变,对层合板的固有频率进行优化。由前面的分析知道,固有频率随跨厚比、弹性模量比增加而增大。我们这里选择铺设角度作为设计变量。

**2. 目标函数及约束条件**

用上一节的材料 1 作为层合板的初始参数。式(8.18)是经过无量纲化处理的固有频率,以复合材料层合板基频最大作为优化目标,优化参数铺设角的取值范围为 [0° 90°]。

**3. 优化设计方法**

选用 6.3 节的"改进的遗传算法–乘幂适应度函数的应用[33]"对目标函数进行优化。选择种群规模 NIND = 40;遗传代数 GEN = 60;交叉概率 $p_c$ = 0.7;变异概率 $p_m$ = 0.01;GGAP = 0.95。遗传到固定代数,则优化中止。

从图 8.4 可以看出,优化目标值随着遗传代数增加呈递增趋势,进化到后期,收敛于全局最优解。优化结果为:当 $\theta_1$ = 44.5°,$\theta_2$ = 44.9° 时,$\varpi_{11}$ 为 15.31。由表 8.3 可知,优化后的效果明显,层合板一阶无量纲固有频率 $\varpi_{11}$ 提高了 23.5%。

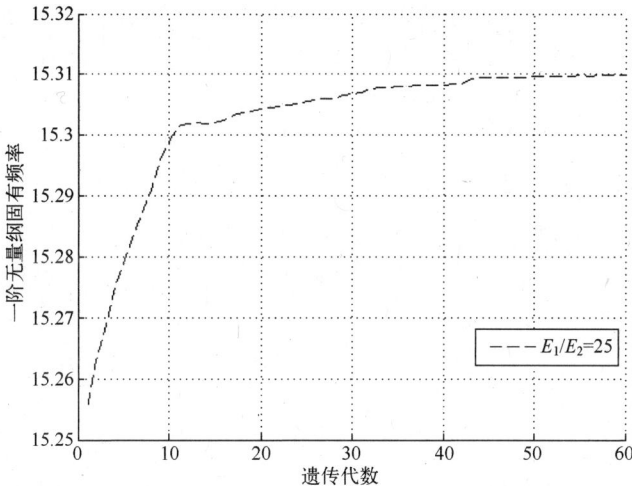

图 8.4 跨厚比 $a/h$ = 10 情况下 $\varpi_{11}$ 的优化过程

表 8.3 优化前后结果比较

| 参数设计 | 设计变量 $\theta$ | | 一阶无量纲固有频率 $\varpi_{11}$ |
|---|---|---|---|
| | $\theta_1$ | $\theta_2$ | |
| 初始变量设计 | 0° | 90° | 12.40 |
| 优化变量设计 | 44.5° | 44.9° | 15.31 |

### 8.1.6 小结

本节分别采用经典板壳理论及剪切变形理论分别对复合材料层合板进行动态非线性分析。首先,由复合材料层合板的位移场导出板的虚应变能、虚动能及虚功,结合虚位移原理推及求变分推导出振动控制方程,构建了复合材料板的固有频率计算模型。其次,对复合材料板的固有频率的影响因素,如纤维铺设角、跨厚比、弹性模量比等进行了数值分析。最后,以板的基频最大化为目标函数,铺层角度为设计变量,用改进的自适应遗传算法进行了优化设计。

## 8.2 黏弹性复合材料结构动态阻尼性能及优化设计

随着航空航天技术的发展,在复合材料结构中,国内外设计者大量采用阻尼材料来降低结构的振动和共振[34],阻尼耗能成为其主要措施。使用阻尼复合结构也是最经济、最简单、最有效的方法。本节讨论的黏弹性复合结构是以复合材料板为面板、黏弹性阻尼材料作为夹芯的复合材料夹层结构。该结构既可以利用复合材料轻质高强的特点,又可以发挥黏弹性阻尼材料的减振降噪功能。基于一阶剪切变形原理及 Hamilton 原理,推导控制方程,给出黏弹性复合材料结构固有频率和结构损耗因子的计算模型;用乘幂适应度函数的自适应遗传算法对黏弹性复合材料结构的损耗因子进行优化设计。

### 8.2.1 理论准备

#### 8.2.1.1 约束阻尼结构

对于宽频带随机的结构振动,常采用增加结构阻尼的方法来达到减振降噪的目的。利用黏弹性阻尼材料与复合材料构成黏弹性复合材料结构是提高结构阻尼的有效手段,由复合材料提供强度、刚度,而由黏弹性阻尼材料提供阻尼性能。单夹芯层阻尼结构由上下各向异性复合材料表面层和黏弹性阻尼层构成,如图 8.5 所示。

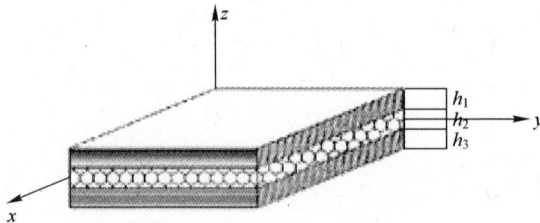

图 8.5  黏弹性复合材料结构

### 8.2.1.2 黏弹性复合材料结构的位移模式

对黏弹性复合材料结构作了一些基本假设:层与层之间理想粘接,无缝隙,无相互错动;厚度方向的变形忽略不计;表层刚度较大,变形用 Kirchhoff 假设;将黏弹性阻尼层视为各向同性;表层黏弹性不计,复合结构各层密度为常数。

黏弹性复合材料结构的一阶剪切位移模式为

$$
\begin{cases}
\hat{u}_i(x,y,z,t) = u_i(x,y,t) + z\alpha_i(x,y,t) \\
\hat{v}_i(x,y,z,t) = v_i(x,y,t) + z\beta_i(x,y,t) \\
\hat{w}_i(x,y,z,t) = w(x,y,t) \\
(i = 1,2,3)
\end{cases}
\tag{8.19}
$$

式中  $\hat{u}_i$、$\hat{v}_i$、$\hat{w}_i$——坐标系中结构第 $i$ 层一点处的位移;

$u_i$、$v_i$——第 $i$ 层的中面位移;

$\alpha_i$、$\beta_i$——结构的第 $i$ 层的中面法线绕 $x$ 轴和 $y$ 轴的转角;

$t$——时间。

### 8.2.1.3 结构的应变—位移关系

假设该复合结构黏弹性阻尼层与上下表面层在界面位移是连续的,则第一层下表面与第二层上表面以及第二层下表面与第三层上表面有如下的位移关系:

$$
\begin{cases}
u_1 + \left(\dfrac{h_1}{2}\right)\alpha_1 = u_2 - \left(\dfrac{h_2}{2}\right)\alpha_2 \\
u_2 + \left(\dfrac{h_2}{2}\right)\alpha_2 = u_3 - \left(\dfrac{h_3}{2}\right)\alpha_3
\end{cases}
\tag{8.20}
$$

式中  $h_1$、$h_2$、$h_3$——各自的厚度;

$u_1$、$u_2$、$u_3$——各自中面位移;

$\alpha_1$、$\alpha_2$、$\alpha_3$——各自中面法线绕 $x$ 轴和 $y$ 轴的转角。

根据式(8.20)可以得到黏弹性阻尼层的中面位移 $u_2$ 和转角 $\alpha_2$;及 $v_2$、$\beta_2$。

$$
\begin{cases}
u_2 = \dfrac{1}{2}(u_1 + u_3) + \dfrac{1}{4}(h_1\alpha_1 - h_3\alpha_3) \\
v_2 = \dfrac{1}{2}(v_1 + v_3) + \dfrac{1}{4}(h_1\beta_1 - h_3\beta_3) \\
\alpha_2 = \dfrac{1}{h_2}(u_3 - u_1) - \dfrac{1}{2h_2}(h_1\alpha_1 + h_3\alpha_3) \\
\beta_2 = \dfrac{1}{h_2}(v_3 - v_1) - \dfrac{1}{2h_2}(h_1\beta_1 + h_3\beta_3)
\end{cases}
\tag{8.21}
$$

结合式(8.19)及弹性力学方程,得出相应的正应变和切应变

$$
\begin{cases}
\varepsilon_x^{(i)} = \dfrac{\partial \hat{u}_i}{\partial x} = \dfrac{\partial u_i}{\partial x} + z \dfrac{\partial \alpha_i}{\partial x} \\[2mm]
\varepsilon_y^{(i)} = \dfrac{\partial \hat{v}_i}{\partial y} = \dfrac{\partial v_i}{\partial y} + z \dfrac{\partial \beta_i}{\partial y} \\[2mm]
\varepsilon_z^{(i)} = 0 \\[2mm]
\gamma_{xy}^{(i)} = \dfrac{\partial \hat{u}_i}{\partial y} + \dfrac{\partial \hat{v}_i}{\partial x} = \dfrac{\partial u_i}{\partial y} + \dfrac{\partial v_i}{\partial x} + z\left(\dfrac{\partial \alpha_i}{\partial y} + \dfrac{\partial \beta_i}{\partial x}\right) \\[2mm]
\gamma_{xz}^{(i)} = \alpha_i + \dfrac{\partial w}{\partial x} \\[2mm]
\gamma_{yz}^{(i)} = \beta_i + \dfrac{\partial w}{\partial y}
\end{cases} \tag{8.22}
$$

在平面应力状态下,对于正交各向异性的第 $i$ 层单层板,任意角度应力-应变关系为

$$
\begin{Bmatrix} \sigma_x \\ \sigma_y \\ \tau_{xy} \end{Bmatrix}_{(i)} =
\begin{bmatrix} \overline{Q}_{11} & \overline{Q}_{12} & \overline{Q}_{16} \\ & \overline{Q}_{22} & \overline{Q}_{26} \\ \text{sym.} & & \overline{Q}_{66} \end{bmatrix}_{(i)}
\begin{Bmatrix} \varepsilon_x \\ \varepsilon_y \\ \gamma_{xy} \end{Bmatrix}_{(i)} \tag{8.23}
$$

$$
\begin{Bmatrix} \tau_{yz} \\ \tau_{xz} \end{Bmatrix}_{(i)} =
\begin{bmatrix} \overline{Q}_{44} & \overline{Q}_{45} \\ \overline{Q}_{45} & \overline{Q}_{55} \end{bmatrix}_{(i)}
\begin{Bmatrix} \gamma_{yz} \\ \gamma_{xz} \end{Bmatrix}_{(i)} \tag{8.24}
$$

式(8.23)和式(8.24)中的 sym. 表示对称, $\overline{Q}_{ij}$ 表示变换刚度矩阵。

### 8.2.2 控制方程的推导

讨论黏弹性复合材料结构的自由振动问题。根据 Hamilton 原理:

$$
\int_{t_1}^{t_2} \left[ \delta T - \iiint_v \sigma_{rs} \delta \varepsilon_{rs} dV \right] dt = 0 \tag{8.25}
$$

其中, $T$——虚动能,可以通过位移方程式(8.19)求得;式中的 $r,s$ 任取符号 $x$, $y,z$。

系统的动能为

$$
\begin{aligned}
T = & \frac{1}{2} \sum_{i=1}^{3} \rho_i h_i \iint_S \left[ \left(\frac{\partial u_i}{\partial t}\right)^2 + \left(\frac{\partial v_i}{\partial t}\right)^2 \right] dS + \frac{1}{2} \rho h \iint_S \left(\frac{\partial w}{\partial t}\right)^2 dS \\
& + \frac{1}{2} \sum_{i=1}^{3} \frac{\rho_i h_i}{12} \iint_S \left[ \left(\frac{\partial \alpha_i}{\partial t}\right)^2 + \left(\frac{\partial \beta_i}{\partial t}\right)^2 \right] dS
\end{aligned} \tag{8.26}
$$

式中 $\rho$、$h$——夹层板的密度和高度；

$\rho_i$、$h_i$——每层的密度和厚度。

将式(8.22)、式(8.23)及式(8.24)代入式(8.25)中,分别对 $u_1$、$u_3$、$v_1$、$v_3$、$w$、$\varphi_x^{(1)}$、$\varphi_x^{(3)}$、$\varphi_y^{(1)}$、$\varphi_y^{(3)}$ 求变分,可得到 9 个控制方程:

$$
\begin{cases}
\dfrac{\partial N_x^{(1)}}{\partial x} + \dfrac{\partial N_{xy}^{(1)}}{\partial y} + \dfrac{Q_x^{(2)}}{h_2} = \rho_1 h_1 \dfrac{\partial^2 u_1}{\partial t^2} + \dfrac{1}{2}\rho_2 h_2 \dfrac{\partial^2 u_2}{\partial t^2} - \dfrac{\rho_2 h_2^2}{12}\dfrac{\partial^2 \alpha_2}{\partial t^2} \\[3mm]
\dfrac{\partial N_x^{(3)}}{\partial x} + \dfrac{\partial N_{xy}^{(3)}}{\partial y} - \dfrac{Q_x^{(2)}}{h_2} = \rho_3 h_3 \dfrac{\partial^2 u_3}{\partial t^2} + \dfrac{1}{2}\rho_2 h_2 \dfrac{\partial^2 u_2}{\partial t^2} + \dfrac{\rho_2 h_2^2}{12}\dfrac{\partial^2 \alpha_2}{\partial t^2} \\[3mm]
\dfrac{\partial N_{xy}^{(1)}}{\partial x} + \dfrac{\partial N_y^{(1)}}{\partial y} + \dfrac{Q_y^{(2)}}{h_2} = \rho_1 h_1 \dfrac{\partial^2 v_1}{\partial t^2} + \dfrac{1}{2}\rho_2 h_2 \dfrac{\partial^2 v_2}{\partial t^2} - \dfrac{\rho_2 h_2^2}{12}\dfrac{\partial^2 \beta_2}{\partial t^2} \\[3mm]
\dfrac{\partial N_{xy}^{(3)}}{\partial x} + \dfrac{\partial N_y^{(3)}}{\partial y} - \dfrac{Q_x^{(2)}}{h_2} = \rho_3 h_3 \dfrac{\partial^2 v_3}{\partial t^2} + \dfrac{1}{2}\rho_2 h_2 \dfrac{\partial^2 v_2}{\partial t^2} + \dfrac{\rho_2 h_2^2}{12}\dfrac{\partial^2 \beta_2}{\partial t^2} \\[3mm]
\dfrac{\partial Q_x}{\partial x} + \dfrac{\partial Q_y}{\partial y} = \rho h \dfrac{\partial^2 w}{\partial t^2} \\[3mm]
\dfrac{\partial M_x^{(1)}}{\partial x} + \dfrac{\partial M_{xy}^{(1)}}{\partial y} - Q_x^{(1)} + \dfrac{h_1}{2h_2}Q_x^{(2)} = \dfrac{\rho_2 h_1 h_2}{4}\dfrac{\partial^2 u_2}{\partial t^2} + \dfrac{\rho_1 h_1^3}{12}\dfrac{\partial^2 \alpha_1}{\partial t^2} - \dfrac{\rho_2 h_1 h_2^2}{24}\dfrac{\partial^2 \alpha_2}{\partial t^2} \\[3mm]
\dfrac{\partial M_x^{(3)}}{\partial x} + \dfrac{\partial M_{xy}^{(3)}}{\partial y} - Q_x^{(3)} + \dfrac{h_1}{2h_2}Q_x^{(2)} = -\dfrac{\rho_2 h_3 h_2}{4}\dfrac{\partial^2 u_2}{\partial t^2} + \dfrac{\rho_3 h_3^3}{12}\dfrac{\partial^2 \alpha_3}{\partial t^2} - \dfrac{\rho_2 h_3 h_2^2}{24}\dfrac{\partial^2 \alpha_2}{\partial t^2} \\[3mm]
\dfrac{\partial M_{xy}^{(1)}}{\partial x} + \dfrac{\partial M_y^{(1)}}{\partial y} - Q_y^{(1)} + \dfrac{h_1}{2h_2}Q_y^{(2)} = \dfrac{\rho_2 h_1 h_2}{4}\dfrac{\partial^2 v_2}{\partial t^2} + \dfrac{\rho_1 h_1^3}{12}\dfrac{\partial^2 \beta_1}{\partial t^2} - \dfrac{\rho_2 h_1 h_2^2}{24}\dfrac{\partial^2 \beta_2}{\partial t^2} \\[3mm]
\dfrac{\partial M_{xy}^{(3)}}{\partial x} + \dfrac{\partial M_y^{(3)}}{\partial y} - Q_y^{(3)} + \dfrac{h_3}{2h_2}Q_y^{(2)} = -\dfrac{\rho_2 h_3 h_2}{4}\dfrac{\partial^2 v_2}{\partial t^2} + \dfrac{\rho_3 h_3^3}{12}\dfrac{\partial^2 \beta_3}{\partial t^2} - \dfrac{\rho_2 h_3 h_2^2}{24}\dfrac{\partial^2 \beta_2}{\partial t^2}
\end{cases}
$$

$$(8.27)$$

其中

$$
\begin{cases}
[N_x^{(i)}, N_y^{(i)}, N_{xy}^{(i)}, Q_x^{(i)}, Q_y^{(i)}] = \displaystyle\int_{-h_i/2}^{h_i/2}[\sigma_x, \sigma_y, \tau_{xy}, \tau_{xz}, \tau_{yz}]\,\mathrm{d}z \\[4mm]
[M_x^{(i)}, M_y^{(i)}, M_{xy}^{(i)}] = \displaystyle\int_{-h_i/2}^{h_i/2}[\sigma_x, \sigma_y, \tau_{xy}]z\,\mathrm{d}z \\[4mm]
Q_x = Q_x^{(1)} + Q_x^{(2)} + Q_x^{(3)}, \quad Q_y = Q_y^{(1)} + Q_y^{(2)} + Q_y^{(3)}
\end{cases}
$$

$$(8.28)$$

考虑四边简支矩形黏弹性复合材料结构,长宽分别为 $a$、$b$,边界条件为

$$\begin{cases} \text{当}: x = 0, a; \quad N_x^{(i)} = 0, v_i = 0, w = 0, M_x^{(i)} = 0, \beta_i = 0; \\ \text{当}: y = 0, b; \quad N_y^{(i)} = 0, u_i = 0, w = 0, M_y^{(i)} = 0, \alpha_i = 0; \quad i = 1, 3 \end{cases} \qquad (8.29)$$

采用满足边界条件(8.29)的 Navier 双三角函数形式解:

$$\begin{cases} u_i(x, y, t) = \sum_{m,n=1}^{\infty} U_i \cos\left(\frac{n\pi x}{a}\right) \sin\left(\frac{m\pi y}{b}\right) e^{j\omega_{mn}^* t} \\ v_i(x, y, t) = \sum_{m,n=1}^{\infty} V_i \sin\left(\frac{n\pi x}{a}\right) \cos\left(\frac{m\pi y}{b}\right) e^{j\omega_{mn}^* t} \\ w(x, y, t) = \sum_{m,n=1}^{\infty} W \sin\left(\frac{n\pi x}{a}\right) \sin\left(\frac{m\pi y}{b}\right) e^{j\omega_{mn}^* t} \\ \alpha_i(x, y, t) = \sum_{m,n=1}^{\infty} X_i \cos\left(\frac{n\pi x}{a}\right) \sin\left(\frac{m\pi y}{b}\right) e^{j\omega_{mn}^* t} \\ \beta_i(x, y, t) = \sum_{m,n=1}^{\infty} Y_i \sin\left(\frac{n\pi x}{a}\right) \cos\left(\frac{m\pi y}{b}\right) e^{j\omega_{mn}^* t} \end{cases} \qquad (8.30)$$

式中　$U_i, V_i, W_i, X_i, Y_i$——$(m, n)$ 阶的位移幅值;

　　　$m, n$——表示沿 $x$、$y$ 方向的半波数。

将 Navier 双三角函数形式表示的振型解式(8.30)分别代入式(8.27)的控制方程组,可以得到下式:

$$([S] - \omega_{mn}^{*\,2}[M_a]) \{U\} = 0 \qquad (8.31)$$

由式(8.31)求出特征值 $\omega_{mn}^*$ 后,根据文献[35],可以计算黏弹性复合结构的固有频率 $\omega_{mn}$ 和结构损耗因子 $\eta_{mn}$。

$$\omega_{mn} = \sqrt{\text{Re}(\omega_{mn}^*)^2}, \eta_{mn} = \frac{\text{Im}((\omega_{mn}^*)^2)}{\text{Re}((\omega_{mn}^*)^2)} \qquad (8.32)$$

代入不同的 $m$、$n$,黏弹性复合材料结构的各阶固有频率和损耗因子均可以求出。式(8.31)中 $\omega_{mn}^*$ 为所求的特征值;$\{U\} = \{U_i, V_i, W, X_i, Y_i\}$;$[S]$ 为刚度矩阵;$[M_a]$ 为质量矩阵;$\omega_{mn}$ 为黏弹性复合材料结构的第 $(m, n)$ 阶固有频率;$\eta_{mn}$ 为黏弹性复合材料结构的第 $(m, n)$ 阶损耗因子。$[S]$ 和 $[M_a]$ 的具体元素见 8.3.2 节。

## 8.2.3　数值计算及结果分析

以上下表面层为各向同性的对称矩形板为例,具体材料参数如下为:$a = 0.3048\text{m}, b = 0.3480\text{m}, h_1 = h_3 = 0.762\text{mm}, h_2 = 0.254\text{mm}, E^{(1)} = E^{(3)} = 6.89 \times 10^{10}\text{Pa}, \mu_1 = \mu_2 = 0.3, G_2 = 0.896 \times 10^6\text{Pa}, \rho_1 = \rho_2 = 0.999 \times 10^3\text{kg/m}^3, \eta_2 = 0.5$。

表 8.4 为复合结构的固有频率与结构损耗因子的计算结果。从表中可知,固有频率随阶数的增大而增大,损耗因子在阶数为(1,2)时最大,且与文献解相差不大。

表 8.4　数值算例结果与文献[35]的结果对比

| $m,n$ | 文献[35] | | 本书解 | |
|---|---|---|---|---|
| | 固有频率 $\omega_{mn}$ | 损耗因子 $\eta_{mn}$ | 固有频率 $\omega_{mn}$ | 损耗因子 $\eta_{mn}$ |
| (1,1) | 62.5 | 0.180 | 61.8 | 0.182 |
| (1,2) | 120.0 | 0.205 | 118.4 | 0.201 |
| (2,1) | 135.7 | 0.203 | 133.5 | 0.197 |
| (2,2) | 185.0 | 0.190 | 182.9 | 0.189 |

为便对比固有频率和损耗因子,将材料参数转化成无量纲的形式:

$$\begin{cases} \widetilde{E}_x^{(i)} = \dfrac{E_x^{(i)}}{G_{yz}^{(i)}}, \widetilde{E}_y^{(i)} = \dfrac{E_y^{(i)}}{G_{yz}^{(i)}}, \widetilde{G}_{xy}^{(i)} = \dfrac{G_{xy}^{(i)}}{G_{yz}^{(i)}}, \widetilde{G}_{xz}^{(i)} = \dfrac{G_{xz}^{(i)}}{G_{yz}^{(i)}}, \widetilde{G}_2 = \dfrac{G_2}{G_{yz}^{(1)}}, \widetilde{u}_i = \dfrac{u_i}{h_1} \\[2mm] \widetilde{a} = \dfrac{a}{h_1}, \widetilde{\xi} = \dfrac{b}{a}, \widetilde{h}_2 = \dfrac{h_2}{h_1}, \widetilde{h}_3 = \dfrac{h_3}{h_1}, \widetilde{\rho}_2 = \dfrac{\rho_2}{\rho_1}, \widetilde{\rho}_3 = \dfrac{\rho_3}{\rho_1}, \widetilde{\omega}^2 = \left(\dfrac{\rho_1 h_1^2}{G_{yz}^{(1)}}\right)\omega^2 \end{cases} \quad (8.33)$$

式(8.33)中的 $i = 1,3$;$E_x^{(i)}$、$E_y^{(i)}$、$G_{xy}^{(i)}$、$G_{xz}^{(i)}$ 和 $G_{yz}^{(i)}$ 是表面层的弹性模量和剪切模量。

以纤维 0° 铺设的对称黏弹性复合材料结构为例,上下复合材料表面层为各向异性,具体的参数如下

$$\begin{cases} \widetilde{\xi} = 1, \widetilde{h}_2 = 0.25, \widetilde{\rho}_2 = 1, \eta_2 = 0.5, \widetilde{a} = 200, \widetilde{E}_x^{(1)} = \widetilde{E}_x^{(3)} = 80 \\[2mm] \widetilde{E}_y^{(1)} = \widetilde{E}_y^{(3)} = 2, \widetilde{G}_{xy}^{(1)} = \widetilde{G}_{xy}^{(3)} = 2, \widetilde{G}_{xz}^{(1)} = \widetilde{G}_{xz}^{(3)} = 2, \mu_{xy}^{(1)} = \mu_{xy}^{(3)} = 0.25 \end{cases} \quad (8.34)$$

在图 8.6 和图 8.7 中,$\overline{\omega}$、$\eta$ 和 $\widetilde{G}_2$ 分别表示黏弹性复合材料结构的无量纲固有频率、结构损耗因子和黏弹性阻尼层剪切模量与复合材料层剪切模量比。

图 8.6 和图 8.7 分别表示在 $\widetilde{a} = 200$ 时,黏弹性复合材料结构的无量纲固有频率和损耗因子随 $\widetilde{G}_2$ 的变化情况。由图 8.6 可以看出,无量纲固有频率随着 $\widetilde{G}_2$ 增大而增大,并逐渐趋于稳定。当 $\widetilde{G}_2$ 固定不变时,无量纲固有频率随阶数增加而增大。由图 8.7 可以看出,结构损耗因子 $\eta$ 在 $\widetilde{G}_2 = 10^{-3}$ 附近取得最大值。当 $\widetilde{G}_2 > 10^{-1}$ 或 $\widetilde{G}_2 < 10^{-5}$ 时,$\eta$ 取值很小,黏弹性复合结构在 $\widetilde{G}_2 = 10^{-3}$ 附近的阻尼性能较好。

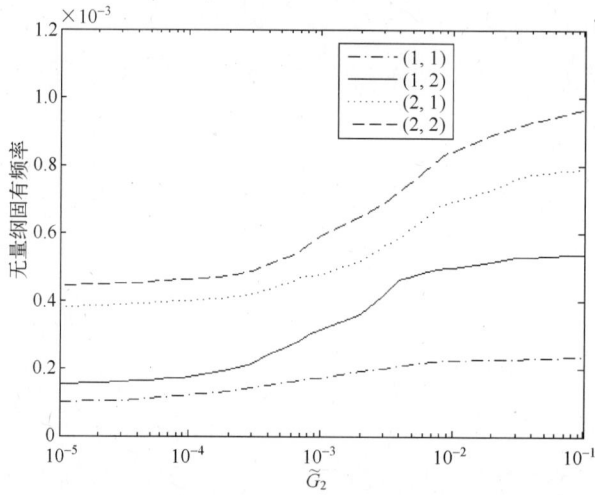

图 8.6  黏弹性复合结构固有频率随黏弹性阻尼系数 $\widetilde{G}_2$ 变化的关系

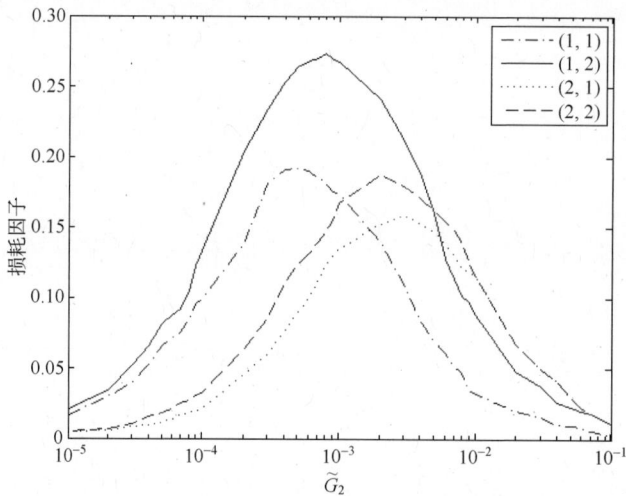

图 8.7  黏弹性复合结构损耗因子随黏弹性阻尼系数 $\widetilde{G}_2$ 的变化关系

## 8.2.4  黏弹性复合材料结构阻尼性能的优化设计

### 1. 设计变量和约束条件

黏弹性复合材料结构的阻尼性能与很多因素有关系,如阻尼层与复合材料层厚度比λ、纤维铺设角 $\theta$ 等。对黏弹性复合材料结构进行优化设计,能够充分发挥其阻尼潜能,改善阻尼性能。下面以三层黏弹性复合材料结构为例,取优化设计参数 $\chi = [\theta, \lambda, \widetilde{G}_2]$,即优化设计变量为 3 个。约束条件的取值范围为: $\theta \in [0°, 90°]$; $\lambda = h_2/h_1 \in [0.25, 1]$, $\widetilde{G}_2 = G_2/G_{yz}^{(1)} \in [10^{-5}, 10^{-1}]$。

**2. 优化模型建立**

基于一阶剪切变形理论,建立黏弹性复合结构损耗因子计算模型,详见式(8.31)和式(8.32)。8.3.3 节中表面层为 0°铺设的黏弹性对称复合材料结构有关参数作为优化设计中的材料参数。

**3. 优化设计方法**

以改进的乘幂适应度函数自适应遗传算法对目标函数进行优化,选择种群规模 NIND = 40;遗传代数 GEN = 60;交叉概率 $P_c \in [0.5, 0.9]$,变异概率 $P_m \in [0.005, 0.1]$,代沟 GGAP = 0.95,采用进化代数固定的终止策略。

由表 8.5 可以看出,黏弹性复合材料结构经过优化设计后,结构损耗因子由 0.167 增加到 0.275,效果较为明显,具体优化过程如图 8.8 所示。

表 8.5　优化前后结果对比

| 设计方案 | 设计变量 | | | 损耗因子 $\eta$ |
|---|---|---|---|---|
| | $\theta$ | $\lambda$ | $\widetilde{G}_2$ | |
| 原始设计 | 0° | 0.25 | $10^{-3}$ | 0.167 |
| 优化设计 | 90° | 1 | $3.2 \times 10^{-3}$ | 0.275 |

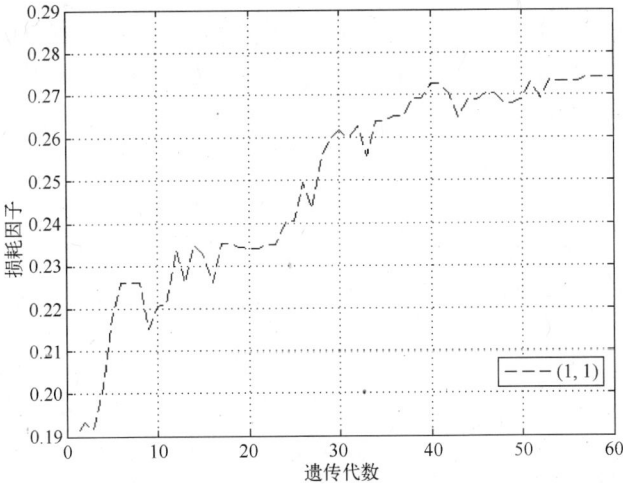

图 8.8　损耗因子 $\eta$ 的优化过程

图 8.8 中横坐标表示遗传代数;纵坐标表示黏弹性复合材料结构(1,1)阶的损耗因子;曲线代表每代种群中最优值变化。从图中清楚地看出,黏弹性复合材料结构的损耗因子最优值随遗传代数的增加缓慢提高,最后稳定于 0.275。

### 8.2.5 小结

基于一阶剪切变形理论的位移场,结合虚位移原理,建立黏弹性复合材料结构固有频率和结构损耗因子的计算模型。以黏弹性阻尼层与复合材料层厚度比、纤维铺设角和黏弹性阻尼材料与复合材料剪切模量比作为设计变量,用改进的自适应遗传算法对黏弹性复合材料结构的阻尼性能进行优化设计,得出以下结论:

(1) 黏弹性复合材料结构的固有频率随阶数的增加而增大,结构损耗因子在第(1,2)阶时最大。固有频率和结构损耗因子与 $\tilde{G}_2$ 有关,在 $\tilde{G}_2$ 取某一定值时,损耗因子最大,也就是在选料时,用剪切模量合适的黏弹性阻尼材料才会有更好的阻尼性能。

(2) 黏弹性复合材料结构的阻尼性能受多种因素的影响,经过优化设计,实例中纤维铺设角度 $\theta = 90°$、黏弹性阻尼层最厚及 $\tilde{G}_2 = 3.2 \times 10^{-3}$ 左右时,结构损耗因子最大,说明黏弹性复合材料结构阻尼性能最好。

# 8.3 附 录

### 8.3.1 式(8.17)中刚度矩阵 $[S]$ 和质量矩阵 $[M_a]$ 中的元素

**1. 经典薄板理论**

(1) 刚度矩阵 $[S]$:

$$S_{11} = A_{11}\left(\frac{m\pi}{a}\right)^2 + A_{66}\left(\frac{n\pi}{b}\right)^2 \; ; \; S_{12} = A_{12}\left(\frac{m\pi}{a}\right)\left(\frac{n\pi}{b}\right) + A_{66}\left(\frac{m\pi}{a}\right)\left(\frac{n\pi}{b}\right)$$

$$S_{21} = S_{12} \; ; \; S_{22} = A_{22}\left(\frac{n\pi}{b}\right)^2 + A_{66}\left(\frac{m\pi}{a}\right)^2$$

$$S_{33} = D_{11}\left(\frac{m\pi}{a}\right)^4 + 2D_{12}\left(\frac{m\pi}{a}\right)^2\left(\frac{n\pi}{b}\right)^2 + 4D_{66}\left(\frac{m\pi}{a}\right)^2\left(\frac{n\pi}{b}\right)^2 + D_{22}\left(\frac{n\pi}{b}\right)^4$$

(2) 质量矩阵 $[M_a]$:

$$M_{11} = I_0 \; ; \; M_{13} = -I_1\left(\frac{m\pi}{a}\right) \; ; \; M_{22} = I_0 \; ; \; M_{23} = -I_1\left(\frac{n\pi}{b}\right)$$

$$M_{31} = M_{13}\,;\, M_{32} = M_{23}\,;\, M_{33} = I_0 + I_2\left[\left(\frac{m\pi}{a}\right)^2 + \left(\frac{n\pi}{b}\right)^2\right]$$

其中，$(A_{ij}, D_{ij}) = \int_{-\frac{h}{2}}^{\frac{h}{2}} \overline{D}_{ij}^{(k)}(1, z^2)\,\mathrm{d}z$，$(I_0, I_1, I_2) = \int_{-\frac{h}{2}}^{\frac{h}{2}}(1, z, z^2)\rho\,\mathrm{d}z$

**2. 一阶剪切变形理论**

（1）质量矩阵 $[M_a]$：

$$M_{11} = I_0\,;\, M_{14} = I_1\,;\, M_{22} = I_0\,;\, M_{25} = I_1$$

$$M_{33} = I_0\,;\, M_{44} = I_2\,;\, M_{41} = I_1\,;\, M_{52} = I_1\,;\, M_{55} = I_2$$

（2）刚度矩阵 $[S]$：

$$S_{11} = A_{11}\left(\frac{m\pi}{a}\right)^2 + A_{66}\left(\frac{n\pi}{b}\right)^2$$

$$S_{12} = A_{12}\left(\frac{m\pi}{a}\right)\left(\frac{n\pi}{b}\right) + A_{66}\left(\frac{m\pi}{a}\right)\left(\frac{n\pi}{b}\right)$$

$$S_{21} = S_{12}\,;\, S_{22} = A_{22}\left(\frac{n\pi}{b}\right)^2 + A_{66}\left(\frac{m\pi}{a}\right)^2$$

$$S_{33} = kA_{55}\left(\frac{m\pi}{a}\right)^2 + kA_{44}\left(\frac{n\pi}{b}\right)^2$$

$$S_{34} = kA_{55}\left(\frac{m\pi}{a}\right)\,;\, S_{35} = kA_{44}\left(\frac{n\pi}{b}\right)\,;\, S_{43} = S_{34}$$

$$S_{44} = D_{11}\left(\frac{m\pi}{a}\right)^2 + D_{66}\left(\frac{n\pi}{b}\right)^2 + kA_{55}$$

$$S_{45} = D_{12}\left(\frac{m\pi}{a}\right)\left(\frac{n\pi}{b}\right) + D_{66}\left(\frac{m\pi}{a}\right)\left(\frac{n\pi}{b}\right)$$

$$S_{53} = S_{35}\,;\, S_{54} = S_{45}$$

$$S_{55} = D_{55}\left(\frac{m\pi}{a}\right)^2 + D_{22}\left(\frac{n\pi}{b}\right)^2 + kA_{44}$$

其中，$(A_{ij}, D_{ij}) = \int_{-\frac{h}{2}}^{\frac{h}{2}} \overline{Q}_{ij}^{(k)}(1, z^2)\,\mathrm{d}z$，$(I_0, I_1, I_2) = \int_{-\frac{h}{2}}^{\frac{h}{2}}(1, z, z^2)\rho\,\mathrm{d}z$

**3. 高阶剪切变形理论**

（1）刚度矩阵 $[S]$

$$S_{11} = (A_{11} + A_{66})\left(\frac{n\pi}{b}\right)^2\left(\frac{m\pi}{a}\right)^2$$

$$S_{12} = A_{12}\left(\frac{m\pi}{a}\right)\left(\frac{n\pi}{b}\right) + A_{66}\left(\frac{m\pi}{a}\right)\left(\frac{n\pi}{b}\right)$$

$$S_{21} = S_{12} \; ; \; S_{22} = (A_{22} + A_{66})\left(\frac{n\pi}{b}\right)^2\left(\frac{m\pi}{a}\right)^2$$

$$S_{33} = \frac{16}{9h^4}H_{11}\left(\frac{m\pi}{a}\right)^4 + \frac{32}{9h^4}(H_{12} + 2H_{66})\left(\frac{n\pi}{b}\right)^2\left(\frac{m\pi}{a}\right)^2$$

$$+ \frac{16}{9h^4}H_{22}\left(\frac{n\pi}{b}\right)^4 + \left[\left(A_{55} - \frac{4}{h^2}D_{55}\right) - \frac{4}{h^2}\left(D_{55} - \frac{4}{h^2}F_{55}\right)\right]\left(\frac{m\pi}{a}\right)^2$$

$$S_{34} = -\frac{4}{3h^2}\left(F_{11} - \frac{4}{3h^2}H_{11}\right)\left(\frac{m\pi}{a}\right)^3$$

$$-\frac{4}{3h^2}\left[\left(F_{12} - \frac{4}{3h^2}H_{12}\right) + 2\left(F_{66} - \frac{4}{3h^2}H_{66}\right)\right]\left(\frac{m\pi}{a}\right)\left(\frac{n\pi}{b}\right)^2$$

$$+ \left[\left(A_{55} - \frac{4}{h^2}D_{55}\right) - \frac{4}{h^2}\left(D_{55} - \frac{4}{h^2}F_{55}\right)\right]\left(\frac{m\pi}{a}\right)$$

$$S_{35} = -\frac{4}{3h^2}\left[\left(F_{12} - \frac{4}{3h^2}H_{12}\right) + 2\left(F_{66} - \frac{4}{3h^2}H_{66}\right)\right]\left(\frac{m\pi}{a}\right)^2\left(\frac{n\pi}{b}\right)$$

$$-\frac{4}{3h^2}\left(F_{22} - \frac{4}{3h^2}H_{22}\right)\left(\frac{n\pi}{b}\right)^3 + \left[\left(A_{44} - \frac{4}{h^2}D_{44}\right) - \frac{4}{h^2}\left(D_{44} - \frac{4}{h^2}F_{44}\right)\right]\left(\frac{n\pi}{b}\right)$$

$$S_{43} = S_{34}$$

$$S_{44} = \left[\left(D_{11} - \frac{4}{3h^2}F_{11}\right) - \frac{4}{3h^2}\left(F_{11} - \frac{4}{3h^2}H_{11}\right)\right]\left(\frac{m\pi}{a}\right)^2$$

$$+ \left[\left(D_{66} - \frac{4}{3h^2}F_{66}\right) - \frac{4}{3h^2}\left(F_{66} - \frac{4}{3h^2}H_{66}\right)\right]\left(\frac{n\pi}{b}\right)^2$$

$$+ A_{55} - \frac{4}{h^2}D_{55} - \frac{4}{h^2}\left(D_{55} - \frac{4}{h^2}F_{55}\right)$$

$$S_{45} = D_{12} - \frac{4}{3h^2}F_{12} + D_{66} - \frac{4}{3h^2}F_{66}$$

$$-\frac{4}{3h^2}\left[\left(F_{12} - \frac{4}{3h^2}H_{12}\right) + \left(F_{66} - \frac{4}{3h^2}H_{66}\right)\right]\left(\frac{m\pi}{a}\right)\left(\frac{n\pi}{b}\right)$$

$$S_{53} = S_{35} \; ; \; S_{54} = S_{45}$$

$$S_{55} = \left[\left(D_{22} - \frac{4}{3h^2}F_{22}\right) - \frac{4}{3h^2}\left(F_{22} - \frac{4}{3h^2}H_{22}\right)\right]\left(\frac{n\pi}{b}\right)^2$$

$$+\left[\left(D_{66}-\frac{4}{3h^2}F_{66}\right)-\frac{4}{3h^2}\left(F_{66}-\frac{4}{3h^2}H_{66}\right)\right]\left(\frac{m\pi}{a}\right)^2$$

$$+A_{44}-\frac{4}{h^2}D_{44}-\frac{4}{h^2}\left(D_{44}-\frac{4}{h^2}F_{44}\right)$$

（2）质量矩阵$[M_a]$

$$M_{11}=I_1 ; M_{13}=-I_2\left(\frac{m\pi}{a}\right) ; M_{14}=I_4 ; M_{21}=I_1$$

$$M_{23}=-I_2\left(\frac{n\pi}{b}\right) ; M_{25}=I_4 ; M_{31}=-I_2\left(\frac{m\pi}{a}\right)$$

$$M_{33}=I_1+I_3\left[\left(\frac{m\pi}{a}\right)^2+\left(\frac{n\pi}{b}\right)^2\right] ; M_{34}=-I_5\left(\frac{m\pi}{a}\right)$$

$$M_{35}=-I_5\left(\frac{n\pi}{b}\right) ; M_{41}=M_{14} ; M_{43}=M_{34}$$

$$M_{44}=I_6 ; M_{52}=M_{25} ; M_{53}=M_{35} ; M_{55}=M_{44}$$

其中，$(A_{ij},D_{ij},F_{ij},H_{ij})=\int_{-\frac{h}{2}}^{\frac{h}{2}}\overline{Q}_{ij}^{(k)}(1,z^2,z^4,z^6)\,\mathrm{d}z$

$$I_1=\int_{-\frac{h}{2}}^{\frac{h}{2}}\rho\,\mathrm{d}z ; I_2=\frac{4}{3h^2}\int_{-\frac{h}{2}}^{\frac{h}{2}}\rho z^3\,\mathrm{d}z ;$$

$$I_3=\frac{16}{9h^4}\int_{-\frac{h}{2}}^{\frac{h}{2}}\rho z^6\,\mathrm{d}z ; I_4=\int_{-\frac{h}{2}}^{\frac{h}{2}}\rho\left(z-\frac{4z^3}{3h^2}\right)\mathrm{d}z ;$$

$$I_5=\frac{4}{3h^2}\int_{-\frac{h}{2}}^{\frac{h}{2}}\rho z^4\,\mathrm{d}z-\frac{16}{9h^4}\int_{-\frac{h}{2}}^{\frac{h}{2}}\rho z^6\,\mathrm{d}z ; I_6=\int_{-\frac{h}{2}}^{\frac{h}{2}}\rho\left(z-\frac{4z^3}{3h^2}\right)^2\mathrm{d}z$$

## 8.3.2　式(8.31)中刚度矩阵$[S]$和质量矩阵$[M_a]$中的元素

**1. 刚度矩阵$[S]$**

$$S_{11}=-\left(\frac{n\pi}{a}\right)^2A_{11}^{(1)}-\left(\frac{m\pi}{b}\right)^2A_{66}^{(1)}+\frac{G}{h_2}$$

$$S_{12}=-\frac{G}{h_2} ; S_{13}=-(A_{12}^{(1)}+A_{66}^{(1)})\left(\frac{n\pi}{a}\right)\left(\frac{m\pi}{b}\right)$$

$$S_{15}=-G\left(\frac{n\pi}{a}\right) ; S_{16}=\frac{Gh_1}{2h_2} ; S_{17}=\frac{Gh_3}{2h_2}$$

$$S_{22} = -\left(\frac{n\pi}{a}\right)^2 A_{11}^{(3)} - A_{66}^{(3)}\left(\frac{m\pi}{b}\right)^2 + \frac{G}{h_2}$$

$$S_{24} = -\left(\frac{n\pi}{a}\right)\left(\frac{m\pi}{b}\right)(A_{12}^{(3)} + A_{66}^{(3)})$$

$$S_{33} = -A_{66}^{(1)}\left(\frac{n\pi}{a}\right)^2 - A_{22}^{(1)}\left(\frac{m\pi}{b}\right)^2 + \frac{G}{h_2}$$

$$S_{35} = -G\left(\frac{m\pi}{b}\right) ; S_{44} = -\left(\frac{n\pi}{a}\right)^2 A_{66}^{(3)} - A_{22}^{(3)}\left(\frac{m\pi}{b}\right)^2 + \frac{G}{h_2}$$

$$S_{55} = -(A_{55}^{(1)} + A_{55}^{(3)} + Gh_2)\left(\frac{n\pi}{a}\right)^2 - (A_{44}^{(1)} + A_{44}^{(3)} + Gh_2)\left(\frac{m\pi}{b}\right)^2$$

$$S_{56} = \left(\frac{n\pi}{a}\right)\left(-A_{55}^{(1)} + \frac{Gh_1}{2}\right) ; S_{57} = \left(\frac{n\pi}{a}\right)\left(-A_{55}^{(3)} + \frac{Gh_3}{2}\right)$$

$$S_{58} = \left(\frac{m\pi}{b}\right)\left(-A_{44}^{(1)} + \frac{Gh_1}{2}\right) ; S_{59} = \left(\frac{m\pi}{b}\right)\left(-A_{44}^{(3)} + \frac{Gh_3}{2}\right)$$

$$S_{66} = -\left(\frac{n\pi}{a}\right)^2 D_{11}^{(1)} - D_{66}^{(1)}\left(\frac{m\pi}{b}\right)^2 + A_{55}^{(1)} + \frac{Gh_1^2}{4h_2}$$

$$S_{67} = \frac{Gh_1 h_3}{4h_2} ; S_{68} = -\left(\frac{n\pi}{a}\right)\left(\frac{m\pi}{b}\right)(D_{12}^{(1)} + D_{66}^{(1)})$$

$$S_{77} = -\left(\frac{n\pi}{a}\right)^2 D_{11}^{(3)} - D_{66}^{(3)}\left(\frac{m\pi}{b}\right)^2 + A_{55}^{(3)} + \frac{Gh_3^2}{4h_2}$$

$$S_{79} = -\left(\frac{n\pi}{a}\right)\left(\frac{m\pi}{b}\right)(D_{12}^{(3)} + D_{66}^{(3)})$$

$$S_{88} = -\left(\frac{n\pi}{a}\right)^2 D_{66}^{(1)} - D_{22}^{(1)}\left(\frac{m\pi}{b}\right)^2 + A_{44}^{(1)} + \frac{Gh_1^2}{4h_2}$$

$$S_{99} = -\left(\frac{n\pi}{a}\right)^2 D_{66}^{(3)} - D_{22}^{(3)}\left(\frac{m\pi}{b}\right)^2 + A_{44}^{(3)} + \frac{Gh_3^2}{4h_2}$$

$$S_{21} = S_{12} ; S_{25} = -S_{15} ; S_{26} = -S_{16} ; S_{27} = -S_{17} ; S_{31} = S_{13}$$

$$S_{34} = S_{12} ; S_{38} = S_{16} ; S_{39} = S_{17} ; S_{42} = S_{24} ; S_{43} = S_{34}$$

$$S_{45} = -S_{35} ; S_{48} = -S_{16} ; S_{49} = -S_{17} ; S_{51} = -S_{15} ; S_{52} = -S_{25}$$

$$S_{53} = -S_{35} ; S_{54} = -S_{45} ; S_{61} = S_{16} ; S_{62} = S_{26} ; S_{65} = -S_{56}$$

$$S_{71} = S_{17} ; S_{72} = S_{27} ; S_{75} = -S_{57} ; S_{76} = S_{67} ; S_{83} = S_{38}$$

$$S_{84} = S_{48} ; S_{85} = -S_{58} ; S_{86} = S_{68} ; S_{89} = S_{67} ; S_{93} = S_{39}$$

$S_{94}=S_{49}$; $S_{95}=-S_{59}$; $S_{97}=S_{79}$; $S_{98}=S_{89}$

刚度矩阵$[S]$中其余的元素为 0

**2. 质量矩阵$[M_a]$**

$M_{11}=h_1\rho_1+1/3h_2\rho_2$; $M_{12}=1/6h_2\rho_2$; $M_{16}=1/6h_2\rho_2h_1$

$M_{17}=-1/12h_2\rho_2h_3$; $M_{22}=h_3\rho_3+1/3h_2\rho_2$; $M_{26}=1/12h_2\rho_2h_1$

$M_{27}=-1/6h_2\rho_2h_3$; $M_{55}=h_1\rho_1+h_2\rho_2+h_3\rho_3$; $M_{66}=1/12\rho_2h_2h_1^2+1/12\rho_1h_1^3$

$M_{67}=-1/24\rho_2h_3h_2h_1$; $M_{77}=1/12\rho_2h_2h_3^2+1/12\rho_3h_3^3$

$M_{33}=M_{11}$; $M_{34}=M_{12}$; $M_{38}=M_{16}$; $M_{39}=M_{17}$; $M_{44}=M_{22}$

$M_{48}=M_{26}$; $M_{49}=M_{27}$; $M_{88}=M_{66}$; $M_{89}=M_{67}$; $M_{99}=M_{77}$

质量矩阵$[M_a]$中其余元素为 0。

# 参 考 文 献

[1] 杨乃宾,章怡宁. 复合材料飞机结构设计[M]. 北京:航空工业出版社,2002.

[2] 邢丽英. 隐身材料[M]. 北京:化学工业出版社,2004.

[3] 张洪雁,曹寿德,王景鹤. 高性能橡胶密封材料[M]. 北京:化学工业出版社,2007.

[4] 刘棣华. 粘弹阻尼减振降噪应用技术[M]. 北京:宇航出版社,1990.

[5] 常冠军. 粘弹性阻尼材料[M]. 北京:国防工业出版社,2012,(6):6-10.

[6] 孙进才. 机械噪声控制中的阻尼处理[J]. 噪声与振动控制,2012.

[7] Chia C Y. Nonlinear Analysis of Plate[M]. New York. McGraw-Hill,1980.

[8] Narita Y. Combinations for the free-vibration behaviors of anisotropic rectangular plates under general edge conditions[J]. J. Appl. Mech. ,2000,67(9):568-573.

[9] Harras B,Benamar R,White R G. Investigation of non-linear free vibrations of fully clamped symmetrically laminated carbon-fibre-reinforced PEEK rectangular composite panels[J]. Composites Science and Technology,2002,62(5):719-727.

[10] Reissner E. The effect of transverse shear deformation on the bending of elastic plate[J]. J. Of Appl. Mech. ,1945,12:69-77.

[11] Mindlin R D. Influence of rotatory inertia and shear on flexural motion of isotropic,elastic plates [J]. J. Of App. Mech,1951,18:33-38.

[12] Ambartsumyan S A. Theory of anisotropic plates. Technomic,1970.

[13] Bert C W. Nonlinear vibration of a rectangular plate arbitrarily laminated of anisotropic materials [J]. J. Appl. Mech. ,1973,40:452-458.

[14] Whitney J M. Structural analysis of laminated anisotropic plates,Technomic,1987.

［15］ 刘仁怀,成正强 . 铰支层合矩形板的非线性弯曲［J］. 应用数学和力学,1993,14(3)：203-218.

［16］ Reddy J N. A simply higher-order theory for laminated composite plates［J］. J. Of Appl. Mech. ,1984,51(12)：745-752.

［17］ Sun L X,Hsu T R. Thermal buckling of laminated composite plates with transverse shear deformation［J］. Computer&Structures,1990,36(5)：883-889.

［18］ Sun L X,Shi Z Y. The analysis of laminated composite plates based on the simple higher-order theory［J］. Computer&Structures,1992,43(5)：831-837.

［19］ Sun L P,Sun L X. Thermo-mechanical buckling of laminated composite plates with higher-order transverse shear deformation［J］. Computer&Structures,1994,1(53)：1-7.

［20］ Savithri S,Varadan T K. Large deflection analysis of laminated composite. ［J］. Int J. Non-linear Mechanics,1993,28(1)：1-12.

［21］ Fujimoto. Mechanical properties for CFRP/damping-material laminates［J］. Journal of Reinforced Plastics and composites,1993,12(7)：738-751.

［22］ Cupial P,Niziol J. Vibration and damping analysis of a three-layered composite plate with a viscoelastic mid-layer［J］. Journal of Sound and vibration,1995,183(1)：99-11.

［23］ Saravanos D. A. ,Pereira J. M. Effects of interply damping layers on the dynamic characteristics of composite plates［J］. American Institute of Aeronautics and Astronautics Journal,1992,30：2906-2913.

［24］ Lepoittevin G,Kress G. Optimization of segmented constrained layer damping with mathematical programming using strain energy analysis and modal data［J］. Materials and Design,2012,31(2)：14-24.

［25］ Araujo A L,Mota Soares C M,Mota Soares C A,Herskovits J. Optimal design and parameter estimation of frequency dependent viscoelastic laminated sandwich composite plates［J］. Composite Structures,2010,92(9)：2321-2327.

［26］ Marco Montemurro, Yao Koutsawa, Salim Belouettar, Angela Vincenti, Paolo Vannucci. Design of damping properties of hybrid laminates through a global optimization strategy［J］. Composite Structures,2012,94:3309-3320.

［27］ Jinqiang Li,Yoshihiro Naritaz. Analysis and optimal for the damping property of laminated viscoelastic plates under general edge conditions［J］. Composites,2013,45:972-980.

［28］ 陈建桥 . 复合材料力学概论［M］. 北京:科学出版社,2006.

［29］ 杨加明,盛佳,孙超 . 基于高阶位移模式的层合板自由振动问题研究［J］. 力学季刊,2012,33(2)：309-316.

［30］ 沈观林,胡更开 . 复合材料力学［M］. 北京:清华大学出版社,2006.

［31］ 余旭东,倪健 . 复合材料板壳结构振动特性分析的一种高精度有限元［J］. 弹箭与制导学

报,1996,04:39-44.

[32] Reddy J N,and Kuppusany T K. Natural Vibration of Laminated Anisotropic Plates[J]. J. Sound and Vibration,1984,94(1):63-684.

[33] 杨水清,杨加明,孙超. 改进的乘幂适应度函数在遗传算法中的应用[J]. 计算机工程与应用,2014,50(17):40-44.

[34] 大石英之. 高阻尼橡胶组合物[P]. CN 1239975A,1999.

[35] RAO D K. Frequency and loss factor of sandwich beams under various boundary conditions[J]. Journal of Mechanical Engineering Science,1978,20:271-28.

# 内 容 简 介

本书是一本关于黏弹性复合材料结构及其优化设计的学术专著,是作者在多年研究工作成果的基础上参考国内外有关研究文献撰写而成的。

本书首先介绍了各向异性材料的弹性力学基础、层合板与黏弹性阻尼材料的基本理论,然后分析了该复合结构的应变能及阻尼性能,并重点阐述了两种改进的遗传算法,即最优保存策略和移民策略的应用及乘幂适应度函数的应用,以及通过改进后的遗传算法对黏弹性复合材料结构进行单目标和多目标的优化设计。

读者对象主要是材料工程及工程力学相关专业的高年级本科生、研究生及相关研究人员,希望通过阅读本书拓展他们对复合材料结构力学行为知识的理解。

This book is an academic monograph on the structures and optimal design of viscoelastic composite materials, which is based on the results of many years of author's research work and has been written by reference to relevant literatures at home and abroad.

The book first introduces the basic theory of elastic mechanics foundation of anisotropic materials, laminated plates and viscoelastic damping materials, then presents the strain energy and damping properties of the composite structures with considerable length. Two improved genetic algorithms are mainly expounded, i. e. the application of optimal preservation strategy and immigration strategy and the application of power fitness functions. The optimization design of the viscoelastic composite structures with single objective and multi-objective is processed by the improved genetic algorithm.

The readers are mainly senior undergraduates, postgraduates and related researchers majoring in material engineering and engineering mechanics, hoping to broaden their understanding of the mechanical behavior of composite materials by reading this book.